理查·伊文斯·舒爾茲(Richard Evans Schultes)
艾伯特·赫夫曼(Albert Hofmann)
克里斯汀·拉奇(Christian Rätsch)
著

金恆鑣◎譯

眾神的植物

神聖、具療效和致幻力量的植物

PLANTS OF THE GODS

Their Sacred, Healing, and Hallucinogenic Powers

當你愈深入迷幻蘑菇（特奧納納卡特爾）的世界，看到的東西就愈多。
你還可以看見我們的過去與未來，這些集合成單一的事物，早已完成與早就發生……。
我看見失竊的馬匹與深埋地底的城市，那些無人得悉其存在的，即將重見天日。
我看到、知道無數的事物。我認識神，並且見過祂：
一個巨大無比的鐘，滴答地響著，許多球體慢慢地轉動，
在眾星之間，我看見地球、整個宇宙，我看見白晝與夜晚、哭泣與歡笑、幸福與痛苦。
凡能認識迷幻蘑菇之奧祕者，甚至能目睹那無邊無際的巨鐘之齒輪與發條。

——馬里亞·薩賓納(María Sabina)

導讀

　　有一種植物，它富含文化底蘊、宗教釋義與古老的傳說，且具使用價值。其花容淨潔而冷豔，令人耳目一新。花色多樣，從純白、鵝黃、淺橙、寶藍、絳紫到近墨，不一而足。入夜綻放，香氣襲人。碩大而修長的花筒垂懸而微張，人若不趨近端詳，不得窺其花蕊。它叫做「曼陀羅」，為梵語譯音，意為宇宙結構的本源。此花又稱「悅意花」（印度語）、「愛情花」、「情人花」、「美人花」、「醉心花」、「天使的喇叭」、「魔草」等十餘種動人的名字。

　　曼陀羅在許多社會裡甚受珍視，這不只是因為它奇麗的花容，毋寧更因其植株含有非常特殊的「生物鹼」（如東莨菪鹼、莨菪鹼、阿托品）。這些生物鹼含有強烈的抗膽鹼成分，服用後可引發精神異常之譫妄，讓人意識不清，會將幻覺視為現實，甚至中毒喪命。

　　你也許不知道，我們的生活周遭處處可見具有上述「迷幻之毒」的各種植物，例如杜鵑花、牽牛花、夾竹桃、相思樹、刺桐、睡蓮、水仙花等，這些植物的整個植株，或其葉、花、果、種子、根部等，都含有各種不同濃度的毒生物鹼。

　　令人好奇的是：植物體為何要製造生物鹼？生物鹼並非植物生長、發育與繁殖直接所需的營養要素，它是植物體內二次代謝高分子化合物，其製造成本極高。原來，這些生物鹼是植物用來防禦吃它的動物，是保全其繁衍子孫的武器。到底植物是從何時開始製造結構這麼複雜的化合物？其功能又為何？

　　陸地植物是從水生植物登陸演化而來。約在四億五千萬年前，剛上陸的植物還得依賴水來繁殖。其後植物逐步演化出適應缺水的陸地環境，就在此時，大量的昆蟲也出現了。昆蟲依賴植物為生，而開花植物又得依靠昆蟲來授粉。兩者各自貢獻所有，也各取其所需，互賴共存，在演化學上稱之為「共同演化」。然而，植物為防禦吃它的動物吃得太過分，或吃掉它重要的繁殖器官（如花與種子），乃演化出各種防禦方法，其中之一便是製造毒性的「生物鹼」化學物作為武器（因此花或種子內的這些成分最濃），用來自衛與增加繁衍機會。這些毒物有些是常備的，有些則是受到動物攻擊時會立即反應製造的，而昆蟲便盡量選毒性較低的葉子（避開輸毒液的葉脈）來吃，或演化出抗毒的免疫力。有的昆蟲還演化出利用吃下的毒素轉換成自身毒素的能力，來防禦吃牠的動物。植物不斷推出更毒與更新的生物鹼，而昆蟲也不斷地適應與增強抗毒免疫力，宛如六○年代的美蘇武器競賽，只不過植物與昆蟲的競武悠久得多，有上億年歷史。防禦與攻擊成為植物與昆蟲無止境的戰爭。人類何其聰明，利用了植物（及蘑菇等其他生物）所製造的毒素來製造迷幻藥，讓人服用後感覺超出現實，進入幻境，這些迷幻藥廣泛用於儀式、醫病、占卜、預言等方面，而產生了「薩滿巫文化」。本書的重點便是介紹這些植物與其在原住民文化中所扮演的角色，以及迷幻藥在醫學上的潛在用途。

　　《眾神的植物》內所提到的大部分植物，對生活在亞熱帶的我們而言是外來種，是相當陌生的。譯者對書中的許多植物，有些連屬名都不太熟悉，遑論種名；因此在翻譯過程中，便得請教許多植物分類學專家，如楊遠波與邱文良博士，以及相關資訊，少數無解者則由譯者暫譯並附上拉丁學名。本書所使用之植物俗名均為西班牙文，故翻譯時採用《西漢大詞典》(商務印書館，2008) 所附之西譯中譯音表。譯者還要感謝陳惠蘭小姐協助整本書的中文打字。

金恒鑣

國家圖書館出版品預行編目資料

眾神的植物／理查‧伊文斯‧舒爾茲(Richard Evans Schultes),
艾伯特‧赫夫曼(Albert Hofmann),克里斯汀‧拉奇(Christian Rätsch)著.--初版.
--臺北市：商周出版：家庭傳媒城邦分公司發行,民99.01
208面；19*26公分.--（綠指環生活書；5）

參考書目：208面　　　　　　　　　　　　　　　　含索引
譯自：Plants of the Gods: their sacred,healing,and hallucinogenic powers

ISBN 978-986-6285-34-9（精裝）

1.藥用植物 2.迷幻藥

376.15　　　　　　　　　　　　　　　　　　99001977

綠指環生活書 5
眾神的植物
作　　者／Richard E. Schultes and Albert Hofmann
修　　訂／Christian Rätsch
翻　　譯／金恆鑣
企劃選書／張碧員
特約主編／張碧員
責任編輯／魏秀容
編輯協力／游紫玲
美術設計／徐偉

版　　權／黃淑敏、葉立芳
行銷業務／林彥伶、葉彥希、林詩富、莊英傑
副總編輯／何宜珍
總 經 理／彭之琬
發 行 人／何飛鵬
法律顧問／台英國際商務法律事務所　羅明通律師
出　　版／商周出版
臺北市中山區民生東路二段141號9樓
電話：(02) 2500-7008　傳真：(02) 2500-7759
E-mail：bwp.service@cite.com.tw
發　　行／英屬蓋曼群島商家庭傳媒股份有限公司城邦
分公司
臺北市中山區民生東路二段141號2樓
讀者服務專線：0800-020-299　24小時傳真服務：
(02)2517-0999
　　讀者服務信箱E-mail：cs@cite.com.tw
劃撥帳號／19833503　戶名：英屬蓋曼群島商家庭傳
媒股份有限公司城邦分公司
訂 購 服 務 ／ 書 蟲 股 份 有 限 公 司 客 服 專 線 ：
(02)2500-7718；2500-7719
　　服務時間：週一至週五上午09:30-12:00；下午
13:30-17:00
　　24小時傳真專線：(02)2500-1990；2500-1991
劃撥帳號：19863813　戶名：書蟲股份有限公司
E-mail：service@readingclub.com.tw
香港發行所／城邦(香港)出版集團有限公司
　　香港灣仔駱克道193號東超商業中心1樓
　　電話：(852) 2508 6231傳真：(852) 2578 9337
馬新發行所／城邦(馬新)出版集團
　　Cité (M) Sdn. Bhd. (458372U)
　　11, Jalan 30D/146, Desa Tasik, Sungai Besi,
　　57000 Kuala Lumpur, Malaysia.
　　電話：603-90563833　傳真：603-90562833
行政院新聞局北市業字第913號
印　　刷／中原造像股份有限公司
總 經 銷／聯合發行股份有限公司
　　電話：(02)2917-8022　傳真：(02)2915-6275

■2010年（民99）4月初版
■2023年（民112）6月12日初版8刷
　Printed in Taiwan
定價980元
著作權所有，翻印必究
商周部落格：http://bwp25007008.pixnet.net/blog
ISBN 978-986-6285-34-9

敬告讀者：本書並非一本使用致幻植物的指南，其目的是從科學、歷史與文化的角度，提供社會大眾若干重要植物群的文件。服用本書所論及的若干植物或植物製品，可能招來危險。本書述及的治療、處理與技術，只供作專業醫療或處理之輔助，而非替代之用。凡未與合格之保健專業人員諮商者，不應使用這些植物來治療嚴重疾病。

目錄

睡夢中的吸食者舒適地躺臥在座椅上，享受著印度大麻花葉製成的麻醉品。此幅版畫出自施溫德(M. von Schwind,1804-1871)的《蝕刻版畫集》(Album of Etchings,1843)。

P4：中世紀歐洲女巫用各種藥湯讓人酩酊大醉，其中至少有一帖為茄科植物，用作精神活性劑。當被催眠者昏昏沉沉時，女巫便可施法傷害或救助他們。此幅木刻版畫(1459年出版)描繪兩名女巫進行求雨與招雷儀式，當時可能遭遇乾旱，她們正在調製藥汁以求得甘霖。

對墨西哥的維喬爾(Huichol)印地安人而言，烏羽玉(*Lophophora williamsii*)，不是植物，而是神，是大地女神賜給人類，協助人類能與祂在神祕國度聯繫的大禮。維喬爾人每年舉行盛大的「佩約特」(Peyote)慶典，所有出席的族人會吃新鮮採收的佩約特仙人掌。

序

地球上最早的生命形式是植物。最近發現的一些保存極好的植物化石，年代可追溯到32億年前。這些古老的植物成為所有後繼之植物，甚至動物(包括最近的動物——人類)發生的基礎。覆蓋地球的綠色植物與太陽之間，存在一個不可思議的關聯：有葉綠素的植物吸收太陽光，並合成有機化合物，此化合物是建構植物與動物兩者的原料。就植物體而言，把太陽能以化學能的形式儲存起來，此化學能是所有生命過程進行的能源。因此，植物界不但提供了建構自身的糧食與熱量，也提供了調控體內新陳代謝必需的維生素。植物也製造化學活性的成分，供人類用作藥材。人類與植物密不可分的關係，不言自明；但植物製造的物質，對人類心智與

精神的深遠影響，往往是難以理解的。含有這類物質的這些植物，即為本書所指的「眾神的植物」。本書的重點放在這些物質用途的起源，以及它們對人類發展的影響。那些會改變人們身心正常運作狀態的植物，在生活於非工業化社會的人們的心中，都是神聖不可褻瀆的。這些能導致幻覺的植物，一向被稱為「眾神的植物」，其地位之崇高，無他物能超越。

維喬爾印地安的薩滿巫(shaman)使用神聖的佩約特仙人掌，以便能在另一個世界達到某種視覺上的意識狀態，在那裡看到的東西與現實世界發生的事有因果關係；那些影響前者的，也會改變後者。此棉紗織品中央的骷髏頭便是薩滿巫，由於他是「逝者」，因此有能力進到地下的國度。

引言

人類使用致幻或能潰散意識的植物，雖然已有數千年的歷史，但是西方社會最近才體認到此類植物的重要性，它們不僅改造了原始文化的歷史，甚至也改造了先進文明的歷史。事實上，過去三十年來，我們已清楚地看到，在現代化的工業化與都市化社會裡，人們對致幻植物的利用和它可能存在的價值越來越有興趣。

致幻植物是複雜的化工廠。它們作為滿足人類需要之輔助工具的潛能，我們尚未完全體會。有些致幻植物體內的化合物足以改變人類的感受(如視覺、聽覺、觸覺、嗅覺、味覺)，或者導致人為的精神病，這些經驗從最早的人類試嚐其身邊的植物就有了。這些能改變人類意識的植物具有的驚人效果，往往奧祕不可解且神奇萬分。

所以，長久以來致幻植物在早期文化的宗教儀式上扮演重要的角色。這些植物到目前還是許多過著古文化、堅守古老傳統與生活方式的神聖要件。生活在古老社會的人們為何較能接近精神世界？較能藉著致幻植物的藥性引起通靈的效果，可與超自然的世界來往？有沒有比致幻植物更直接的方法，讓人能逃逸紅塵現實的平淡生活與種種桎梏，暫時進入難以言喻的飄然境界，即使只是剎那短暫的一刻？

致幻植物給人奇怪、神祕詭異與混淆的感覺。原因何在？因為它遲至今日才真正成為科學的研究對象。科學研究的成果極可能促使人類了解此類生物動力植物在科技上的重要性。人類的意識與肉身及身體器官都需要救治與矯正的物質。

此類非成癮性藥物是否可以作為「致幻劑」，成為人們獲得神祕體驗的媒介，或只是作為享樂之旅的工具？其實引起科學家重視的尚有另一個層面：可否藉由透徹了解這些藥物的用途與化學成分，作為發現新藥的工具，用於精神疾病的治療或試驗？中樞神經系統是人體最複雜的器官，而精神病學的進展不似其他醫學領域那般快速，主要是因為沒有適當的工具所致。在我們透徹了解若干能改變意識的植物及其有效化學成分之後，可能會發現它們具有深遠積極的影響。

受過教育的社會大眾必須在這類科學知識的發展中有所參與，尤其是致幻物之類如此爭議性的議題。就是因為這層緣由，本書撰寫的目的不在指導深入研究此領域的科學家，或是導引一般的讀者，而是寫給對此議題有興趣的普羅大眾。我們深信，那些著眼於人道本身或推展人道精神的科學家，必須將科技知識提供給能夠使用它們的社會大眾。在這個本意下，作者撰寫《眾神的植物》，並冀望本書至少在某些方面能為人類帶來實際的好處。

理查・伊文斯・舒爾茲(Richard Evans Schultes)
艾伯特・赫夫曼(Albert Hofmann)

修訂版

《眾神的植物》於1979年首度發行時，即成為民族植物學與民族藥理學的劃時代著作。這本書啟發和影響了全球許多年輕的研究人員，並鼓勵他們堅守其研究崗位。正因為這樣，人們對許多眾神的植物有嶄新的發現，釐清了許多致幻藥物活性與成分方面的疑問。在保有本書撰寫初衷，同時又呈現新知的原則下，我試著在此修訂版中納入一些新的資訊。我衷心期望這些眾神的植物在我們的世界仍然擁有重要的地位，也希望那些依賴自然神性的人有機會接觸到它們。

克里斯汀・拉奇(Christian Rätsch)

致幻植物是什麼？

　　許多植物具有毒性。很顯然的，英文中的「toxic」(有毒)直接來自希臘字「τοξιχον」(相當於英文字母的Toxikon)，就是「弓」，意指箭毒之使用。

　　藥用植物可用於治療疾病或減輕病情，因為它們具有毒性。一般說到「毒性」一詞，指的是會致命的毒害。然而，十六世紀的瑞士煉金術士和醫生帕拉塞爾蘇斯(Paracelsus, 1493-1541)寫道：「萬物皆有毒，沒有無毒之物，端視毒之劑量決定該物是否有毒。」

　　毒物、藥物與毒品的差別只是劑量而已。例如毛地黃(digitalis)用量得當，是最靈驗、被廣泛採用的心臟病強心劑處方，然而劑量若過高，便是致命的劇毒之物。

　　「酒醉」一詞人人皆知，但是它最早是指「縱酒的毒害」。實際上，凡是有毒之物皆可能中毒。《韋氏辭典》的「有毒」定義為：「與毒有關或引起毒害者。」它可以更明確地指，非純為營養目的而攝取的植物性或動物性或化學性物質，這些物質會讓身體出現明顯的活性機能反應。我們知道這不過是一種廣義的說法，此定義也包括了咖啡因這類物質。正常劑量的咖啡因作為興奮劑，不至於引起中毒的症狀，但是高劑量的咖啡因肯定是危險的有毒之物。

　　致幻物必須歸類於有毒之物，它們絕對會引起中毒。廣義而言，致幻物也是毒品。英文字的narcotic（即毒品)源自希臘字「ναρχουν」(narkoyn)，意即「使感覺遲鈍」，從詞源學來看是指它在作用階段會讓人經驗到一段或更多段興奮的時光，但最終會讓你的中樞神經系統陷入沮喪的狀態。在此廣泛的定義下，酒與菸均為毒品。咖啡因等興奮劑，不歸為毒品，因為在正常劑量下，它不會讓人感覺沮喪，雖然心情會受到影響。德文有「Genuβmittel」(「嗜好品」)一詞，此乃包括毒品與興奮劑，但英文裡沒有這種字彙。

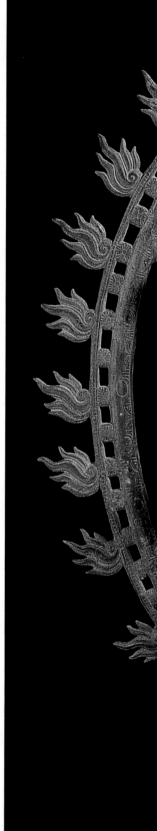

曼陀羅(*Datura*)一直被認為與濕婆崇拜有關。濕婆為印度之神，是宇宙的創造與摧毀之神。圖中非凡的青銅雕像是十一或十二世紀印度東南部的作品。濕婆跳「Ānandatāndava」之舞，此為濕婆跳的第七個舞，也是最後的舞蹈。濕婆的左腳踏碎惡魔「Apasmārapurusa」，此惡魔是愚昧之化身。濕婆的上右手握著一個小鼓，象徵時間，是祂在生命與創造之域所跳的宇宙之舞的律動。祂的下右手施無畏印，代表濕婆護衛宇宙的地位。祂的上左手持著火焰，燃燒著幻覺之帷幕。祂的下左手在「加哈阿斯塔」(gajahasta)的支持下，指向祂抬起的左腳，左腳可在空中自由活動，象徵心靈的解放。濕婆的頭髮用細帶束住，正中央的裝飾為兩條蛇拱著一顆骷髏頭，表示濕婆能摧毀時間與死亡。濕婆右邊是一朵曼陀羅花。祂散開的頭髮間編織了象徵勝利和榮耀的曼陀羅花冠。

下：此畫為祕魯薩滿巫巴勃羅‧阿馬溫戈(Pablo Amaringo)所作，詮釋亞馬遜印地安人最重要的藥物——「阿亞瓦斯卡」(Ayahuasca)飲料的進化史，這種神祕的飲料，具有強烈的幻視特性，服用者會短暫瞥見某種「真情實況」，進入奇異的視覺境界。

「毒品」一詞通常被詮釋為讓人上癮的東西，例如鴉片及其衍生物(嗎啡、可待因、海洛因)與古柯鹼等，皆為毒品。美國規定合法的毒品必須是列名於「哈里遜毒品法案」(the Harrison Narcotic Act)者。因此，雖然大麻是受管制的物質，但不屬於非法的毒品。

寬鬆地講，致幻物含括所有的毒品，即使它不會上癮或沒有毒性效果。

幻覺的類別很多，最常見與最容易辨識的一種是視覺幻象，大多表現在顏色上。但是致幻物會影響所有的感覺，如聽覺、觸覺、嗅覺、味覺出現幻覺。單一的一種致幻植物(例如烏羽玉或

大麻)往往會引起好幾種不同的幻覺。致幻物也會引起人為的精神病，造成精神錯亂，因為迷幻劑含有「引起精神病」的有效成分。當代的大腦研究顯示，迷幻劑能引發大腦的活動，與真正的精神病完全不同。

現代研究呈現了心理生理學的效應之複雜性，「致幻物」這個詞無法完全包含致幻物引起的所有反應。因此，各種各類引人幻覺的命名一一出籠，但沒有一個名詞能夠描述所有迷幻劑的效果。這些名詞極多，都與幻覺、意識、精神、幻影、靈魂等精神或心理狀態有關。例如：entheogens, deliriants, delusionogens, eidetics ha-

llucinogens, misperceptinogens, mysticomimetics, phanerothymes, phantasticants, psychotica, psychoticants, psychogens, psychosomimetics, pyschodysleptics, psychotaraxics, psychotogens, psychotomimetics, schizogens, psychedelics等等。歐洲一般稱為「幻想劑」(phantastica)，而美國最常用的是「迷幻藥」(psychedelics)。以詞源學而言，美國用「迷幻藥」是錯的，具有毒品次文化的其他意涵。

　　真相是，沒有一個詞能適當地將這類對身心有顯著影響的植物類型完全含括在內。德國毒物學家路易士·烈文(Louis Lewin)是第一個使用「幻想劑」一詞的人，他承認此用詞「並未涵蓋我想傳遞的所有內涵」。而「致幻物」(hallucinogen)雖然發音容易且含義淺顯，但並非所有植物皆會引起真正的幻覺。至於常用的「擬精神病藥物」(psychotomimetic)一詞，許多專家不予採用，因為此類植物不見得都會引發類似精神病。但是由於致幻物與擬精神病藥物不但易懂，且普遍被引用，本書就採用這兩個字彙。

　　在眾多定義中，赫夫爾(Hoffer)與奧斯蒙德(Osmond)的定義夠廣，接納者也眾。其定義為：「致幻物為……化學劑，在無毒劑量時可讓感覺(包括思維與心境)產生變化，但對人物、地

方與時間不致出現精神錯亂、記憶喪失或意識迷亂的情形。」

根據路易士‧列文與艾伯特‧赫夫曼較舊的歸類法，分成鎮痛劑與興奮劑(如鴉片、古柯)、鎮靜劑與鎮定劑(降血壓)、催眠藥(卡瓦一卡瓦)、致幻藥(仙人球毒鹼、大麻)等。這類致幻物大部分只會引發心境的變化或讓心境平靜。

但是，最後一類致幻物會大大改變感受的幅度、對真情實況的認知、空間感和時間感，也可能讓人失去人格特質。在意識尚存的情況下，進入夢幻的世界，能感覺到比正常世界更覺真實的世界。他們往往會看見難以形容的明亮色彩；面對的物件可能已失去原始的象徵特性，似乎因為各自擁有實體性而分離，愈來愈趨向獨立。

因致幻物引發的精神改變與意識的異常狀態，是如此地遠離日常生活常態，因而幾乎無法用日常生活的語言來描述。當致幻物發生作用時，人會遠離他熟悉的世界，處在另一套標準與陌生的時空裡。

致幻物大部分都來自於植物，少數來自動物如蟾蜍、蛙、魚；有一些則是人工合成物，如LSD(麥角二乙胺， Lysergic acid diethylamide)、TMA(3-甲氧基-苯異丙胺，trimethoxyamphetamine)、DOB(2,5-甲氧基-4-溴苯異丙胺， 2,5-Dimethoxy-4-bromoamphetamine)。這些致幻物的使用可追溯至史前時代，一般認為它們那讓人超脫塵俗的效果或許來自神靈。

在原住民的文化裡，往往沒有身體或肉體引起疾病或是造成死亡的概念；而是認為疾病和死亡是心靈受到擾亂的結果。因此，致幻物可讓土著醫生 (有時甚至患者)與靈界溝通，通常成為土著藥典中的良藥。他們認定致幻物比直接醫治身體的藥或緩和劑，更有療效。如此概念的累積，讓致幻物逐漸成為大部分（甚至是全部）原住民社會醫療的穩固基礎。

致幻植物因為含有幾種化學物，而能以特定的方式對中樞神經系統產生明確的作用。迷幻狀態往往為時短暫，只能維持到誘發成分代謝完畢或排放到體外。所謂的真正迷幻(視覺)與或可稱之為假迷幻的狀態，似乎有所區別。有毒植物會擾亂正常的新陳代謝作用，產生精神異常狀態，引發極類似迷幻之實用目的的狀態。若干所謂亞文化群的成員嘗試使用許多植物，例如占卜鼠尾草(*Salvia divinorum*)等，並認為此類植物是新發現的致幻藥。假迷幻狀態也可能發生在未取食有毒植物或有毒物質時。中世紀一些被視為行徑怪誕的人，經過一段長時間的挨餓或不飲水後，在正常的代謝作用下最終出現幻覺，透過此假迷幻狀態產生幻視與幻聽的經驗。

植物界

十八世紀以前，尚無真正合乎邏輯或廣為人接受的植物分類系統與命名系統。歐洲各國採用當地的俗名來稱呼這些植物，而在專業上提到它們時，用的是拉丁文，名字通常包含好幾個字，以一長串累贅的形容詞來表示。

十五世紀中葉，由於印刷術與鉛字版的發明，帶動了草本植物書(即植物圖鑑)的出版，主要是藥用植物。在1470-1670年所謂的草本植物的時代」(Ages of Herbals)，植物學與醫藥從由迪奧斯科里斯(Dioscorides)及其他傳統博物學家主導了約十六個世紀的古老概念中，解脫出來。在這兩個世紀植物學的進步，遠超過過去的一千五百年。

然而，直到十八世紀才有林奈氏(Carl von Linné)提出第一套綜合且科學的植物分類系統與命名法。林奈氏為瑞典的博物學家與醫生，也是烏普薩拉(Uppsala)大學的教授，在1753年出版了巨著《植物種誌》(Species Plantarum)，全書共1200頁。

林奈氏依據植物的「性徵系統」歸納出一個簡易的植物分類系統，包括二十四個綱，主要是根據雄蕊的數目與其特徵來分類。他為每一種植物取一個屬名與一個種名，組成一個「雙名」的物種名。雖然在他之前也有植物學家採用雙名制（二名法），但是林奈氏是第一個自始至終採用這個系統的人。從後來的植物演化知識來看，林奈氏的性徵系統是高度人為與不適當的，現在已不通用。但是他的雙名制概念卻為全球所採用，植物學家一致同意以1753年為採用現行命名制的元年。

林奈深信他在1753年已完成世界上大部分植物的分類工作，他估算世界上的植物不超過10,000種。但是林奈的成就與其眾門生所發揮的影響，讓人們對開展與探索新大陸植物的興趣大增。結果，一個世紀之後的1847年，英國植物學家約翰·林德利(John Lindley)估計，植物的物種已增加將近100,000種，隸屬於8900屬。

聖母百合
Lilium candidum

香蒲
Acorus calamus

單子葉植物(MONOCOTYLEDONEAE)

致幻植物是演化最高的一種開花植物(被子植物)，也是形式較簡單的蘑菇類植物。被子植物分為單子葉植物與雙子葉植物。

香蒲、大麻、顛茄及毒蠅鵝膏菇(右上圖)是精神活性物種的代表。

歐洲鱗毛蕨
Dryopteris filix-mas

蕨類植物(PTERIDOPHYTA)

耳蕨
Polytrichum commune

苔蘚植物(BRYOPHYTA

密刺薔薇
Rosa spinosissima

大麻
Cannabis sativa

菸草
Nicotiana tabacum

顛茄
Atropa belladonna

離瓣花Archichlamydeae

合瓣花Metachlamydeae

雙子葉植物(DICOTYLEDONEAE)

雙子葉植物(有兩片子葉的開花植物)，包括合瓣花植物
與離瓣花植物。

被子植物(Angiospermiae)

種子植物分為具毬果的植物(裸子植物)與開花植物(
被子植物)。

裸子植物(Gymnospermae)

種子植物(SPERMATOPHYTA)

白松
Pinus strobus

海藻
Algae

藻類(ALGAE)

靈芝
Ganoderma lucidum

毒蠅傘
Amanita muscaria

真菌類(FUNGI)

原植體植物(THALLOPHYTA)

藻類、黴菌類、真菌類、藻類、苔蘚、蕨類均為較簡
單的植物。

現代植物學的歷史雖然只有二個世紀，但物種預估數目大幅增加，約有280,000-700,000之譜。後者之物種數已為一般植物學者所接受，他們的研究重點集中在未深入探索的熱帶地區。

當代專家估算真菌物種數在30,000-100,000之譜。這個巨大的差距估算，有一部分歸因於未能全面研究許多真菌類，另一部分歸因於對若干單細胞類缺乏適當的定義法。當代一位真菌學者認為，目前採集到的熱帶真菌種類太少，其實熱帶真菌數量豐富，他認為真菌總物種數可能有200,000。

藻類皆為水生植物，一半以上分布在海洋。這類多樣之植物群，目前相信有19,000-32,000種之譜。在前寒武紀的化石中已發現藻類，它

們約莫出現在三十億年前，稱為原核藍綠藻(*Collenia*)，是地球上已知早期的生命。

地衣是不可思議的植物群，由藻類與真菌的共生結合組成，將近有450屬，約16,000-20,000種。

苔蘚群由苔類與蘚類兩大類組成，主要分布在熱帶地區。如果加緊調查熱帶地區，預料會發現許多新種。苔蘚群不算是經濟生物群的說法，部分原因在於我們不了解它們。

目前的蕨類及其親緣植物約有12,000-15,000種。蕨類為古老的植物群，主要分布在今日的熱帶地區。種子植物顯然是陸域的優勢植物群。裸子植物為小眾植物群，約有675種，其出現可追溯至泥炭紀，目前明顯在凋零之中。

今日地球上主要的植物群是被子植物，它們在陸地上佔有優勢，已演化出最多樣的種類，一般而言，它們構成了世界的植物群。被子植物屬於種子植物，它們的種子受到子房壁的包覆和保護，和種子裸出的裸子植物完全相反，通常稱之為開花植物。就經濟面而言，它們是當今最重要的植物群，在地球幾個陸生環境一直佔盡優勢，最終可能有資格稱作「世界上最重要的」植物。

關於被子植物的物種總數，有各種不同的估算數字，多數植物學家認為共有200,000-250,000種，分屬300科。其他一些專家估計約有500,000種，這數字或許更接近事實。

被子植物主要分成兩大類，一為只有一枚子葉的單子葉植物，一為通常具有兩枚子葉的雙子葉植物。單子葉植物約佔被子植物的四分之一。

從生物活性物種所含的一些化合物在醫療和致幻活動有顯著作用此一角度來看，植物界的某些物種極具重要性。

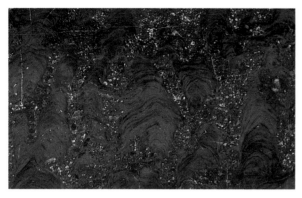 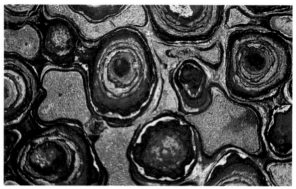

　　首先，真菌愈來愈受到重視。幾乎所有使用廣泛的抗生素都來自真菌。製藥業利用真菌合成類固醇及其他用途的化合物。真菌內不乏含有致幻化合物的成分，但是人類利用的真菌大抵屬於子囊菌(麥角菌)與擔子菌(各種蕈類與馬勃類)。真菌造成食物產生黃麴毒素這一重要事實，直到最近才為人類所知曉。

　　奇怪的是，迄今尚無藻類與地衣含有致幻物的報導。自藻類分離出來的新的生物活性化合物(其中可能具有醫藥價值)有不少種。最近的研究強調有可能自地衣分離出活性成分：地衣產生為數相當多的殺菌化合物，且濃度甚高。北美洲西北端一直有使用含致幻物的地衣之傳說，但是迄今只聞樓梯響，卻沒有鑑定出何種標本或活性劑。在南美洲，一類地衣（網格筆石屬）被用作精神活化劑。植物化學界一直忽視苔蘚類植物，若干苔蘚研究顯示無法從中分離出生物活性化合物。同樣的，民族醫藥界也未重視蘚類與地錢。

　　有些蕨類似乎是生物活性與精神活性的植物，但是根本還稱不上進入蕨類植物之化學研究。最近的研究指出，目前已有許多令人意想不到的生物活性化合物在醫藥上與商業上具有潛在的利益，例如類倍半萜內酯類(sesquiterpinoid lactones)、蛻皮激素(ecdyosones)、生物鹼類(alkaloids)、氰化糖苷類(cyanogenic glycosides)等。根據最近一項針對44種特立尼達島蕨類(Trinidadian ferns)的抗細菌活性萃取物調查，有七成七的萃取物為陽性反應，這結果實在令人驚訝。實驗室或是原住民社會並未發現蕨類具有致幻物成分，但是生活在南美洲的人們使用數種

蕨類作為幻覺飲料「阿亞瓦斯卡」(Ayahuasca)的添加劑。【譯按：Ayahuasca為以南美洲產的金虎尾科藤本植物根部製成的一種飲料，飲用後能產生神經錯亂的心理作用與經久的幻覺、夢幻的交互作用；亦有譯為「醉藤水」、「死藤水」或「毒藤水」見P124-135】

　　種子植物中，含有生物活性成分的裸子植物不多。已知裸子植物含有擬交感神經的生物鹼黃麻素(ephedrine)與劇毒的紫杉鹼(taxine)。樹脂與木材含有許多這類成分，故深具經濟重要性。這群種子植物也含有豐富的生理活性之均二苯乙烯類(stilbenes)及其他化合物，可用作樹幹心材的防腐劑及精油類。

　　從各方面來看，被子植物是重要的植物。因為它們是優勢度高與物種最多樣的植物群，是人類社會與物料發展的基本物件。被子植物是人類取自植物之醫藥的主要來源。大部分的有毒植物都是被子植物，人類使用的致幻物及其他藥品，幾乎都屬於這類植物群。關於被子植物化學成分的研究未曾中斷過，其理不言自明。但是「許多被子植物本身未受到深入檢驗」這一事實尚未被認清。植物界就像是還未被研究清楚的生物動力科學園區。每一個物種皆為一座名副其實的化工廠。雖然原住民社會在其生活周邊的植物中，已發現許多具有藥性、毒性、毒品成分的植物，但是我們也沒有理由假設原住民已經揭露了這些植物隱藏的精神活性成分。

　　無庸置疑的，植物界內必然隱藏了新的致幻物，其中部分成分可能在當代醫學上極具實用價值。

神祇植物之化學研究

眾神的植物深受各種學科(民族學、宗教學、歷史、民俗學)的青睞。兩種自認為最關心這類植物的科學為植物學與化學。本章乃敘述化學家對於宗教儀式與神醫巫醫所使用的植物之成分的研究,討論此類學術研究的潛在好處。

植物學家必須建立那些過去用做神聖藥劑的植物之身分,或鑑定當今仍然具有這類用途的植物。科學家要做的下一個步驟是:這些植物中的哪些成分,讓它使用於宗教儀式與魔術時能發揮效果?化學家要找出的是那些有效的成分,也就是帕拉塞爾蘇斯(Paracelsus)【譯按:瑞士煉金學家與醫生,1493-1541】所稱的精髓成分或精華(quinta essentia)。

組成植物的數百種物質中,只有一、二種(偶爾會有五、六種)化學成分具有精神活性反應。此類活性成分往往只佔1%,甚至有時低到只佔植物體質量的千分之一。新鮮植物的主要組成(以重量計),一般90%為纖維素(用於支撐植物體)與水(用作植物營養與代謝物的溶劑與運輸媒介),而碳水化合物例如澱粉及各種醣類、蛋白質、無機鹽類、色素等,只佔植物體的10%。植物以此為標準成分構成植物體,所有高等植物皆是如此。含有特定生理與心理上效果物質的特殊植物並不多見。這些物質的化學構造通常極為相異。與一般用於植物生長或發育的成分,及一般代謝物的化學構造是不同的。

迄今我們對這些特殊物質在植物生命中擔任的功能還不清楚,因而各家說法眾多,理論各異。由於這類神祇植物的精神活性成分以氮為最多,因而認為這些成分為新陳代謝作用的無用之生成物,有如動物個體的尿酸,其目的為排掉過多的氮,如果這個理論成立,我們認為所有的植物均有此類含氮成分。事實不然,大部分的精神活性化合物,如果服下的劑量太大,即有毒性。科學家認為這些成分具有保護植物免受動物傷害的功能。但是,這個理論仍然說服力不足,因為事實上動物會吃許多有毒植物。有些動物對這些有毒成分具有免疫性。

剩下的便是這麼一個無可解答的自然之謎:為什麼有些植物會製造一些對人類的心智與情緒、視覺,甚至意識狀態有特別影響的化學物質。

植物化學家身負重要與不可推諉的任務——將植物體內的活性成分,製造成純粹的化學態。有了活性成分之後,便可能解析出它們的組成元素,即碳、氫、氧等等所含的比例,進而確定這些元素配置的分子結構。下一個步驟是用人工方法合成這類活性成分,亦即在試管中(不靠植物)製造出來。

有了純化合物(不論是自植物分離或人工合成)就能做藥理學的試驗及化學測試。這個步驟不能用整株植物來做,因為活性成分分布在植物的不同部位,各成分之間有相互干擾的現象。

自植物分離出的第一個精神活性成分是嗎啡,為罌粟花內所含的生物鹼,是在1806年由藥學家裴德烈・澤圖爾奈(Friedrich Sertürner)首度分離而得到的。這個新化合物的名字取自希臘的睡神——摩耳甫斯(Morpheus),因為它具有引人入睡的特性。此後,發展出更迅速分離與純化活性成分的有效方法,其中最重要的技術在過去幾十年才發展出來。這些技術包括色層分析法,是根據相異物質在吸收劑上附著力不同,或比較與溶劑混合的成分被吸收的難易度,而發展出的分離法。最近幾年內,定量分析與建構化合物化學

罌粟蒴果分泌的乳汁具有精神活性成分，為白色，繼而變成脂狀褐色物，即生鴉片。在1806年，科學家成功地自罌粟內分離出嗎啡，是歷史上第一次分離出單一的成分。

下：取自克勒(Köhler)的《藥用植物圖鑑》（Medizinal-Pflanzen-Atlas,1887)。該書是二十世紀傑出且重要的植物書籍。嗎啡不具致幻效果，被歸類為「忘憂藥」。

Papaveraceae.

Papaver somniferum L.

動物亦可製造若干精神活性化合物。圖中的阿爾蟾蜍(*Bufo alvarius*)，俗名為科羅拉多河蟾蜍，分泌為量不少的5-甲氧基-二甲基色胺(5-MeO-DMT)。

結構之方法有著根本上的改變。從前需要好幾世代的化學家去闡釋天然化合物的複雜結構，如今採用光譜分析與X光分析，便可在數週，甚或數日內定出化學結構式。同時化學合成的方法亦突飛猛進。隨著化學領域的大進展，以及植物化學家高效率的方法，近年來可能獲得相當可觀的精神活性植物活性成分之化學知識。

化學家研究神祇植物藥品的貢獻可見諸對墨西哥迷幻蘑菇的研究，那是含致幻物質的野生蘑菇。民族學家發現墨西哥南部的印地安人，在宗教儀式中使用多種蘑菇。真菌學家鑑定了宗教儀式用的蘑菇，化學的分析很清楚顯示哪些物種含有精神活性成分。艾伯特‧赫夫曼親自試驗其中的一種蘑菇。他發現這些成分具有精神活性。迷幻蘑菇亦可在實驗室內培養出來，他已成功地分離出兩種活性化合物。一個化合物的純度與化學均質度，可以從它的結晶能力顯示出來，除非它是液體。這兩種迷幻成分為裸蓋菇素(psilocine)與裸蓋菇鹼(psilocybine)的無色結晶體，取自墨西哥裸蓋菇(*Psilocybe mexicana*)。

類似地，一種墨西哥仙人掌烏羽玉(*Lophophora williamsii*)的活性成分仙人球毒鹼(mescaline)，已經被萃取出來，並以鹽酸鹽的形式存在。

有了純粹化學形式的蘑菇之活性成分，可將研究延伸到其他領域，例如精神病學，並且成效良好。

透過含不含無裸蓋菇素或裸蓋菇鹼的測定，可以建立區分真假迷幻蘑菇的客觀方法。

當蘑菇致幻成分的化學結構確定後(見P184-187的結構式)，發現這類化合物與天然存在於腦部的血清素(serotonin)息息相關。血清素在調控心理(精神)功能上扮演主導的角色。

確知純化合物的精確劑量後，便可在複製條件下進行一連串動物試驗，研究它的藥理作用，進而決定它在人類精神疾病治療上可發揮的作用。利用天然蘑菇是不可能做到這些的，因為天然蘑菇所含的活性成分不一，其含量可低到0.1%(濕重)，高可達0.6%(乾重)。活性成分大部分是裸蓋菇鹼，裸蓋菇素含量極微。人類所需的平均有效劑量大約為8-16毫克的裸蓋菇鹼或裸蓋菇素。如此不必吞下難嚥的2公克乾蘑菇，只要服用0.008公克的裸蓋菇鹼，便可有數小時的幻覺效果。

一旦有了純活性成分，便可能研究其用途及在醫學上的有效應用。已知這種活性成分對實驗性神精病學的研究極有幫助，對心理分析、精神治療也極有助益。

你可能會覺得在化學分離、結構分解與人工合成裸蓋菇鹼與裸蓋菇素之後，墨西哥迷幻蘑菇的魔力便喪失了。的確那些對印地安人的精神產生作用，使他們深信過去數千年來有神祇住在蘑

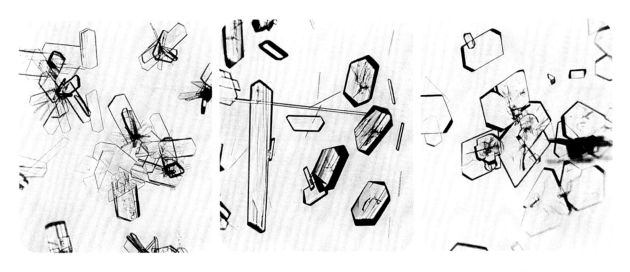

仙人球毒鹼——鹽酸(從酒精中結晶而得)

裸蓋菇鹼(自甲醇中結晶而得)

裸蓋菇素(自甲醇中結晶而得)

菇裡的物質,如今可在化學家的曲頸瓶蒸餾器內製造出來。但讀者要想到,科學研究只是顯示,迷幻蘑菇的神祕性來自兩種結晶化合物。其對人類精神的作用還是神祕難解而且魔力無邊的,如同蘑菇本身一樣的不可思議。這種神祕性也存在於從其他神祇植物分離出的純活性成分之中。

許多生物鹼的結晶不完整,稱為自由鹽基。自由鹽基可以適宜的酸中和,採用飽和溶液降溫法或溶劑蒸發法,分離出結晶的鹽物質。由於溶劑內留存有副產物,自溶液中結晶取得的物質,就經過了某種程度的純化。

由於每一種物質各自有其特定的結晶形狀,可用來鑑定該物質的名稱與描述其特性。當代採用X光結構分析法可詮釋結晶的化學組成成分。若採用此方法,所有的生物鹼或其他物質必需是結晶態始能進行分析。

世界最大的河流穿過世界最大的雨林，
逐漸地，我開始領悟到
在這片幾乎無垠無邊的森林裡——
將近三百萬平方哩的土地上，
密密麻麻的長滿樹木，
居住其間的原住民
並不覺得摧毀擋在他們路上的高貴樹木
會比我們拔掉眼前卑微的雜草來得嚴重——
砍掉一棵樹所留下的空隙，
不會比從英格蘭玉米田裡拔起一束野花或一株罌粟
所留的缺口大，
而且兩者同樣不會被人紀念。

——理查‧史普魯斯(Richard Spruce)

下：庫侖河(Kuluene)的空中瞰視圖。這是亞馬遜的一條主流欣古
河(Xingú River)最南端的支流。

右：這些曾是巨大的喬木，枝葉扶疏，其上堆滿令人難以置信的寄
生物，擠滿細如髮絲到粗如巨蟒長蛇的各類藤條，在電纜控制下被
纏繞、切平、匝結與歪扭著。喬木林內混生著高度不相上下的尊貴
之棕櫚樹；此外有更喜愛此地的同科植物，它們的樹輪往往不到大
拇指粗，但長出羽狀葉、懸垂擺動的枝條上有黑色或紅色的莓果，
它們十分像在它們上方的高高同伴，與灌木及各種各類的小樹相處
在此，喬木下層雖有叢叢植物，但是看起來並不密生擁擠，也不難
通過……。其實要知道，穿越聳高巨木的森林是不難的；那些藤
蔓、寄生植物……大都高高在上，在地面的並不多……。
——理查‧史普魯斯(Richard Spruce)

24

致幻植物的類別
及其用途的地理分布

人類目前所利用的致幻物質，數量遠低於已存在的致幻物質。全世界大約有50萬種植物，利用其致幻性質的植物大約只有1000種。幾乎無一處居民文化中，沒有一種重要的致幻物。

非洲面積儘管遼闊，植物的多樣性也高，但似乎沒有太多致幻植物。其中最負盛名的當然非「伊沃加」(Iboga)莫屬。伊沃加是夾竹桃科植物的根部，使用於迦彭與剛果某些地區的布維蒂人(Bwiti)的宗教儀式。波札那的布須曼人把石蒜科的「克瓦西」(Kwashi)之鱗莖切成片狀，擦在獻祭者頭部，使其汁液的活性成分摻入血液中。「坎納」(Kanna)是一種神祕難解的致幻物，可能早已不被使用。霍屯督人(Hottentots)口嚼兩種番杏科植物，可引起喜樂、笑叫與幻視。一些零散地區，人們利用曼陀羅與天仙子(Henbane)的親緣植物所含的毒性。

在歐亞大陸的許多植物，也都具有致幻效果。最重要的是，歐洲大陸是大麻的原鄉，大麻這種植物正如今日流行最廣的所有毒品，像是大麻、馬孔阿(Maconha)、達加(Daggha)、甘哈(Ganja)、查拉斯(Charas)等藥物，幾乎已見於世界各地。

歐亞大陸最特殊的致幻植物是毒蠅傘(Fly Agaric)。這是一種蘑菇，為零散分布於西伯利亞的部落所使用。另一種有可能是古印度的神聖毒品——蘇麻(Soma)。

曼陀羅是亞洲廣為採用的植物。在東南亞洲，尤其是巴布亞‧新幾內亞，使用曬乾的這種不知成分的致幻物。據說新幾內亞人服食一種薑科植物馬拉巴(Maraba)。巴布亞的土著服用天南星科的埃雷瓦里(Ereriba)的葉子與大喬木阿加拉(Agara)的樹皮後，會產生幻視，並且昏沉入睡。肉豆蔻因含有致幻效果，一直為印度與印尼人所使用。土耳其斯坦的部落則飲用一種致幻茶，所利用的是灌木東突薄荷(*Lagochilus*)的乾燥葉子。

歐洲古代盛行使用致幻物，幾乎皆用於巫術及占卜。主要的這類致幻植物為茄科的曼陀羅、毒參茄(Mandrake)、天仙子、顛茄(Belladonna)。至於麥角菌(Ergot)是黑麥的寄生物，碾麥時若不慎受到麥角菌的汙染，整個地區的食用者往往會因此中毒。此類的感染可導致數百民眾神智不清、受到幻覺的煎熬、往往引起精神錯亂，身體組織壞死，甚至喪命。此災患稱為「聖安東尼之火」(St. Anthony's fire)。雖然中世紀歐洲顯然從未特意用麥角菌作為致幻物，但是若干細微跡象指出，古希臘時期在雅典附近舉行的「厄琉西斯祕密祭典」(Eleusinian Mysteries)與麥角菌屬植物有關。

廣為人知及使用的「卡瓦-卡瓦」(Kava-kava)胡椒，雖非致幻物，但長久以來被歸類為一種催眠藥。

在新世界地區，致幻植物的數量驚人，具有高度的文化重要性，主宰當地原住民生活的每一個細節。

西印度群島有若干種致幻植物。事實上，早期的原住民主要使用所謂的「科奧巴」(Cohoba)，做成鼻煙；一般認為此習俗是南美洲奧里諾科(Orinoco)地區的印地安人入侵加勒比群島時傳入的。

同樣地，北美洲(即墨西哥以北)的致幻植物並不多。曼陀羅屬植物的使用雖然相當普遍，但多集中在西南部地區。美國德州及其鄰近地區以偏花槐豆(Mescal Bean)為主，用於追求幻視的祭典。北加拿大的印地安人以甜蒲(Sweet Flag)的根莖為草藥，以口嚼之，可能也有致幻效果。

無疑地，墨西哥是全球使用致幻物最多樣與最大量的原住民社會。然而該國致幻植物的數量並非極多，何以使用致幻物的現象如此普遍，委屬難解。北墨西哥地區最重要且神聖的致幻植物

非佩約特仙人掌莫屬，雖然還有少數其他致幻植物用於巫術／宗教儀式。自古以來墨西哥另一重要的神聖植物是蘑菇類，即阿茲特克人所謂的「特奧納納卡特爾」（Teonanácatl）。如今至少有24種這類真菌分布於南墨西哥。稱之為「奧洛留基」（Ololiuqui)的墨西哥牽牛花的種子，則是阿茲特克地區重要的致幻物，此種子迄今仍為南墨西哥地區的人使用。次要的致幻劑有：托洛阿切(Toloache)及其他曼陀羅屬植物；北部的偏花槐豆或稱「弗里霍利略」(Frijolillo)；阿茲特克人的鼠尾草屬植物「皮皮爾特辛特辛特利」(Pipiltzintzintli)；昔稱「占卜者之草」、今稱「牧人之草」(Hierba de la Pastora)的一種鼠尾草植物；亞基族(Yaqui)印地安人的加那利金雀花(Genista)；皮烏萊(Piule)、西尼庫伊奇(Sinicuichi)、薩卡特奇奇(Zacatechichi)、米克斯特克人(Mixtecs)稱之為「希-伊-瓦」(Gi'-i-Wa)的馬勃菌；以及許多其他致幻植物。

南美洲致幻物的數目、多樣性與其在巫術宗教上的重要性，僅次於墨西哥，名列第二。南美洲安地斯文化就有半打屬於曼陀羅木(Brugmansias)的植物物種，其俗名為博爾拉切

土著使用的主要致幻物

儘管東半球的文明較悠久，致幻物的使用較普
遍，但是使用的致幻植物種類，遠不及西半球的
多。人類學家從文化層面詮釋此差異的緣由。然
而此兩半球地區採用的致幻植物，在數量上似乎
沒有顯著的差別。

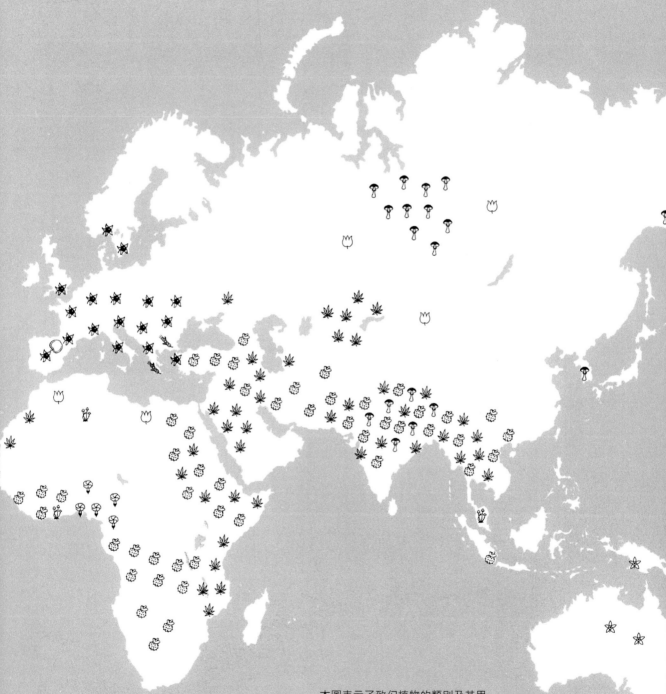

本圖表示了致幻植物的類別及其用
途的地理分布。致幻植物在用途上
有很大的地理差異。

西半球文化的巫術宗教儀式中，至少珍視一種致幻植物的價值。許多文化不只看重一種植物，除了致幻植物外，還重視其他具有精神活性（有致幻功能）的植物：例如菸草、古柯、瓜尤薩(Guayusa)、約卡(Yoco)、瓜蘭卡 (Guarancá)等。其中若干植物，尤其是菸草與古柯，已躍升為神聖的土著藥物。這些致幻物在地圖標示的地區具有重要的文化意義。

Hyoscyamus spp. 天仙子屬植物

Amanita muscaria 毒蠅鵝膏(毒蠅傘)

Atropa belladonna 顛茄

Cannabis sativa 大麻

Claviceps purpurea 麥角菌

Datura spp. 曼陀羅屬植物

Tabernanthe iboga 伊沃加木

Anadenanthera peregrina 大果柯拉豆

Anadenanthera colubrina 蛇狀柯拉豆

Banisteriposis caapi 卡皮藤

Brugmansia spp. 曼陀羅木屬植物

Lophophora williamii 烏羽玉

Psilocybe spp. 裸蓋菇屬植物

Turbina corymbosa et *Ipomoea violacea* 繖房花威瑞亞

Virola spp. 南美肉豆蔻屬植物

Duboisia spp. 澳洲毒茄屬植物

薩滿巫是從精神活性植物而來之神奇智慧的守護者。這張照片攝自尼泊爾喜馬拉雅4000公尺高之「卡林喬克」(Kalinchok)聖山上。

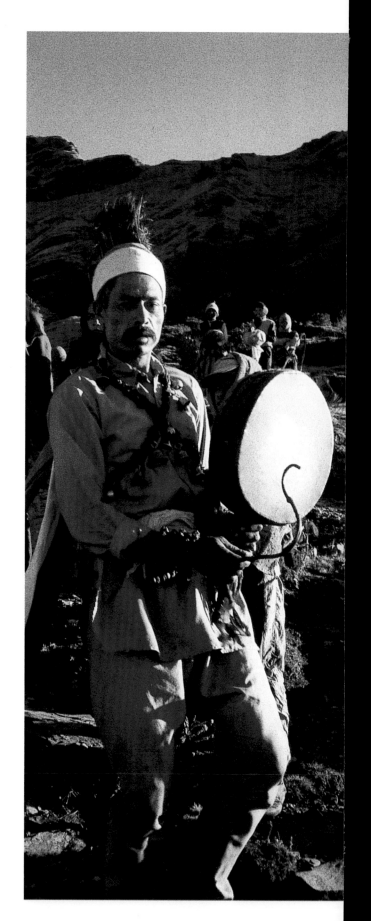

羅 (Borrachero)、卡姆潘尼利亞 (Campanilla)、弗洛里龐迪奧(Floripondio)、瓦恩(Huanto)、奧卡卡丘 (Haucacachu)、邁科阿 (Maicoa)、托埃(Toé)、通戈(Tongo)等。南美洲的祕魯和玻利維亞有種長柱型仙人掌，稱為聖佩德羅(San Pedro)或阿瓜科利亞(Aguacolla)，是「西莫拉」(cimora)飲料的基本成分，用於追求幻覺的儀式。智利的印地安巫醫(大部分為女性)在正式場合使用的致幻之樹為茄科的「拉圖埃」(Latué)，又名「巫師之樹」(Arbol de los Brujos)。研究已指出，安地斯山區的居民使用罕見的灌木「泰克」(Taique，即虎刺葉*Desfontainia*)、不可思議的「山喜」(Shanshi)、以及南鵑屬的憂心草 (Hierba Loca)，均為杜鵑花科植物的果實。最近的報導指出，南美洲西北部的厄瓜多使用碧冬茄(Petunia)之類的植物，作為致幻物。在奧里諾科(Orinoco)與亞馬遜部分地區，有一種強烈的鼻煙，稱為「約波」(Yopo)或「尼奧波」(Niopo)，它是利用一種豆科植物的豆焙製而成的。阿根廷北部的印地安人吸的鼻煙，取自薩維爾豆(Cebíl)或比利卡樹(Villca)的種子，該樹是耶波豆樹(Yopo)的親緣種。南美洲低地最重要的致幻植物或許是阿亞瓦斯卡(Ayahuasca)、卡皮(Caapi)、納特馬(Natema)、平德(Pindé)和亞赫(Yajé)。在西亞馬遜與哥倫比亞及厄瓜多的太平洋沿岸地區，儀式用的致幻植物為金虎尾科(Malpighia)的數種藤本植物。而茄科的蕃茉莉屬(*Brunfelsia*)是亞馬遜最西端著名的致幻植物，當地人稱為「奇里庫斯皮」(Chiricaspi)，廣泛使用於致幻用途。

新世界（美洲、澳洲）使用的致幻植物比舊世界（歐、亞、非洲）多。西半球使用的致幻植物近130種，而東半球的數目不過約50種。植物學家沒有理由認定新世界的植物區系中具有致幻性質的植物，比舊世界的多或少。

致幻植物圖鑑

   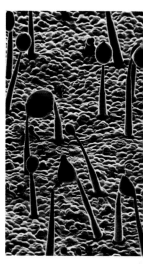

　　本植物圖鑑收錄97種已知具有致幻物質或精神活性的植物,介紹其基本資料與特性。

　　所選取的植物包括已有文獻可稽者、在野外為人所試用者,或經實驗證明確具精神活性者。此外,也包括若干據報導用作「麻醉劑」或「興奮劑」的植物。

　　鑑於原住民的語言複雜,許多植物有多種俗名,所有植物依拉丁屬名的英文字母順序排列。如果某植物的俗名遺漏未列,亦可在第32-33頁的「俗名索引」中尋得,或利用書末的索引相互參照。

　　本書是為一般讀者寫的,所以特意簡化植物特性的描述,只強調該植物明顯與最易辨識的性狀。若版面許可,會增加與該植物相關的歷史、民族學、植物化學資料,偶爾也會有精神病藥學方面的資料,但並不常出現。筆者盡可能在植物名彙的簡述內,賦予跨領域的知識。植物名彙之圖繪分二類:有些為水彩繪圖,盡可能繪自活體植物或植物標本。大部分的圖片直接自彩色照片複製。有些植物是首次出現插圖。

　　本植物圖鑑的目的是以最直接的方式,引導讀者了解一些被全球原住民視為神祇植物之致幻植物的複雜事實與傳聞,而這些資料只是各領域的廣泛知識中的一小部分。

　　過去數年來,對藥用植物所做的植物學調查,日益正確與繁複。1543年,最出色的草本植物圖繪者為雷翁阿德‧富克斯(Leonard Fuchs),圖左為他提供之精確的曼陀羅(*Datura stramonium*),又稱刺蘋果(Thorn Apple)的圖鑑。其後過了約300年,科赫卡(Köhler)著有《藥用植物》(Medizinal Pflanzen)一書,這是本敘述更詳盡的藥學書,提出極其重要具有藥效的植物(中間圖)。在林奈氏建立植物標本館與分類雙名制後的125年,透過收集全球乾燥植物標本的活動,我們的植物標本館已頗有規模,有助人類了解植物物種外觀的變異性。第三幅圖是一個典型的曼陀羅標本,為有效的植物鑑定資料。現代科技(如電子掃描顯微鏡)能提供細微的植物形態,諸如曼陀羅葉表面的絨毛,使得植物鑑定更為精確。

俗名索引

以下P34-60頁以圖鑑解說97種致幻植物。屬名的安排依照英文字母的先後順序。圖鑑中的每一物種簡介，包含下列資訊：

◆屬名、命名者，括號中為該屬之植物物種數。
◆學名。
◆俗名。已知含致幻成分或用作致幻物的物種，可參見「植物利用綜覽」(P65-79)。該章的內容為植物的學名、歷史、人種誌、背景、利用目的與備製方法，及其化學成分與效果。
◆科名。
◆該屬植物的地理分布。
◆數字為植物編號，同「植物利用綜覽」。

圖為一位南美印地安人採收一種「眾神的植物」，叫做「血紅天使之喇叭」，學名為紅曼陀羅木(*Brugmansia sanguinea*)。此種高濃度的生物鹼植物，數百年(甚至數千年)來為人類所栽培，用於精神活性之用途。印地安人告誡人勿輕率使用此植物，否則會引起強烈的迷幻反應與輕度興奮，唯有經驗老到的巫醫才能用它來占卜與治病。

ACACIA Mill 相思樹　　(750-800)	ACORUS L. 菖蒲屬　　(2)	AMANITA L. 鵝膏屬　　(50-60)	ANADENANTHERA Speg.　(2) 柯拉豆屬
Acacia maidenii F von Muell. 梅氏相思樹	*Acorus calamus* L. 菖蒲 Sweet Flag 甜蒲	*Amanita muscaria* (L. ex Fr.) Pers. 毒蠅傘	*Anadenanthera colubruna* (Vellozo) Brennan 蛇狀柯拉豆 Cebíl, Villca 塞維爾、比利卡
Maiden's Acacia 梅氏相思樹 Leguminosae 豆科	Araceae 天南星科	Fly Agaric 毒蠅傘 Amanitaceae 鵝膏科	Leguminosae 豆科
1 分布於澳洲	**2** 分布於南半球的溫帶與暖和地區	**3** 分布於歐洲、非洲、亞洲、美洲	**4** 分布於南美洲阿根廷西北部

相思樹屬 (*Acacia*)遍布於全球的熱帶與亞熱帶地區。此屬植物囊括羽狀(有時為平滑葉子)的中型喬木下的大部分種種。花聚集成叢,果實豆莢狀。許多相思樹植物是傳統精神活性產物(蒟醬、啤酒、巴爾切、皮厄里茄、龍舌蘭酒)的添加物。相思樹屬的若干物種適於配製致幻物。澳洲的極多相思樹屬植物,如梅氏相思樹(*A. maidenii*)、顯脈相思樹(*A. phlebophylla*)、單葉相思樹(A. simplicifolia)等植物的樹幹與葉內,含有較高濃度的二甲基色胺(DMT)。

澳洲梅氏相思樹(*A. maidenii*)是一種銀光閃閃的直幹植物,內含數種不同的色胺類(tryptamines)。樹皮含0.36%的二甲基色胺(DMT)。樹葉用作類似致幻物的二甲基色胺藥引成分。這類植物容易在溫帶氣候地區(如美國加州與南歐)栽培。

若干薄弱與間接的證據顯示,加拿大西北的克里(Cree)印地安人有時會嚼菖蒲(香蒲)的根莖(地下莖),以追求精神活性的效果。

菖蒲為半水生草本植物,具有長長的香根莖,莖部直立,葉修長劍形,長可達2公尺。微小花朵著生於一結實、側生,綠黃的肉穗花序上。根莖內含一種精油,此植物因而具有藥用價值。

菖蒲的有效成分應是 α-細辛腦(α-asarone)與 β-細辛腦(β-asarone)。細辛腦(asarone)與仙人球毒鹼(mescaline)的化學結構有一處相似,兩者皆含有精神活性的生物鹼。然而,尚無證據顯示細辛腦會導致精神異常的舉動。

毒蠅傘是一種外形艷麗的蘑菇,生長在空曠的林木下(通常是樺、冷杉、幼松)。菌高可達20-23公分。菌傘冠略帶黏糊、杯狀、半球形,到了最後成熟階段幾乎是平頂,菌蓋直徑8-20公分寬。此菇有三變種:分布在舊世界與北美洲西北部的是腥紅色菌蓋,帶有白色突瘤;分布在北美洲東部與中部者屬於黃色或橙色類;白色變種則分布於美國的愛達荷州。菌柄為圓柱形,具有球狀基部,柄為白色,約1-3公分寬,柄外有明顯的乳白色環,環上覆蓋著鱗片。活瓣附著在菌柄基部。菌褶的顏色可從白色到乳白色,甚至為檸檬黃。

毒蠅傘可能是人類使用最早的致幻植物,在古印度稱為蘇麻(Soma)。

此喬木高3-18公尺,幾近黑色的樹皮上常有長刺。葉為細小的腔葉狀,長可達30公分。花黃白色,果莢為草質黑褐色,長35公分,內有扁平的紅棕色種子,1-2公分寬,尖端呈直角。

南美洲安地斯山脈南部地區的印地安人,約在4,500年前即以此種子為致幻物。種子製成鼻煙粉或供吸食,或作為啤酒的添加物,主要由巫師使用。

種子含色胺類(tryptamines)生物鹼,尤其含蟾毒色胺(bufotenine)。

ANADENANTHERA Speg. (2)
柯拉豆屬

Anadenanthera peregrina (L.)
Speg. 大果柯拉豆
Yopo 約波
Leguminosae 豆科

5 分布於南美洲的熱帶地區、西印度群島

ARGYREIA Lour. (90)
銀背藤屬或白鶴藤屬

Argyreia nervosa (Bruman f.) Bojer.
美麗銀背藤
Hawaiian Wood Rose 夏威夷木玫瑰
Convovulaceae 旋花科

6 分布於印度、東南亞、夏威夷

ARIOCARPUS Scheidw. (6)
牡丹仙人掌屬

Ariocarpus retusus Scheidw. 岩牡丹
False Peyote 假佩約特
Cactaceae 仙人掌科

7 分布於墨西哥、美國德州

　　此植株有若含羞草狀的喬木，主要生長在空曠的草生地，高可達20公尺，樹幹直徑有60公分。黑色樹幹上有粗大的突出短尖刺瘤。葉為羽狀複葉，約有15-30對非常小的絨毛小葉。球形頭狀花序上著生許多小白花，長在葉的末端或葉脈處。表面粗糙的木質豆莢內有扁薄、光滑的黑色種子，約3-10粒。

　　奧里諾科(Orinoco)河盆地的印地安人採集此種子，製成威力強勁的致幻吸鼻煙，名之為「約波」(Yopo)。據傳早在西元1496年，西印度群島的巫醫曾使用此種子於醫療及宗教儀式中，稱之為「科奧巴」(Cohoba)。不幸的是，這類用法早因原住民的濫採而絕跡。

　　南美洲的蓋亞那大森林的林緣有些原生種，至今仍為許多不同的部族所使用，尤其是亞諾馬

諾族(Yanomano)與瓦伊卡族(Waika)，用它來備製「埃佩納」(Epená)。巫醫的鼻煙粉取自栽培的樹，再加上其他物質與植物的灰燼。種子的主要成分多為 N, N-Dimethyltryptamine(DMT)及5-甲氧基-二甲基色胺(5-MeO-DMT)，還有其他的色胺類(tryptamines)。奧里諾科地區雨林部族的巫醫所栽培的大果柯拉豆，實非該地區的原生種，他們靠著人工栽培來保證鼻煙的貨源不缺。

　　此生長旺盛、卷鬚攀緣的銀背藤可攀爬約10公尺高，藤含乳膠汁。此植物有莖狀的心型葉，其上布滿絨毛，由於幼莖與葉背有絨絨細毛，看起來像是銀色的植株。紫色或薰衣草般的淡紫色漏斗狀花，長在葉腋上。圓形果實呈漿果狀，內含平滑的棕色種子。每個蒴果內有1-4粒種子。

　　該植物原產於印度，在當地自古代以來便用作藥物。傳統用作宗教致幻物(entheogen)，但並未獲得證實。拜植物化學研究之賜，已知其含有強烈的致幻成分。種子含0.3%的麥角鹼與麥角二乙胺類(lysergic-acid-amides)。許多服用者形容服用4-8粒種子後，會產生服用麥角二乙胺(LSD)的效果。

　　此植物體型小，是一種灰綠色到紫灰色或褐色的仙人掌，直徑約10-15公分。植株很少露出地面，稱為「活岩石」，在其分布的礫石沙漠地，常被人誤認為岩石。該屬的特徵為具有角狀或肉質狀、覆瓦形的三角小突起物。小突起物的間隙長滿絨毛。花色多變，從白色至粉紅色乃至紫色皆有，盛開時可達6公分長、4公分寬。

　　墨西哥中部與北部的印地安人認為此屬的兩種仙人掌——龜甲牡丹(*A. fissuratus*)與岩牡丹(*A. retusus*)為「假佩約特」。

　　這些仙人掌植物與喜愛生長在烈日沙漠或礫石大沙漠的烏羽玉(*Lophophora*)有親緣關係。

　　已從龜甲牡丹與岩牡丹分離出來多類具有精神活性的苯基乙胺(phenylethylamine)生物鹼。

ATROPA L. 顛茄屬 (4)

Atropa belladonna L. 顛茄
Deadly Nightshade 死茄
Solanaceae 茄科

8 分布於歐洲、北非洲、亞洲

BANISTERIOPSIS C.B. (20-30) Robinson et Small 醉藤屬

Banisteriopsis caapi (Spruce ex Griseb.) Morton 卡皮藤
Ayahuasca 阿亞瓦斯卡
Malpighiaceae 金虎尾科

9 分布於南美洲北方的熱帶地區、西印度群島

BOLETUS Dill. ex Fr. (225) 牛肝菌屬

Boletus manicus Heim 瘋牛肝菌
Kuma Mushroom 庫馬蘑菇
Boletaceae 牛肝菌科

10 全球性分布

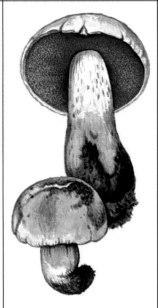

　　此多年生的多枝條草本植物可長到90公分高，是全株光滑無毛或帶軟毛腺體的植株。卵圓形的葉片長可達20公分。一朵朵分開的棕紫色花，呈下垂的鐘形，長約3公分，結出亮黑色的漿果，約3-4公分寬。全株皆含強勁的生物鹼，多生長在石灰質土壤的灌叢或小樹林中，尤其適合生長在建築物的圍籬附近。

　　一般認為顛茄是古代女巫調製飲料的重要原料。理所當然的，有許多意外的或刻意製造的中毒事件與致命的顛茄有關。

　　約在西元1035年，鄧肯一世(Duncan I)對抗挪威「斯偉恩‧克努特大帝」(Sven Canute)的蘇格蘭大戰時，顛茄扮演著重要的角色。蘇格蘭人之所以能摧毀北歐大軍，靠的便是派人送去的糧食與啤酒內攙入了「安眠顛茄」。

　　顛茄的主要精神活性成分是顛茄鹼(atropine)，以及較少量的東莨菪鹼(scopolamine)和微量的托烷(tropane)。葉的生物鹼總含量為0.4％，根為0.5％，種子為0.8％。

　　除了常見的顛茄外，尚有罕見的黃花變種(var. lutea)，以及更少為人知的相關變種。印度顛茄(Atropa acuminate Royle ex Lindl.)是人工栽培之藥用植物，因為它含有高濃度的莨菪鹼。高加索顛茄(Atropa caucasia Kreyer)與土庫曼顛茄(Atropa komarovii Blin. et Shal)分布在亞洲，目前仍是大量栽培用以提取顛茄鹼來製藥的植物。

　　這種森林內的巨大攀緣植物是一種重要的致幻飲料之基本原料，用於亞馬遜山谷西半坡及哥倫比亞與厄瓜多安地斯山脈偏遠部族的儀式中。卡皮藤與毒藤(B. inebrians)這兩種植物的樹皮泡浸冷水或久煮後，即可單獨使用，不過往往還攙入其他各種植物，尤其是鱗毛蕨(Diplopteris cabrerana)，即土稱的「奧科-亞赫」(Oco-Yajé)與綠九節(Psychotria viridis)的葉子，改變迷幻飲料的效果。

　　上述兩種醉藤屬植物為攀緣植物，樹皮平滑呈棕色，葉片墨綠色，薄如紙張，呈卵圓至狹長形，可長到18公分長、5-8公分寬。花序上有許多花。小花為粉紅或玫瑰紅色，果為翅果(翼果)，果翅長3.5公分。毒藤與卡皮藤不同之處為前者葉片為較厚的卵圓形且漸窄，翅果形狀亦有別於後者。已知此種攀緣植物含有單胺氧化酶(MAO)。

　　新幾內亞的庫馬(Kuma)有數種牛肝菌的菌菇，皆會導致令人不解的「蘑菇瘋狂症」。其中Boletus reayi的特徵為半球形，深褐紅，但邊緣是乳黃的菌蓋，直徑約2-4公分。新鮮的菌肉為檸檬色。菌柄顏色變化多端，頂部為橙色，柄中央為大理石灰綠色至灰玫瑰色，柄基為綠色。孢子長橢圓狀，外有黃色薄膜，內為橄欖色。

　　瘋牛肝菌(B. manicus)是有名的蘑菇，其拉丁學名的種名「mania」，即為精神錯亂的形容詞。瘋牛肝菌具有毒性，然其致幻性質尚未獲得實證。

BRUGMANSIA Pers. 曼陀羅木屬 (7-8)

Brugmansia aurea Lagerh. 金曼陀羅木
Golden Angel's Trumpet 金天使之喇叭
Solanaceae 茄科

11 分布於南美洲

BRUGMANSIA Pers.　　(9-10)
曼陀羅木屬
Brugmansia sanguinea (Ruíz et
Pavón) D. Don 紅曼陀羅木
Blood-Red Angel's Trumpet 血紅天
使之喇叭
Solanaceae 茄科

12 分布於南美洲，從哥倫比
亞到智利

BRUNFELSIA L. 番茉莉屬　(40)

Brunfelsia grandiflora D. Don
大花番茉莉
Brunfelsia 番茉莉
Solanaceae 茄科

13 分布於南美洲北部之熱帶
地區、西印度群島

　　曼陀羅木屬(*Brugmansia*)與曼陀羅屬(*Datura*)有近親關係，惟曼陀羅木為喬木，一般不能肯定其在分類學上的來源，尚未發現野生種。曼陀羅木的生物學異常複雜，該屬的所有種別在數千年來均用作致幻物。其中兩種曼陀羅木，即香曼陀羅(*B. suaveolens*)與奇曼陀羅(*B. insignis*)，皆分布在南美洲較暖和地區，尤其是亞馬遜省之西部地區。該地區或單獨使用此植物或攙其他植物使用，往往稱之為「托埃」(Toé)。然而，大部分的曼陀羅木生性喜好較涼的潮濕高地，1830公尺以上的海拔。其中在安地斯山脈最普遍的自生種是金天使之喇叭（Golden Angel's Trumpet），有黃花及白花兩個品種，其中白花較常見。但在園藝記載中，它往往被誤認為是另一種較不常見的植物 *Brugmansia* (或*Datura*) *arborea*。

　　金曼陀羅木(*Brugmansia aurea*)是一種灌木或小喬木，高可及9公尺，葉為矩形至橢圓形，並長有細絨毛。葉片10-40公分長、5-16公分寬，葉柄可長達13公分。花略下垂，但非垂懸，一般18-23公分長，芬芳馥郁，入夜尤濃。花冠開口處呈喇叭形展開，為白或金黃色，往基部花萼處則縮小或完全合瓣。花緣呈鋸齒狀，裂4-6公分深，並往外翻。果實呈矩形至卵圓形、表面光滑、綠色、大小多樣，保持新鮮狀，不會變硬或長絨毛。種子為稜角形，色黑或深，相當大，約12×19公釐。除了供作致幻物外，該屬所有物種是醫療各類疾病的重要藥物，尤其可治風濕痛，含有具強烈致幻作用的生物鹼托烷。

　　此為多年生植物，分枝極多，可高達2-5公尺，具有強堅木質的幹莖。葉子毛茸茸，葉緣有大鋸齒。紅曼陀羅木入夜無香味。花的基部多為綠色，中間黃色，花瓣頂緣為紅色，同時亦有綠至紅、純黃、黃至紅等色，幾乎包含全部紅色變種，果實中間為球狀，兩端尖削，一般都有乾花萼保護。在哥倫布以前的時代，哥倫比亞人將這種強烈的巫醫植物用於膜拜太陽的儀式中。厄瓜多與祕魯的「庫蘭德羅斯」(Curanderos)部族及巫醫至今仍以此植物作為致幻物。

　　此植物整株皆含托烷生物鹼。花主要含顛茄鹼(atropine)及微量東莨菪鹼(scopolamine)。種子含總生物鹼0.17%，其中有78%為東莨菪鹼。

　　分布於哥倫比亞、厄瓜多爾與祕魯的亞馬遜，以及圭亞那，數種番茉莉屬植物皆含有藥用與精神活性的功能。番茉莉內含東莨菪亭(Scopoletine)，但不知是否具有精神活性。

　　其中奇里番茉莉(*B. chiricaspi*)與大花番茉莉(*B. grandiflora*)為灌木或喬木，高度可達3公尺。葉片為橢圓形或披針形，長6-30公分，散生於小枝條上。花為管狀花冠，比鐘形的花萼長些，花直徑約10-12公分，呈藍到紫色，隨時間褪成白色。奇里番茉莉(*B. chiricaspi*)與大花番茉莉(*B. grandiflora*)之不同處為前者葉片較大，葉柄較長，花序的花朵較少，花瓣向下彎曲。奇里番茉莉分布在哥倫比亞、厄瓜多爾與祕魯的西亞馬遜流域，大花番茉莉遍布於委內瑞拉到玻利維亞的南美洲。本屬植物用作致幻物之添加物。

CACALIA L. 蟹甲草屬　　　(50)	CAESALPINIA L. 雲實屬　　(100)	CALEA L. 苦菊屬　　　　(95)	CANNABIS L. 大麻屬　　(3)
Cacalia cordifolia L. fil. 心葉蟹甲草 Matwú 馬特武 Compositae 菊科	*Caesalpinia sepiaria* Roxb. 雲實 Yün-shih 雲實 Leguminosae 豆科	*Calea zacatechichi* Schlecht. 肖美菊 Dog Grass 犬菊 Compositae 菊科	*Cannabis sativa* L. 大麻 Hemp 大麻 Cannabaceae 大麻科
14 分布於東亞洲、北美洲、墨西哥	**15** 分布於南北半球的熱帶與溫暖地區	**16** 分布於南美洲北部的熱帶地區、墨西哥	**17** 分布於全球暖溫帶地區

　　心葉蟹甲草為一種灌叢狀爬藤，具有長滿短絨毛的六角形莖。葉薄、卵圓形，基部為心臟形，長4-9公分。頭狀花柄短或具花梗，長約1公分。

　　包括心葉蟹甲草在內的數種蟹甲草屬植物，一直為北墨西哥部分地區以利用佩約特的方式來使用，可能曾經用作為幻物。在墨西哥，一般認為心葉蟹甲草具有催情作用，能治療不孕症。科學家曾自該植物分離出一種生物鹼，但沒有證據指出它具有精神活性作用的化學成分。

　　此缺乏研究之植物很容易被誤認為是肖美菊(*Calea zacatechichi*)。

　　雲實是灌木藤本，有後彎的鉤刺，在中國以含致幻物而著稱。它的根、花與種子也具有民間草藥的價值。中國最早期的草藥書《本草藥經》提到，花可令人看見靈魂，但若服用過量，會使人瘋狂搖晃。若長時期服用雲實，會產生飄飄欲仙之感，並可「通靈」。

　　雲實是一種隨處攀爬的植物，具羽狀複葉，長23-38公分，子葉呈窄橢圓狀，有8-12對。豔麗非凡的總狀花序長53公分，上面有淡黃色花朵。果實平滑呈長卵形，種子有棕褐色與黑色的雜色斑駁。報告指出，雲實含有一種生物鹼，但其化學結構不詳。

　　這種植物被墨西哥人叫做「薩卡特奇奇」(Zacatechichi，意即苦草)，是一種不起眼的灌木，分布於墨西哥到哥斯大黎加，它一直是重要的民間草藥，並具有殺蟲的價值。

　　最近的報告指出，瓦哈卡(Oaxaca)的瓊塔爾(Chontal)印地安人飲用搗碎的乾葉泡的茶，作為致幻物。瓊塔爾的巫醫堅信喝這種茶能在夢中看見異象，他們認為「薩卡特奇奇」可讓意識清醒，稱此植物為「特萊-佩拉卡諾」(Thle-pelakano)，即「神仙之葉」。

　　肖美菊是一種枝條茂盛的灌木，葉片為三角至橢圓形，帶大鋸齒，長2-6.5公分。花序上密聚著花朵(一般約12朵)。

　　迄今尚未從肖美菊中分離出致幻成分，但它確有不可思議的精神活性效果。

　　大麻已成為多型性的植物，生長容易，健壯，直立，是枝條叢生的一年生草本植物，少數可長到5.4公尺，多為雌雄異株，雄蕊花柔弱，花粉飛散後便枯萎，雌蕊花較強韌，且葉片繁多。葉膜質、掌狀。葉子具有寬6-10公分的線狀披針形鋸齒葉3-15枚(一般7-9枚)。花著生在側枝或頂枝，為深綠、黃綠或棕紫色。果實卵形，略扁平，往往有深灰色紋理，緊緊地著生在莖部，但無特定的節間。種子為卵圓形，約4×2公釐。

　　印度大麻(*Cannabis indica*)為尖塔或圓錐形植物，高度不到120-150公分。

　　小大麻(*Cannabis ruderalis*)植株較小，無栽培紀錄。

<table>
<tr><td>

CARNEGIEA Britt. et Rose (1)
巨人柱屬

Carnegiea gigantea (Engelm.)
Britt. et Rose 巨人柱
Saguaro 薩瓜羅
Cactaceae 仙人掌科

18 分布於北美洲西南部、北墨西哥

</td><td>

CESTRIUM L. 夜香樹屬 (160)

Cestrum parqui L'Hérit 帕基夜香樹
Lady of the Night 夜之淑女
Solanaceae 茄科

19 分布於智利

</td><td>

CLAVICEPS Tulasne 麥角菌屬 (6)

Claviceps purpurea (Fr.) 麥角菌
Tulasne 圖拉斯內
Ergot 麥角
Clavicipitaceae 麥角菌科

20 分布於歐洲、北非洲、亞洲、北美洲的溫帶氣候區

</td><td>

COLEUS Lour. 鞘蕊花屬 (150)

Coleus blumei Benth. 彩葉草
Painted Nettle 彩葉蕁麻
Labiatae 唇形花科

21 分布於歐洲、非洲與亞洲的熱帶與溫暖地區

</td></tr>
<tr><td>

</td><td>

</td><td>

</td><td>

</td></tr>
</table>

　此為最大的柱狀仙人掌植物，高可達12公尺，彷彿是有枝條的喬木。許多稜紋的幹莖與分枝直徑可達30-75公分。植物頂端的尖刺有10-13公分長，漏斗狀的白花在白晝綻放。漿果為紅或紫色，卵圓形或橢圓形，往下裂為三部分，長6-9公分。種粒多，呈黑色閃爍晶亮。

　雖然未出現巨人柱用作致幻物的報告，但已知它確實含有藥理學活性的生物鹼，具有精神活性功能。不過自巨人柱內亦分離出仙人掌鹼(carnegine)、5-氫基仙人掌鹼(5-hydroxycarnegine)，去甲仙人掌鹼(norcarnegine)，加上微量的3-甲氧基酰胺(3-methoxytyramine)與阿利桑鹼(arizonine，是一種四氫喹啉基tetrahydroquinoline base)等生物鹼。

　原住民壓榨漿果釀成酒。

　帕基夜香樹自前哥倫布時代起，就是南智利馬普切族(Mapuche)薩滿巫教治病用藥與儀式用植物。它具有抗拒巫術或妖術攻擊之能力，葉子經乾燥後可吸食。

　此樹可長成1.5公尺高的灌木，具有細小披針狀、冰銅色的綠葉。花為黃色、鐘形，有五片尖型花瓣，自枝條成簇懸垂。智利的開花期從10月到11月，有濃郁醉人的香氣。卵型的小漿果為黑亮色。

　帕基夜香樹含茄羥基鹼(solasonine)，這是一種糖苷(glycoside)類固醇的生物鹼，還含有茄啶(solasonidine)，以及苦味生物鹼(帕基氏的化學式為 $C_{21}H_{39}NO_8$)，其作用與馬錢子鹼(strychnine)及顛茄鹼(atropine)相似。

　麥角病是若干禾草與莎草(主要是黑麥)得的一種真菌病。麥角意指「靴刺」，乃是子囊菌的子實體。靴刺為紫或黑色，曲棒狀，長約1-6公分，佔據了原為麥粒的胚乳位置，是一種寄生物。麥角菌會產生精神活性與有毒的生物鹼。

　麥角菌的生命史分為差異明顯的兩段：活躍期與休眠期。麥角病或靴刺代表休眠期。當靴刺落地，麥角萌芽成球狀菌蓋，稱為子囊果，其上長出子囊，每個子囊上有一條絲狀子囊孢子，當子囊破裂，孢子便飛散出來。在歐洲中世紀或更早，尤其是用黑麥焙製麵包的年代，當受到麥角病的黑麥磨成麵粉時，全地區的食用者往往因此中毒。

　鞘蕊花屬(*Coleus*)中，有兩種是墨西哥重要的致幻植物。其中小洋紫蘇(*C. pumilus*)被稱為「男子」(El Macho)，「女人」(La Hembra)則指占卜鼠尾草(*Salvia divinorum*)；另一種為彩葉草(*Coleus blumei*)，有兩種形態，俗稱為「小孩」(El Nene)與「受洗的教子」(El Ahijado)。彩葉草高可達1公尺，葉緣有鋸齒，長可達15公分；葉背有絨毛，葉面有深紅色大花斑。藍或紫色花近乎鐘型，長約1公分，散生並輪生於總狀花序上，花序長可達30公分。

　最近發現該植物含有類似鼠尾草素(salvinorine)的二萜(diterpene)成分，而其他化學結構有待鑑定。在乾燥或焚燒二萜成分時，其化學結構會轉化成強勁的物質。該植物之化學與藥理學研究有待進一步展開。

CONOCYBE 錐蓋傘屬 (40)	CORIARIA L. 馬桑屬 (15)	CORYPHANTHA (Engelm.) Lem. 菠蘿球屬 (64)	CYMBOPOGON Sprengel (60) 香茅屬
Conocybe siligineoides Heim 錐蓋傘	*Coriara thymifolia* HBK ex Willd. 百里香葉馬桑	*Coryphantha compacta* (Engelm.) Britt. et Rose 千頭仙人球	*Cymbopogon densiflorus* Stapf 密花香茅
Conocybe 錐蓋傘	Shanshi 山喜	Pincushion Cactus 小針墊	Lemongrass 檸檬香茅
Agaricaceae (Bolbitaceae) 糞傘科	Coriariaceae 馬桑科	Cartaceae 仙人掌科	Gramineae 禾本科
22 全球性分布	**23** 分布於南歐、北非、亞洲、紐西蘭、墨西哥到智利	**24** 分布於北美洲西南部、墨西哥、古巴	**25** 分布於亞非洲的溫暖地區

　　據報導錐蓋傘是墨西哥神聖的興奮類蘑菇，雖未自此菇分離出裸蓋菇鹼（psilocybine），但倒是已發現美國種的藍錐蓋傘（*Conocybe cyanopus*）含有精神活性的生物鹼。

　　錐蓋傘長相優美，高可達8公分，長在腐木上，菌蓋可達2.5公分寬，呈淡黃褐色中帶橙紅色，中央為深橙色。菌褶橙黃色或褐橙色，擔孢子略帶鉻黃色。

　　錐蓋傘屬的許多種含有裸蓋菇鹼，故具有精神活性，被使用於儀式。最近發現崇拜錐蓋傘的一些原始教派，他們稱它為「塔穆」（Tamu），意即「知識之菇」。

　　事實上，我們對錐蓋傘的了解有限，自從發現命名迄今，尚未進行化學成分分析。

　　從安地斯山最高處的哥倫比亞到智利的高速公路旁，遍布蕨葉狀的百里香葉馬桑。安地斯山諸國擔心這種植物會危害吃草的動物。一般認為人類吃了此種植物的果實會中毒喪命。不過，據厄瓜多爾的報導指出，其果實稱為「山喜」（shanshi），服用後會引起精神亢奮，有騰雲駕霧的感覺。

　　百里香葉馬桑為灌木，高可達1.8公尺。葉呈長橢圓到卵形，長1-2公分，長在纖細、彎曲的側枝上。深紫色小花密布在長長的下垂總狀花序上。圓紫黑色的果實，由5-8個扁長形的多肉部分（及心皮）所構成。整株植物酷似蕨類植物。

　　迄今尚未分離出精神活性成分。

　　千頭仙人球是一種小扁圓球狀、長刺的仙人掌，直徑可達8公分，分布在乾旱的丘陵與山區地帶。長在砂質土上的千頭仙人球相當隱密，不易被人發現。小球上面有向四周輻射而出的白刺（長約1-2公分），中央往往無刺。密生的小球通常排成13列。球冠中央長出一朵或一對黃色花，長可達2.5公分。墨西哥的塔拉烏馬拉族（Tarahumara）視千頭仙人球為「佩約特」（Peyote）的一種，稱作「巴卡納」（Bakana）。薩滿巫使用此植物於儀式中，並且對它敬畏萬分。

　　墨西哥的報導指出一種稱為「帕氏菠蘿球」（*Coryphantha palmerii*）的仙人掌亦具致幻功能。從菠蘿球屬的數個種中，分離出多種包括精神活性的苯乙胺類（phenylethyamines）在內的生物鹼，如大麥芽鹼（hordenine）、仙人掌類生物鹼（calipamine）與大仙人球鹼（macromerine）等。

　　非洲坦桑尼亞的原住民巫醫吸食密花香茅之花，或與菸草混吸，引起幻覺。他們相信如此可以預言未來。密生香茅的葉與莖含有香噴噴的檸檬味，有「檸檬香草」之稱，當地人用於提神與止血。

　　密花香茅為多年生之強韌直桿植物，葉呈細長到披針狀，葉基寬且圓，往葉梢縮成尖點狀。葉基寬約1-2.5公分，長約30公分。穗狀花序細長，呈橄欖色到褐色，分布於非洲的加彭、剛果與馬拉威等地。

　　此植物之精神活性不詳。香茅屬植物含有豐富的精油。有些物種含有生物鹼。

CYTISUS L. 金雀花屬 (30)	DATURA L. 曼陀羅屬 (14-16)	DATURA L. 曼陀羅屬 (14-16)	DATURA L. 曼陀羅屬 (14-16)
Cytisus canariensis (L.) O. Kuntze 加那利金雀花 Genista 金雀花 Leguminosae 豆科	*Datura innoxia* Mill. (D. meteloides) 毛曼陀羅(風茄花、串筋花) Toloache 托洛阿切 Solanaceae 茄科	*Datura metel* L. 洋金花(白曼陀羅) Datura 曼陀羅 Solanaceae 茄科	*Datura stramonium* L. 曼陀羅(醉心花) Thorn Apple 刺蘋果 Solanaceae 茄科
26 分布於南歐、北非、西亞、加那利群島、墨西哥	**27** 分布於南北半球的熱帶與溫帶地區	**28** 分布於亞非兩洲的熱帶與溫帶地區	**29** 分布於南北半球的熱帶與溫帶氣候區

美洲原住民社會的儀式很少採用外來植物。金雀花原產於非洲西北方外海的加那利群島，自舊大陸引進到墨西哥，它在舊大陸並無用作致幻物之紀錄。很明顯地金雀花在北墨西哥亞基族(Yaquí)印地安的社會中有神奇的用途，巫醫使用此植物的種子作為致幻物。

金雀花為粗糙、常綠、枝條多岔的植物，高可達1.8公尺。葉呈倒卵形至橢圓形，小葉有絨毛，長0.5-1公分。香濃、明亮的黃花聚集在總狀花序頂端，約1公分長。莢果多絨毛，長1-2公分。

金雀花的豆莢含大量的金雀花鹼(cystine)，此特性常見於豆科植物。金雀花鹼的性質類似尼古丁。因此之故，含金雀花鹼的植物常可替代菸草使用。

使用曼陀羅最多的地區集中在墨西哥與西南美洲，其最重要且具有精神活性的物種為毛曼陀羅。此物種即為墨西哥人所稱的「托洛阿切」，是阿茲特克與其他印地安族的神祇植物之一。墨西哥的塔拉烏馬拉人(Tarahumara)把毛曼陀羅的根、種子與葉加到以玉米備製的儀式飲料中，稱之為「特斯基諾」(tesquino)。

墨西哥印地安人相信，此儀式飲料與以仙人掌備製的佩約特不同，因為有惡靈居住其中。

毛曼陀羅是多年生草本植物，高可達1公尺，由於葉上有絨毛，故全株呈灰色。葉呈不對稱的卵圓形，有殘波狀葉緣，長可達5公分。白花直立向上，有香味，14-23公分長，有10瓣尖銳的花冠。懸垂的果實接近球形，約5公分寬，多銳刺。

舊大陸文化最重要的藥用與致幻用曼陀羅屬植物是洋金花（白曼陀羅）。

白曼陀羅原產地可能是巴基斯坦或阿富汗以西的山區，是匍匐狀植物，有的亦成灌叢，約1-2公尺高。三角形的卵圓形葉有波狀緣及深裂的鋸齒，長約14-22公分，寬約8-11公分。花單生，有紫、黃或白色，呈長筒、漏斗或喇叭狀，綻放時接近圓形，長可達17公分。懸垂的球狀果實可達6公分。許多果實表面有醒目的尖突或刺，內有扁平、淡褐色種子。花主要為紫色，朝天或斜生。

所有的曼陀羅均含有致幻成分的托烷生物鹼，如東莨菪鹼(scopolamine)、莨菪鹼(hyosyamine)及顛茄鹼(someatropine)。

曼陀羅為一年生草本，高約1.2公尺，具有多岔枝條及無葉之分岔幹。葉深綠色，有深裂鋸齒狀葉緣。花漏斗狀，直立，開口朝天，每朵花有5個朝上之細尖。常見之曼陀羅開白花，6-9公分長，為曼陀羅屬中最小的花；另一變種為「*tatula*」，具有較小的紫花。綠色卵形的果實外有直刺，種子扁平如腎狀，色黑。

曼陀羅為致幻性強的植物，原產地不明，其生物學史亦備受爭議。若干學者認為曼陀羅是古老的物種，源自裏海地區。另一派認為墨西哥或北美洲才是原產地。現在該物種廣泛分布於中南美洲、北非、中南歐洲、近東、喜馬拉雅等地區。

DESFONTAINIA R. et P.　(1-3)
虎刺葉屬

Desfontainia spinosa R. et P.
枸骨葉
Taique 泰克
Desfontainiaceae 虎刺葉科

30 分布於中美洲與南美洲的高地

DUBOISIA R. Br. 澳洲毒茄　(3)

Duboisia hopwoodii F. v. Muell.
皮圖里茄
Pituri Bush 皮圖里叢
Solanaceae 茄科

31 分布於澳洲中部

ECHINOCEREUS Engelm.　(75)
仙人柱屬

Echinocereus triglochidiatus
Engelm. 三鉤仙人柱
Pitallito Cactus 皮塔利托
Cactaceae 仙人掌科

32 分布於北美西南部、墨西哥

EPITHELANTHA Weber. ex Britt.
et Rose 月世界屬　(3)

Epithelantha micromeris (Engelm.)
Web 月世界
Hikuli Mulato 伊庫利‧穆拉托
Cactaceae 仙人掌科

33 分布於北美洲西南部、墨西哥

枸骨葉是鮮少人知的安地斯山植物，有時分類屬於馬錢科(Loganiaceae)或灰莉科(Potaliaceae)。植物學家對於虎刺葉屬到底包括了幾種並無共識。

枸骨葉是一種美麗的灌木，高30公分-1.8公尺，葉子亮綠，似耶誕節的冬青葉。紅花長筒狀，花冠尖端呈黃色。漿果白色或綠黃色、球形，內含許多有光澤的種子。智利與哥倫比亞把枸骨葉當作致幻植物，智利稱它為「泰克」(Taique)，哥倫比亞名之為「博爾拉切羅」(Borrachero)，意即致幻植物。

哥倫比亞「卡姆薩」(Kamsá)族的薩滿巫喝下沖泡之葉，用以診斷病情，或使病人入夢。若干巫醫宣稱其效用令人瘋狂。迄今尚不知枸骨葉之化學組成。

智利南部的薩滿巫用枸骨葉達到類似使用柔毛拉圖阿(*Latua pubiflora*)之目的。

這種分岔多的常綠灌木有木本幹莖，高約2.5-3公尺，有黃色及帶有香草味的材質。綠葉披針形，葉緣逐漸往葉柄變窄，長12-15公分。花白色帶紅斑，呈鐘形(可達7公釐長)，簇生在枝條尖端，果為漿果，種子多且小。

具有精神活性的皮圖里茄，自從澳洲有原住民定居後，便一直被使用在享樂與儀式典禮上。原住民在植物開花時期採下葉子，掛起晾乾或以火烤乾。使用時可直接嚼乾葉，或加入石灰質捲成菸葉吸food。

皮圖里茄含有多種強烈與具刺激性的有毒生物鹼，如皮圖里鹼(piturine)、迪布瓦鹼(dubosine)、D-降菸鹼(D-nor-nicotine)及菸鹼(nicotine)。研究發現，根部有致幻性托烷生物鹼、莨菪鹼(hyoscyamine)、東莨菪鹼(scopolamine)。

奇瓦瓦(Chihuahua)的塔拉烏馬拉印地安人認為有兩種山區植物為「假佩約特」或稱為「伊庫里」(Hikuri)，其強度不如牡丹仙人掌屬、菠蘿球屬、月世界屬、銀毛球屬或烏羽玉屬等仙人掌科植物。仙人柱屬的橘紅仙人柱(*E. salmdyckianus*)是一種低矮、簇生的仙人掌，有匍匐狀黃綠色莖(2-4公分直徑)。球肋有7-9條，輻射刺為黃色，中央的一條刺比輻射刺長。花橘紅色(8公分長)，具倒披針形至匙形花被裂片。此種為墨西哥的奇瓦瓦與杜蘭戈(Durango)地區的原生植物。三鉤仙人柱的特徵為具深綠色球莖，輻射刺較少且會隨時間變成灰色，花腥紅色，5-7公分長。

根據報導，三鉤仙人柱含色胺(tryptamine)，化學式為3-羥基-4-甲氧基苯二胺(3-hydroxy-4-methoxyphenethylamine)。

月世界是一種多刺的仙人掌，即奇瓦瓦的塔拉烏馬拉印地安人口中的假佩約特仙人掌。果實可食，但味酸，當地人稱之為「奇利托」(Chilito)。巫醫用它來明目，亦能讓自己與術士溝通。跑路者以它為提神劑與佑護者，當地的印第安人則相信它是延年益壽的聖品。據傳，此仙人掌能驅走惡魔，使其神智不清，或者可讓惡魔從高崖下摔死。

根據報導月世界含有多種生物鹼與三萜烯類(triterpenes)。這種迷你的球形仙人掌可長到直徑6公分，小塊莖(約2公釐長)呈螺旋狀排列。白色刺極密，幾乎遮蓋了小塊莖。仙人掌球近基部的刺長約2公釐，頂部的刺長約1公分。毛絨絨的頂端中央著生白色到粉紅色的小花朵，寬5公釐。棍棒狀果實(9-13公釐長)，內有不算小的烏亮種子(寬2公釐)。

ERYTHRINA L. 刺桐屬 (110)

GALBULIMIMA F.M Bailey (3)
白木蘭屬

HEIMIA Link et Otto 黃薇屬 (3)

HELICHRYSUM Mill. (500)
蠟菊屬

Erythrina americana Mill. 美洲刺桐
Coral Tree 珊瑚樹
Leguminosae 豆科

Galbulimima belgraveana (F. v. Muell.) Sprague 瓣蕊花
Agara 阿加拉
Himantandraceae 舌蕊花科

Heimia salicifolia (H. B. K.) Link et Otto 柳葉黃薇
Sinicuichi 西尼庫伊奇
Lythraceae 千屈菜科

Helichrysum (L.) Moench. 蠟菊
Straw Flower 蠟菊
Compositae 菊科

34 分布於南北半球的熱帶與溫暖地區

35 分布於澳洲東北部、馬來西亞

36 分布於北美洲南部到阿根廷、西印度群島

37 分布於歐洲、非洲、亞洲、澳洲

古阿茲特克人的「特索姆潘瓜維特爾」(Tzompanquahuitl)可能是刺桐屬的幾種植物，他們相信這些植物的種子可用做藥物與致幻物。瓜地馬拉的美洲刺桐種子(豆)則被使用於占卜。

扇形刺桐(*Erythrina flabelliformis*)的豆子是塔拉烏馬拉印地安人的藥用植物，用途眾多，也可能用作致幻物。該植物為一種灌木或小喬木，枝條帶刺。小葉長3-6公分，一般寬度大於長度。總狀花序上密生小花，約3-6公分長。豆莢有時長達30公分，豆莢內的種子緊擠在一起，共有二枚到數枚黑紅色豆子。此刺桐多分布在墨西哥北部與中部及南美洲西部的乾熱地區。

巴布亞原住民取下瓣蕊花的樹皮與葉，與千年健屬(*Homalomena*)的植物煮成茶水，飲用後可引起麻醉感，並沉沉欲睡，期間尚可引起幻視效果。

分布於澳洲東北部、巴布亞與摩鹿加的這種樹，不具有板根，但樹高可達27公尺。樹皮極香、呈灰褐色、鱗片狀、厚1公分。亮葉正面有金屬光澤，背面褐色，橢圓形、全緣、葉長多為11-15公分，寬7公分。花無萼片、缺花瓣，但是雄蕊花絲明顯，花淺黃色或褐中帶黃，有赭褐色花萼。紅漿果橢球狀或球狀，多纖維，直徑2公分。

科學家已自瓣蕊花分離出28種生物鹼，但是尚未發現精神活性成分。

黃薇屬內有酷似的三個種別，皆為重要的民間草藥。巴西地區俗稱為「啟日者」(Abre-o-sol)與「生命之草」(Herva da Vida)，顧名思義，為精神活性之物。

柳葉黃薇高60公分-1.8公尺，葉長披形(2-9公分長)。黃花單出於葉腋，宿存的鐘型花萼如長角狀。柳葉黃薇灌叢分布於多水之處及高地的河邊。

在墨西哥高地，當地人將略為脫水、凋萎的柳葉黃薇葉片搗碎，加水，放置靜待發酵，製成興奮飲料。雖然一般認為過度服用柳葉黃薇有害身體，但是往往服用後並無不舒服的後遺症。本植物含有喹諾里西啶(quinolizidine)生物鹼，例如千屈菜鹼(lythrine)、喹蓁致幻鹼(cryogenine)、利佛靈鹼(lyfoline)與零零克鹼(nesidine)。

南非納塔爾省東北部祖魯蘭(Zululand)的巫醫使用蠟菊屬的兩種植物，讓人吸食後進入催眠狀態。

臭蠟菊(*Helichrysum foetidum*)是高25-30公分、直立、多枝條的草本植物。接近莖基處略有木質化，氣味濃郁。葉片呈披針形或披針至卵形，葉基有裂片、全緣長9公分，寬2公分，葉緊貼在莖上，葉皆有灰色絨毛，葉面有腺體。數個有柄之頭狀花序的繖房花序上，著生鬆散的花朵(直徑2-4公分)。花苞在乳白色或金黃色的苞片內。蠟菊屬的若干種植物，在英國稱為「不朽花」(Everlasting)。

已知蠟菊屬含有香豆素(coumarine)與二萜類(diterpenes)，但尚未分離出致幻性質的成分。

HELICOSTYLIS Trécul (12) 捲曲花柱桑屬	HOMALOMENA Schott (142) 千年健屬	HYOSCYAMUS L. (10-20) 天仙子屬	HYOSCYAMUS L. (20) 天仙子屬
Helicostylis pedunculata 捲曲花柱桑 Benoist 貝諾伊 Takini 塔基尼 Moracoae 桑科	*Homalomena lauterbachii* Engl. 勞氏千年健 Ereriba 埃雷里瓦 Araceae 天南星科	*Hyocyamus albus* L. 白花莨菪 Yellow Henbane 黃天仙子 Solanaceae 茄科	*Hyoscyamus niger* L. 莨菪子 Black Henbane 黑天仙子 Solanaceae 茄科
38 分布於中美洲、南美熱帶區域	**39** 分布於南美洲、亞洲熱帶地區	**40** 分布於地中海、近東	**41** 分布於歐洲、北非洲、亞洲南部與中部

塔基尼是圭亞那的神聖喬木。樹皮中的紅色樹液，可調製成一種中等毒性的興奮飲料。從捲曲花柱桑屬兩種植物的內樹皮所萃取的成分，有鎮靜中樞神經的作用，類似大麻的功能。這兩種植物是捲曲花柱桑(*H. pedunculata*)與絨毛捲曲花柱桑(*H. tomentosa*)。

它們有多處性狀相似，均為樹幹通直或有小板根的森林大喬木(23公尺高)，樹皮呈灰褐色，樹汁乳膠為淡黃色或乳白色。草質的葉長披針至橢圓形，可達18公分長、8公分寬。肉質的雌花為球形的花椰菜狀。

相關資料極為缺乏，研究也不多。其致幻成分理論上可能類似產於南美洲同科的胡貝爾屬(*Brosimum*)或蛇紋木屬(*Piratinera*)。根據此兩種植物的內樹皮之醫藥化學研究，已知其萃取液具有舒緩情緒及放鬆心情的功能，作用類似大麻。

據說巴布亞新幾內亞的原住民服用千年健屬一種植物的葉片及瓣蕊花(*Galbulimima belgraveana*)的葉片與皮後，會有劇烈反應，終至沉睡，過程中還會有幻視發生。千年健的根具莖有數種民族醫藥用途，尤其用於治療皮膚病。在馬來西亞，此屬的一種植物之某部分被用作箭毒的原料。

千年健屬的植物為小型或大型的草本植物，根莖香味十足，葉長披針形或心臟形，著生在極短的莖上，莖很少長於15公分。果實內的佛焰苞宿存。肉穗花序(佛焰花序)的雌雄兩部分緊鄰，小小的漿果內有數粒到很多粒種子。

科學家尚未在本屬植物的化學研究中發現有致幻成分。

白花莨菪雖有直立的莖，不過灌叢狀較多，高約40-50公分。淡綠色的莖、鋸齒狀葉緣及漏斗狀的花皆長絨毛。花期1～7月，花瓣淡黃色，中央為紫色。種子白或土黃色，間或灰色。

白花莨菪是使用最廣的致幻與藥用植物。其致幻成分自古即用作催眠劑，往往為傳神諭與通靈女巫所服用。此植物在古代「大地之母」(Gaia)的神諭時代，稱之為「龍之草」。希臘神話「的黑卡蒂魔女」(Hecate)是許多女巫心中的女神，她在傳遞科爾赫(Kolch)神諭時使用此植物製造「瘋狂之藥」。古希臘末期「宙斯-阿蒙與羅馬神邱比特」的神諭，所賜的「宙斯之豆」(Zeus's Beans)，即為白花莨菪的種子。在阿波羅神這位「預言狂」之神的特耳菲(Delphi)神諭中，稱之為「阿波羅植物」。

全株含有托烷生物鹼類的莨菪鹼與東莨菪鹼。

天仙子屬多為一年生或兩年生草本植物，多汁、多絨毛、氣味濃，高可達76公分。葉為全緣，常帶有數個大鋸緣，卵形(15-20公分長)，近莖基處的葉子呈較小的橢圓形。黃色或綠黃色花瓣上有紫色脈絡，花長達4公分，橫列並生於繖形花序上。果實為多種子之蒴果，蒴果有5枚三角尖，成熟後包裹在宿存花萼內的種子。種子受到擠壓時會有強烈濃郁與特殊的氣味。

在古代及中古世紀的歐洲，莨菪子是巫師備製藥湯與藥膏的重要材料，此藥不但能減低疼痛，也可以降低失憶症。

此茄科天仙子屬植物的有效成分為托烷生物鹼，尤其含有東莨菪鹼(scopolamine)，實為有效的致幻物。

IOCHROMA Benth. (20) 紫曼陀羅屬	IPOMOEA L. 牽牛花屬 (500)	JUSTICIA L. 爵床屬 (350)
Iochroma fuchsioides. (Benth.) Miers 紫曼陀羅 Paguando 帕關多 Solanaceae 茄科	*Ipomoea violacea* L. 圓萼天茄兒 Morning Glory 牽牛花 Convolvulaceae 旋花科	*Justicia pectoralis* Jacq. var. *stenophylla* Leonard 窄葉爵床 Mashihiri 馬西伊里 Acanthaceae 爵床科
42 分布於南美洲熱帶與亞熱帶地區	**43** 分布於墨西哥到南美洲	**44** 分布於中南美洲的熱帶或溫暖地區

在哥倫比亞安地斯山的卡姆薩(Kamsá)印地安人社會，薩滿巫用紫曼陀羅治療疑難雜症。

其毒性的後遺作用可達數天，服用者的身體會有不適之感。此種灌叢在醫療上用途頗多，對治療消化不良與便祕有效，亦可協助婦女克服難產。

紫曼陀羅是一種灌木或小喬木(約3-4.5公尺高)，甚至能長得更高，分布在哥倫比亞與厄瓜多的安地斯山脈、約海拔2,200公尺高的地區。枝條呈褐色，葉子為倒卵形至橢圓形，長10-15公分。管狀或鐘型的紅色花長2.5-4公分，為叢生狀。紅色漿果為卵形或梨形，直徑2公分，部分包裹在花萼內。

此植物含類固醇內脂(withanolide)。

墨西哥南部的瓦哈卡州(Oaxaca)對圓萼天茄兒(*Ipomoea violacea*)的評價甚高，使用於占卜與神祕宗教，為神醫儀式中重要的致幻物。墨西哥的奇南特克

族(Chinantec)與馬薩特克族(Mazatec)稱其種子為「皮烏利」(Piule)，薩波特克族(Zapotecs)稱其為「黑巴多」(Badoh Negro)。此種植物在阿茲特克未被征服以前，稱為「特利利爾特辛」(Tlililtzin)，用法與「奧洛留基」(Ololiuqui)相同，這是另一種牽牛花纖房花威瑞亞(*Turbina corymbosa*)的種子。

圓萼天茄兒又名紅番薯(*I. rubrocaerulea*)，為一年生藤本，葉全緣，卵形，心臟狀，長6-10公分，寬2-8公分。花序為3或4朵花。花色變化多，從白到紅、紫、藍或紫羅蘭色皆有，寬5-7公分，接近花口成喇叭狀的花冠管長5-7公分。卵圓形果實約1公分長，內含細長稜角狀的種子。

牽牛花屬植物種別繁多，分布於墨西哥西部與南部、瓜地馬拉與西印度群島，也分布於熱帶美洲，是重要的園藝作物。

窄葉爵床為分布廣泛的爵床(*J. pectoralia*)的一個變種，其特殊之處為植株較矮，葉片較狹長，花序較短。全株可達30公分高，莖直生或向上傾斜，接近地面的莖節上有時會長根。葉繁多，長2-5公分，寬1-2公分。花序密生，上覆腺毛，長可達10公分，但是通常較短。花不顯眼，約5公釐長，呈白紅或紫色，常有紫色細斑。果實5公釐長，內含扁平的紅棕色種子。

爵床的化學成分尚無定論。初步分析顯示，窄葉爵床含有色胺類(tryptamines)，然而有待進一步確認。乾燥的植株含有香豆素。

KAEMPFERIA L. 山柰屬 (70)	LAGOCHILUS Bunge (35) 兔唇花屬	LATUA Phil. 拉圖阿屬 (1)	LEONOTIS (pers.) R. Br. (3-4) 荊介葉草屬
Kaempferia galanga L. 砂薑(番鬱金，埔姜花) Galanga 加蘭加 Zingiberaceae 薑科	*Lagochilus inebrians* Bunge 毒兔唇花 Turkestan Mint 土耳其斯坦薄荷 Labiatae 唇形科	*Latua pubiflora* (Griseb.) Baill 柔花拉圖阿 Latúe 拉圖埃 Solanaceae (茄科)	*Leonotis leonurus* (L.) R. Br. 獅尾花 Lion's Tail 獅尾 Labiatae 唇形科
45 分布於非洲熱帶地區、東南亞	**46** 分布於中亞洲	**47** 分布於智利	**48** 分布於南非洲

砂薑為新幾內亞的致幻植物。砂薑分布之處，香味濃郁四散，其根莖為米飯的高貴香料，亦為民俗草藥，具有祛痰、祛風寒及催情的功效。其葉泡茶可治喉頭炎、盜汗、風濕、眼疾。在馬來西亞，此植物的成分亦可加入以見血封喉(*Antiaris toxicaria*)備製的箭毒中。

砂薑為矮莖草本植物，葉片扁平開展，綠色具全緣，寬8-15公分。花白色(花唇瓣有紫斑)易凋謝，著生於植株中央部位，寬可達2.5公分。

除了已知根莖含有高濃度的精油外，其他部分的化學成分不詳。生理活性作用可能來自精油內的成分。

世居土耳其斯坦乾旱高草原的塔吉克(Tajik)、韃靼(Tata)、土庫曼(Turkoman)與烏茲別克(Uzbek)等部族，泡製烘烤過的毒兔唇花的葉子，作為麻醉劑。葉子常摻入草莖、結果枝的前端與花朵，有時也加入蜂蜜與糖，以消除茶的濃澀苦味。

在俄羅斯，科學家曾從藥學觀點詳加研究此植物，並指稱其具有凝血與止血效果，可降低血管的滲透性，有助於血液的凝結。醫界亦認為此植物有助於治療過敏性與皮膚病，並具鎮靜性質。

植物化學研究揭露，毒兔唇花含有魚唇花靈(lagochiline)的結晶化合物，這是膠草類的一種二萜類。此化合物並無致幻功能。

拉圖阿屬高2-9公尺，是具有單一或多主幹的茄科植物。樹幹為紅色至灰棕色。枝條多刺且堅硬，長約2.5公分，著生於葉腋。葉為狹橢圓形，葉面為深綠到淺綠色，葉背色較淺，葉全緣或帶鋸齒狀，長3.5-4.5公分，寬1.5-4公分。花宿存，鐘形，花萼為綠色到紫色，花冠較大，呈洋紅色到紅紫色，花冠長壺形，長3.5-4公分，花開口處1公分。果實為球狀漿果，直徑約2.5公分，內含許多腎狀種子。

柔花拉圖阿的葉片與果實皆含0.18%的莨菪鹼(hyosoyamine)與顛茄鹼及0.08%的東莨菪鹼(scopolamine)。

獅尾花為草本植物，有橘色花朵，已知具有致幻性，在非洲的俗名眾多，如達查(Dacha)、達格阿(Daggha)或野生達格加(Wild Dagga)，意為「野大麻」。南非霍屯督人(Hottentots)與布須人(Bush)吸食其葉與芽作為致幻物。此植物可能是所謂的一種致幻植物「坎納」(Kanna)，可與松葉菊(*Sceletium tortuosum*)媲美。含樹脂的葉片或自葉片萃取的樹脂，可單獨吸食，或與菸草混合吸食，目前並無相關的化學成分研究。

此種植物在美國加州試種，相關試驗顯示此葉片燃燒時的煙帶有苦味，也具有少許類似大麻與曼陀羅的生理活性效果。在南非東部，另一種同屬的卵葉獅尾花(*Leonotis ovata*)據稱也有這種用途。

46

LEONURUS L. 益母草屬 (5-6)	LOBELIA L. (250) 半邊蓮屬(山梗菜屬)	LOPHOPHORA Coult. (2) 烏羽玉屬

LEONURUS L. 益母草屬 (5-6)

Leonurus sibiricus L. 益母草
Siberian Motherwort 益母草
Labiatae 唇形科

49 分布於西伯利亞到東亞、中南美洲

LOBELIA L. (250)
半邊蓮屬(山梗菜屬)

Lobelia tupa L. 山梗菜
Tabaco del Diablo 惡魔之菸草
Campanulaceae (桔梗科)

50 分布於熱帶與暖溫帶地區

LOPHOPHORA Coult. (2)
烏羽玉屬

Lophophora williamsii (Lem.) Coult.
烏羽玉、(冠毛仙人球、薑仙人掌)
Peyote 佩約特
Cactaceae 仙人掌科

51 分布於北美墨西哥、美國德州

　益母草為草本植物，莖直立向上生長，高可超過2公尺，以單一幹莖為主。有上頜狀枝條，呈深綠色、有鋸齒葉緣。開紫色花，著生於每條幹枝的頂端，花序可維持相當長，且美麗異常。

　益母草在中國的《詩經》(完成於約西元前1000-500年的宋朝)已有記載，當時稱為「茺蔚」，後來偶爾以草藥出現於中國古草本書。花期的葉子乾燥後，可代替大麻吸食，此行為盛行於中南美洲(每條菸約含乾葉1-2公克)。

　益母草確實含有0.1%的黃酮配糖體盧丁(flavonoid glycoside rutin)，與生理活性有關的性質包括新發現的二萜類，即精油中的益母草鹼(leosibiricine)、益母草素(leosibirine)及同分異構物的異益母草鹼(isoleosibiricine)。

　山梗菜屬開美麗的紅色或紅紫色的花，全株高2-3公尺，是多型態植物，在南祕魯與北智利的安地斯山地是有名的有毒植物，當地人稱之為「惡魔之菸草」。山梗菜適於生長在乾燥土壤，莖與根含乳汁，會刺激皮膚。

　葉簇繁茂，幾乎覆滿全株。葉呈灰綠色、橢圓形，其上多有絨毛，葉長10-23公分，寬3-8公分。花為洋紅色或紫色，4公分長，密生於36公分長的莖上。花冠向下彎曲，有時花冠又後彎，與裂片在頂部相連。

　山梗菜的葉片含有哌啶(piperidine)生物鹼洛貝林(lobeline)，這是一種呼吸興奮劑，此外亦含二酮-(diketo-)與二烴基-(dihydroxy-)之衍生物山梗烷啶(lobedamidine)與去甲山梗烷啶(nor-lobedamidine)。已知這些成分有致幻性質，吸食其葉片會有精神活性的效果。

　烏羽玉屬之下有兩種仙人掌，其外型與化學成分皆不相同。此兩種均為小型、無刺的灰綠色或藍色球狀仙人掌。球含多汁的葉綠素，直徑可達8公分，由5-13垂直鈍肋組成。每一個小瘤結的頂端長有一個小而平的刺座，其上有刺毛約2公分長。花為白色或粉紅色，呈鐘型，多單生，長1.5-2.5公分，著生在球冠中央下陷部位。

　印地安人割下球冠，待其乾燥後服用，作為一種致幻物。

　此乾燥、碟狀的球冠稱為「烏羽玉扣」(Mescal Button)或「佩約特扣」(Peyote Button)。

　烏羽玉多為藍灰色，其上有5-13的稜，多呈縱溝狀。主要的致幻成分為30種生物鹼，以仙人球毒鹼為主，還含有其他具生理活性的苯乙胺(phenylethylamines)與異

喹啉類(isoquinolines)。另一種鋪散烏羽玉(*L. diffusa*)為灰綠色，有時為黃綠色冠，其上有許多稜與彎曲的深溝，花較大，化學成分較單純。

　上述兩種烏羽玉皆生長在乾旱、多礫石的沙漠地區，土質多為鈣質土。當球冠取走後還會長出新球冠，所以多球冠的烏羽玉屢見不鮮。烏羽玉的致幻效果強，會產生千變萬化、色彩豐富的幻視，其他感覺(聽、觸、味)也深受影響。據了解醉毒分為二期。第一期為產生心滿意足之感，感覺敏銳。第二期為心情寧靜，肌肉鬆弛，意識由接受外界刺激轉為自省及冥想。

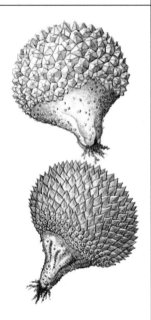

居住在墨西哥北境奇瓦瓦(Chihuahua)的塔拉烏馬拉(Tarahumara)部族使用一種馬勃,即土名為「卡拉莫托」(Kalamoto)的菇類,據傳此種植物可讓他們接近他人而不被察覺,或讓他人罹病。墨西哥南境瓦哈卡(Oaxaca)的米克斯特克人(Mixtecs)利用兩種馬勃,讓服用者進入半睡半醒的情境,據說此時仍可聽到他人的談話與回答聲。

米克斯特克馬勃只分布於瓦哈卡,是一種小型(直徑不超過3公分)的馬勃。它略呈亞球狀,有點扁,底部急縮成短花梗,長不過3公分。外表鋪滿淺褐色的稜角狀突起,內部為草黃色。

孢子為球形,黃褐色,其上有紫色小尖刺,長可達10μ。此種馬勃生長在疏林內或草原上。

至於其生理活性成分則尚未分離出來。

塔拉烏馬拉(Tarahumara)印地安人心中最重要的「佩約特」是數種銀毛球屬的仙人掌,皆為圓球狀帶硬刺。

科學家已自海氏銀毛球(M. heyderii)分離出 N-甲基-3,4-二甲氧基-苯乙胺(N-methyl-3,4-dimethoxy-phenylethylamine),此植物與柯氏銀毛球(M. craigii)近緣,許多銀毛球屬的仙人掌都含有大麥芽鹼(hordenine)。

柯氏銀毛球是頂端略呈扁錐形的球狀仙人掌,其小瘤結有稜角,約1公分長,其葉脈與翅脈間的網隙有絨毛。中央的尖刺約5公釐長。玫瑰紅色的花長可達1.5公分。而另一種格氏銀毛球(M. grahamii)為球狀或圓筒狀,直徑6公分,具小瘤結與葉脈無絨毛。中央的尖刺不到2公分。花長約2.5公分,呈藍紫色或紫色瓣,有時帶白色花邊。

毒參茄的歷史是植物傳奇中的傳奇。毒參茄是一種神奇的植物,具有致幻性功能。它在歐洲民間傳說有無比崇高之地位,無其他植物可資匹敵。毒參茄以其毒性、酷似人形與早受肯定的藥用植物而聞名。在中世紀及之前的歐洲,它是人們既敬重又畏懼的植物。民間的使用與其特性與所謂的「表徵說」有關,都因為它的根部具有人的形狀。

參茄屬之下包括6個物種,其中歐洲與近東的毒參茄,在作為致幻物、引出魔法與魔力之事上,扮演重要的角色。它是無幹無莖的多年生草本植物,高可達30公分,根粗、多分岔。葉大,有肉質柄,多褐皺,卵形,全緣或具鋸齒緣,長可達28公分。開鐘型花,為淺綠色、紫色或藍色,長3公分,聚生在基部,漿果呈球形或卵形,黃色多汁,香氣宜人。

根部的托烷生物鹼總含量達0.4%。主要生物鹼為莨菪鹼與東莨菪鹼,亦含顛茄鹼、紅古豆鹼(cuscohygrine)、毒參茄鹼。

MAQUIRA Aubl. 馬基桑屬 (2)	MIMOSA L. 含羞草屬 (500)	MITRAGYNA Korth. (20-30) 帽柱木屬
Maquira sclerophylla (Ducke) C. C. Berg 硬葉馬基桑 Rapé dos Indios 印地安鼻煙 Moraceae 桑科	*Mimosa hostilis* (Mart.) Benth. (*Mimosa tenuiflora*) 細花含羞草 Jurema Tree 胡雷樹 Leguminosae 豆科	*Mitragyna speciosa* Korthals 美麗帽柱木 Kratom 克拉通 Rubiaceae 茜草科
55 分布於南美洲熱帶地區	**56** 分布於墨西哥與巴西	**57** 分布於東南亞洲(泰國、北馬來半島到婆羅洲、新幾內亞)

　　巴西亞馬遜的帕里亞納地區(Pariana region)的印地安人，過去曾製造一種效力強勁的致幻鼻煙，稱為「印地安鼻煙」(Rapé dos Indios)，但如今此種鼻煙已不復見。一般認為它是由一種巨樹硬葉馬基桑，（即*Olmedioperebea sclerophylla*）的果實所製成。

　　硬葉馬基桑樹高可達23-30公尺，分泌濃稠的白色乳汁。葉片呈卵形或長卵形，葉緣內翻，長20-30公分，寬8-16公分。雄花頂端為球形，直徑可達1公分，雌花花序著生於葉脈處，一般皆只有1朵，罕見者會有2朵。核果(或漿果)淺紅褐色，具香味，球狀，寬2-2.5公分。此植物含有強心糖苷類(cardiac glycosides)。

　　在巴西東部乾旱的卡汀珈 (caatingas)，到處都是此類雜亂、散開灌叢的多刺小樹。其刺(長3公釐)基部膨脹。細小的羽狀葉長3-5公分。

　　花為鬆散長筒穗狀，香氣四溢。豆莢長2.5-3公分，分隔成4-6區塊。根部可分離出一種叫做「nigerine」的生物鹼，後來發現其化學成分為 N,N-二甲基色胺 (N,N-dimethyltryptamine)。

　　巴西東部的數種含羞草屬植物，當地人稱作「胡雷馬樹」(Jurema)。如黑含羞草(*M. hostilis*)稱為「黑胡雷馬樹」(Jurema Prêta)，此與墨西哥當地人稱細花含羞草(*M. tenuiflora*)為「特佩斯科維特」(Tepescohuite)雷同。另一種同屬的白含羞草(*M. Verrucosa*)，其樹皮可提煉出一種麻醉劑，一般稱之為「白胡雷馬樹」(Jurema Branca)。

　　帽柱木為熱帶小喬木或灌木，生長在溼地，高3-4公尺，很少超過12-16公尺。全株有直立主幹，枝條斜出上揚且分岔多，葉片為綠色、卵形、寬大(8-12公分)，但在葉尖變窄。花為深黃色，呈球狀叢生。種子有翅。

　　乾葉可吸食、咀嚼、或提煉出「克拉通」(Kratom) 或「馬姆博格」(Mambog)。

　　克拉通的精神活性尚無定論。不論是私人研究、文字記錄，以及藥理學特性研究都指出，克拉通同時具有像古柯鹼那樣刺激，以及如嗎啡具鎮靜作用的功能。這些刺激效應在生嚼葉子5至10分鐘之內發生。

　　早在十九世紀，克拉通就被當作鴉片的代用品，並用於醫治鴉片毒癮。此種植物含有多種吲哚生物鹼類(indole alkaloids)，主要成分為帽柱木鹼(mitragynine)，效應溫和，即使在高劑量下，毒性也低。

MUCUNA Adans. (120) 鱟豆屬(油麻藤屬)	MYRISTICA Gronov. (120) 肉豆蔻屬	NYMPHAEA L. 睡蓮屬 (50)	ONCIDIUM Sw. 瘤瓣蘭屬 (350)
Mucuna pruriens (L.) DC. 刺毛鱟豆 Cowhage 倒鉤毛鱟豆 Leguminosae 豆科	*Myristica fragrans* Houtt. 肉豆蔻 Nutmeg 肉豆蔻 Myristicaceae 肉豆蔻科	*Nymphaea ampla* (Salisb.) DC. 睡蓮 Water Lily 睡蓮 Nymphaeaceae 睡蓮科	*Oncidium cebolleta* (Jacq.) Sw. 金蝶蘭 Hikuri Orchid 伊庫里蘭 Orchidaceae (蘭科)
58 分布於南北半球熱帶與溫帶氣候區	**59** 分布於歐洲、亞洲、非洲的熱帶與溫帶地區	**60** 分布於南北半球的溫帶或暖溫地區	**61** 分布於中美洲、南美洲、美國佛羅里達

刺毛鱟豆尚未被列為致幻植物，但是其化學成分具有高濃度的精神活性成分「二甲基色胺」(DMT)與「5-甲氧基-二甲基色胺」(5-MeO-DMT)。刺毛鱟豆是粗壯結實的草本植物，有三片小葉組成的葉簇。小葉為橢圓形或卵形，雙面密生絨毛。花為深紫或藍色，2-3公分長，著生於懸垂的短總狀花序上。豆莢長且硬，長刺毛，約4-9公分長，1公分粗。

根據服用者的致幻行為推測，此植物應含吲哚生物鹼類(indole alkylamine)成分，服用者會出現明顯的行為反應，相當於致幻活動會有的表現。印地安人可能發現刺毛鱟豆的精神活性特性並加以利用。印度人認為豆莢磨成粉有催情功效。種子含「二甲基色胺」，目前用作阿亞瓦斯卡(Ayahuasca)的類似品。

肉豆蔻及豆蔻香料，若用量大可引發中毒症狀，服用者會將時間與空間錯置，覺得自己與現實脫離，產生幻視與幻聽，且往往還有其他不良反應，如頭痛欲裂、頭昏眼花、噁心作嘔、心跳加速。肉豆蔻的中毒現象複雜多樣。

肉豆蔻的樹形優美，其野生種不受重視，但在廣泛栽培下，可收集種子及紅色假種皮作為豆蔻香料。已知的兩種肉豆蔻，因所含精油成分濃度有別，而有不同的味道。肉豆蔻精油的芳香族成分包括萜烯類(terpene)和芳香族乙醚類(aromatic ethers)等九種成分。其中主要成分為肉豆蔻鹼(myristicine)，這是一種萜烯，但其生理活性應是某種刺激物的作用。

一般認為，肉豆蔻的生理活性，主要源自芳香族乙醚類(肉豆蔻鹼及其他化學成分)。

舊世界與新世界可能皆使用睡蓮屬植物作為致幻物。從此植物分離出來的精神活性「阿朴嗎啡」(apomorphine)，對此臆測提供了化學上的證據。從睡蓮(*N. ampla*)中亦曾分離出荷葉鹼(nuciferine)與降荷葉鹼(nornuciferine)。

睡蓮具有厚齒狀葉片，葉背紫色，寬14-28公分。白花美麗動人，具有30-190枚黃色雄蕊，花成熟時寬7-13公分。埃及原生種的藍睡蓮(*N. caerulea*)葉片為卵圓形、盾狀，及不規則齒狀(12-15公分寬)，葉背綠紫汙點。花呈淡藍色，中央為無光澤的白色，於上午之中段時間開花，花期三天，花7.5-15公分寬；花瓣尖為披尖形，有14-20片，雄蕊50枚以上。

金蝶蘭是生長在墨西哥塔拉烏馬拉印地安地區峻峭石崖與喬木上的附生植物。金蝶蘭用作烏羽玉的暫代品；然而，關於金蝶蘭的使用資料極稀少。

此熱帶蘭廣泛分布於美洲大陸。擬似之球莖長在多肉質、直立、圓形的葉基上。葉灰綠色，常有紫斑。穗狀花序多呈彎弓狀下垂，花莖為綠色，莖上有紫色或紫褐色斑點。萼片呈褐黃色，花瓣上有深褐色斑點。

三裂唇瓣2公分長，中唇處寬3公分，呈鮮黃色，上有紅棕色斑點。

已知金蝶蘭含有一種生物鹼。

PACHYCEREUS (A. Berger) Britt. et Rose 摩天柱屬 (5)	PANAEOLUS (Fr.) Quélet (20-60) 斑褶菇屬	PANAEOLUS (Fr,) (20-60) 斑褶菇屬
Pachycereus pecten-aboriginum (Engelm.) Britt. et Rose 摩天柱 Cawe 卡維 Cactaceae 仙人掌科	*Panaeolus cyanescens* Berk. et Br. 藍變斑褶菇 Blue Meanies 藍惡棍 Coprinaceae 鬼傘科	*Panaeolus sphinctrinus* (Fr.) Quélet 褶環斑褶菇 Hoop-petticoat 裙環花褶傘 Coprinaceae 鬼傘科
62 分布於墨西哥	**63** 分布於南北半球的溫和地區	**64** 全球性分布

摩天柱是印地安人社會用途很廣的植物。植株高大，喬木狀的柱狀仙人掌，柱粗1.8公尺，長可達10.5公尺。短刺有灰色及尖端黑色為其特徵。花5-8公分，最外圍花瓣為紫色，內部花瓣呈白色。果實卵形，直徑6-8公分，密布黃絨毛及長黃色刺毛。

塔拉烏馬拉族(Tarahumara)稱此摩天柱為「卡維」(Cawe)與「維喬瓦卡」(Wichowaka)(意即精神錯亂)，榨取其青枝汁液，用作致幻物，服用後會引起頭昏眼花與幻視。摩天柱的純醫藥用途廣泛。最近研究曾分離出4-羥基-3-甲氧基苯乙胺(4-hydroxy-3-methoxyphenylethylamine)與4-四氫異喹啉(4-tetrahydroisoquinoline)等生物鹼。

藍變斑褶菇是一種小型、肉質或接近膜質、鐘形的蘑菇。纖細的菌柄易折斷，菌褶色彩斑駁，緣尖形有囊狀體。孢子為黑色。子實體隨時間或破損後會轉藍斑。

峇里島民會從牛糞堆上收集藍變斑褶菇，在歡慶會上或追求創作靈感時服用。此菇亦售給路過的異鄉旅客用作致幻品。

雖然此藍變斑褶菇主要分布在熱帶地區，然而發現其含有裸蓋菇鹼(psilocybine)的植株，卻是得自法國一個庭園。此菇所含之裸蓋菇素(psilocine)可達1.2％，裸蓋菇鹼可達0.6％。

斑褶菇屬是墨西哥東北部瓦哈卡(Oaxaca)地區的馬薩特克(Mazatec)與奇南特克(Chinantec)印地安人，用在占卜與各類魔法儀式的諸多神聖致幻蘑菇中的一種，其下種別不多。馬薩特克稱它為「特-阿-納-薩」(T-ha-na-sa)、「塞-托」(She-to，意即草地蘑菇)與「托-斯卡」(To-shka，意即醉蘑菇)。而數種次重要的裸蓋菇屬(Psilocybe)與球蓋菇屬(Stropharia)蘑菇及緊縮斑褶菇僅偶爾為某些薩滿巫使用。本種及同屬的另一種含有致幻性生物鹼裸蓋菇鹼。

生長在樹林、空地與路旁牛糞的緊縮斑褶菇是一種外觀典雅的黃褐色蘑菇，高可達10公分。其菌蓋為卵鐘形，菌蓋頂尖削，呈棕褐色的菌蓋寬可達3公分。菌柄深灰色，深黑褐色的菌褶上有黑色檸檬狀孢子，孢子大小多樣，約12-15μ寬，

7.5-8.3μ高。

此菇肉質薄，色類似菌蓋表面，幾乎無氣味。許多調查者認為此菇非瓦哈卡印地安人社會所使用的致幻蘑菇，但此看法與諸多證據不同。其實，瓦哈卡印地安人合併使用諸多蘑菇物種之事實，說明許多薩滿巫偏好此蘑菇，並依季節、天候及特定用途廣泛使用。

調查者認為，目前墨西哥印地安人使用的蘑菇種類與屬別，不為人知者遠多於已知者。

在歐洲的緊縮斑褶菇並未發現含裸蓋菇鹼，而人體藥物學試驗並未發現有精神活性反應，所以可能有化學成分不同的類型存在。

PANAEOLUS (Fr.) Quélet (20-60) 斑褶菇屬	**PANCRATIUM L. 全能花屬 (15)**	**PANDANUS L. fil. (600)** 露兜樹屬	**PEGANUM L. 駱駝蓬屬 (6)**
Panaeolus subbalteatus Berk. et Broome 暗緣斑褶菇 Dark-rimmed Mottlegill 暗緣林菇 Coprinaceae 鬼傘科	*Pancratium trianthum* Herbert 全能花 Kwashi 克瓦西 Amaryllidaceae 石蒜科	*Pandanus* sp. 露兜樹類 Screw pine 林投 Pandanaceae 露兜樹科	*Peganum harmala* L. 駱駝蓬 Syrian Rue 敘利亞芸香 Zygophyllaceae 蒺藜科
65 分布於歐亞大陸、南與中美洲	**66** 分布於非洲與亞洲的熱帶與溫暖地區	**67** 分布於歐洲、非洲、亞洲的熱帶與暖和地區	**68** 分布於亞洲西部到北印度、蒙古、滿州(中國東北)

　　暗緣斑褶菇廣泛分布於全歐洲。主要生長在廄肥的草生地土壤，尤其是馬糞廄肥的牧馬草原。菌蓋2-6公分寬，邊緣略平滑。此種蘑菇擴散快速。菌蓋前期為水濕褐色，生長到中期才變乾，此時蓋緣往往出現明顯的轉黑。其紅棕色的菌褶彎生，終因孢子成熟而轉成黑色。

　　暗緣斑褶菇的傳統使用方法不詳，可能是德國蜂蜜酒或麥芽啤酒的部分原料。但是無論怎麼說，此蘑菇與馬之間具有共生關係，而馬在德國為象徵「喜樂之神」(Wodan)的神駒。

　　暗緣斑褶菇的子實體含有 0.7％ 的裸蓋菇鹼(psilocybine)及0.46％的光蓋傘丁(baeocystine)，及可觀的血清素，也含有5-羥基-色胺酸(5-hydroxy-tryptophane)，但無裸蓋菇素。服用1.5公克劑量的乾蘑菇即起作用，服用2.7公克的劑量即會產生幻視。

　　全能花屬的15種植物中有多種對心臟有劇毒，其他一些作為催吐劑；有一種會引起中樞神經系統麻痺而令人喪命。一般咸認為全能花(*P. trianthum*)是全能花屬中最毒的一種。

　　全能花的使用資料不詳。在東非波札那的多貝(Dobe)地區，布須曼族認定其具有致幻物之價值，用法為將球莖切片，磨擦在頭皮上的切口處。在熱帶的西非，全能花似乎具宗教上的重要性。

　　全能花屬植物具有帶鱗片的球莖，幾乎在著花的地方同時抽出繖形葉。花呈白色或淡綠色，頂生於繖狀花序上，花莖直立且結實，具有漏斗狀長筒花被及狹長裂片。

　　雄蕊著生在花被的基部，癒合成杯狀。種子為黑色稜角狀。

　　已知全能花的球莖中含有石蒜鹼(lycorine)與大麥芽鹼(hordenine)。

　　新幾內亞原住民利用露兜樹屬一種植物的果實作為致幻物，但是用法不詳。

　　從露兜樹的核果中分離並檢定出二甲基色胺(dimethyltryptamine)。露兜樹屬是歐洲熱帶地區的一個大屬。雌雄異株，呈喬木狀，有些為攀緣性，有板根或支持根。有些露兜樹的葉片可長達4.5公尺，常用作編織草蓆的材料；劍狀葉又長又硬，邊緣和背中脈有鉤刺。花無花被，包在葉狀或佛焰苞狀的苞片中。果為聚合果，形大而重，質硬，聚成球狀體或毬果狀體，由易分離及有稜角的心皮聚合而成。大多數的露兜樹分布在沿海地區或鹽沼內，東南亞地區住民食用若干種露兜樹的果實。

　　駱駝蓬為草本植物，原生於沙漠地區。全株呈灌叢狀，可達1公尺高。葉裂成狹長線形的裂片；花小、白色、著生於枝條側腋。圓球形、深裂的果實呈卵形，內含多粒扁平帶稜角的褐色種子，味苦，有麻醉氣味。駱駝蓬含精神活性成分，包括 β-咔啉(β-carboline)生物鹼類，例如駱駝蓬鹼(harmine)、駱駝蓬靈鹼(harmaline)、四氫駱駝蓬鹼(tetrahydroharmine)等，及其他相關的生物鹼，分布在至少高等植物的8個科內。這些生物鹼分布在駱駝蓬的種子內。

　　民俗醫藥界極為重視駱駝蓬，有這種植物出現的地方可能表示，當地的原住民曾以它為半神聖的致幻物，使用於宗教或巫術中。最近駱駝蓬被認為可能是古波斯人與古印度人的蘇麻或休麻(Huoma)的來源。

PELECYPHORA Ehrenb. (2) 斧突球屬	PERNETTYA Gaud.-Beaup (20) 南鵑屬	PETUNIA Juss. (40) 碧冬茄屬(矮牽牛屬)	PEUCEDANUM L. 前胡屬 (125)
Pelecyphora aselliformis Ehrenb. 精巧丸仙人掌 Peyotillo 佩約蒂略 Cactaceae 仙人掌科	*Pernettya furens* (Hook.ex DC.) Klotzch 癲南鵑 Hierba Loca 憂心草 Ericaceae 杜鵑花科	*Petunia violacea* Lindl. 紫碧冬茄(紫花矮牽牛) Shanin 桑因 Solanaceae 茄科	*Peucedanum japonicum* Thunb. 日本前胡 Fang-K'uei 防葵 Umbellifere 繖形科
69 分布於墨西哥	**70** 分布於墨西哥至安地斯山脈、加拉巴哥群島與福克蘭群島、紐西蘭	**71** 分布於南北美洲溫和地區	**72** 分布於歐洲、南非與亞洲的溫帶地區

　　有人懷疑墨西哥珍視的精巧丸仙人掌為「假佩約特」(false Peyote)。當地人稱此植物為佩約特(Peyote)與佩約蒂略(Peyotillo)。

　　精巧丸仙人掌是長相美麗的仙人掌植物。球體單生，灰綠色，帶絨毛，呈長圓錐形，直徑約為2.5-6.5公分，偶爾可達10公分。球側有扁平的小瘤，以螺旋排列，而非球脊排列，其上有細小的鱗片狀與櫛齒狀小刺。頂生鐘形花寬可達3公分，外生裂片白色，內生則紫紅色。

　　最近研究指出，精巧丸仙人掌含有生物鹼，如仙人球毒鹼等，服用後會產生如服用佩約特般的效果。

　　許多報告指出，南鵑屬植物有毒性。智利當地住民稱癲南鵑的果實為「烏埃德烏埃德」(Huedhued)或「憂心草」(Hierba Loca)，意即「導致瘋狂的植物」，食用該果可引起精神錯亂，神智不清，甚至永久失常。據了解中毒效果類似曼陀羅引起的症狀。吞食有毒的小葉南鵑(*P. parvifolia*)，當地人所謂的「塔格利」(Taglli)的果實，會有致幻效果，並導致其他精神與行動方面的異常。

　　已知原住民使用南鵑屬植物作為巫術宗教的致幻物。

　　上述兩種南鵑屬植物均為小型、蔓生或半直立、枝葉繁多的灌木。花為白色或淡玫瑰色，漿果為白色到紫色不等。

　　最近一項來自厄瓜多高地的報告指出，碧冬茄屬的一個物種可視為致幻物，在厄瓜多叫「桑因」(Shanin)。至於其為哪個物種，為哪個部族的印地安人所使用，如何服用，皆不得而知。據傳服用此植物後會有升空的感覺，或覺得飄飄欲仙，這是典型的多重致幻性麻醉物的一種特徵。

　　栽培種的碧冬茄多為紫碧冬茄與白碧冬茄(*Petunia axillaris*)的雜交品種。它們皆為南美洲南部的原生種。

　　碧冬茄這具栽培重要性的一屬，目前仍缺乏植物化學方面的研究，但就它與菸草(*Nicotiana*)均為茄科植物的近緣關係來看，它可能含有生物學活性成分。

　　日本前胡(防葵，日文漢字名：野竹)是一種藍綠色、根粗、地下莖短的強壯多年生植物。強健的多纖維草莖可高達0.5-1公尺。葉厚，長20-61公分，為二出或三出葉，小葉呈倒卵狀楔形，長3-6公分。花繖狀聚生，邊花2-3公分長，果實橢球形，帶細毛，長3.5-5公分，多分布在近海岸的沙地。

　　防葵的根為中國草藥，主治消炎、利尿、治咳、以及鎮靜，它雖然帶有毒性，但久服有滋補強身之效。

　　已知前胡屬具有生物鹼成分，例如香豆素(coumarin)與糠香豆素(furocoumarin)廣泛存在於前胡屬，也見於日本前胡。

PHALARIS L. 藨草屬 (10)	PHRAGMITES Adans. 蘆葦屬 (1)	PHYTOLACCA L. 商陸屬 (36)	PSILOCYBE (Fr.) Quélet (180) 裸蓋菇屬
Phalaris arundinacea L. 藨草 Red Canary Grass 紅雀草 Graminaea 禾本科	*Phragmites australis* (Cav.) Trin. ex Steud. 蘆葦 Common Reed 蘆葦 Gramineae 禾本科	*Phytolacca acinosa* Roxb. 商陸 Pokeberry 商陸 Phytolaccaceae 商陸科	*Psilocybe cubensis* (Earle) Sing. 古巴裸蓋菇 San Isidro 聖伊西德羅 Strophariaceae 球蓋菇科
73 全球性分布	**74** 全球性分布	**75** 分布於南北半球的熱帶與溫帶地區	**76** 幾乎遍布熱帶地區

藨草為多年生禾草，具有綠色莖，高2公尺，禾莖可垂直分開。葉長寬，葉緣粗糙。圓錐花序為淺綠色或紅紫色。花萼上只有一朵花。紅雀草之名在古希臘時代即有，但到目前為止，並未聽說當時曾用作精神活性之物質。藨草的精神活性成分首次受到注意，是在以農業目的研究其植物化學之時。過去數年低階的薩滿巫嘗試將藨草用於精神活性用途，作用近似於阿亞瓦斯卡 (Ayahuasca)類似物與二甲基色胺(DMT)的萃取物。

紅雀草全株皆含吲哚類(indoles)生物鹼，但視其物種、使用之部落、地區與收穫而有很大的變異，大部分植株含有二甲基色胺、美沙酮(MMT)與5-甲氧基-二甲基色胺(5-MeO-DMT)。

藨草亦含有劇毒的蘆竹鹼(gramine)的生物鹼。

蘆葦是中歐最大的禾草植物，多分布在港口。蘆葦有粗與多分岔的地下莖。草莖約1-3公尺高，葉緣硬，長可達40-50公分，寬1-2公分。圓錐花序粗長(15-40公分)，其上開許多紫色花。花期自7-9月，冬季種子成熟，此時葉落，花序變白。

在古埃及，蘆葦有多種用途，尤其作為纖維質物料。用作致幻物的傳統利用方法乃見於文獻中，但只用作啤酒般飲料的發酵配料。

蘆葦根莖含二甲基色胺(DMT)、5-甲氧基-二甲基色胺(5-MeO-DMT)、蟾毒色胺(bufotenine)及蘆竹鹼。關於其精神活性的報告主要來自「阿亞瓦斯卡類似品」，這是以蘆葦根莖的萃取物，混入檸檬汁、駱駝蓬種子所製成的一種飲料，飲用後可產生致幻經驗，據傳有噁心、嘔吐與腹瀉等副作用。

商陸為全球性多年生、強健、多分枝的綠莖植物，高91公分。葉大(12公分長)、橢圓形。花為白色(1公分寬)，著生於密生的總狀花序(10公分長)。漿果為紫色，內含細小黑色的腎狀種子(3公釐長)。

商陸是中國有名的藥用植物，有兩種：白花與白根及紅花與紫根。紅花商陸性劇毒，白花商陸多用來栽培食用。商陸之花入藥，可治中風。

已知商陸含大量皂角苷類(saponines)，葉汁具有抗濾過性病原體的特性。

古巴裸蓋菇就是瓦哈卡(Oaxaca)印地安人所謂的「聖伊西德羅菇」(Hongo de San Isidro)，是重要的致幻物。然而值得注意的是，並非所有的薩滿巫都使用這種致幻物。馬薩特克人(Mazatec)稱它為「迪-西-特霍-萊爾拉-哈」(Di-shi-tjo-lerra-ja)，即「糞肥之神菇」。

古巴裸蓋菇可長到4-8公分高，極少數達15公分高，菌蓋直徑多不超過2-5公分。菌蓋是錐狀鐘形，早期蓋上有小突起物，其後逐漸變平，菌蓋呈金黃色，近緣逐漸呈淡棕色到白色。晚期或受傷後，菌蓋可能變成深藍色。菌柄中空，到了菌基變厚、色白，黃化或成蒼灰白色，具纖維枝條。菌褶色多樣，從白色到深灰紫色或紫棕色皆有之。橢圓體的孢子為紫棕色。

古巴裸蓋菇的有效成分為裸蓋菇鹼。

PSILOCYBE (Fr.) Quélet (180) 裸蓋菇屬	PSILOCYBE (Fr.) Quelet (180) 裸蓋菇屬	PSILOCYBE (Fr.) Qu'elet (180) 裸蓋菇屬	PSYCHOTRIA L. (1200-1400) 九節屬
Psilocybe cyanescens Wakefield emend. Kriegelsteiner 藍變裸蓋菇 Wavy Cap 波浪帽 Strophariaceae 球蓋菇科	*Psilocybe mexicana* Heim 墨西哥裸蓋菇 Teonanácatl 特奧納納卡特爾 Strophariaceae 球蓋菇科	*Psilocybe semilanceata* (Fr. Quélet) 半裸蓋菇 Liberty Cap 自由帽 Strophariaceae 球蓋菇科	*Psychotria viridis* Ruiz et Pavon 綠九節 Chacruna 查克魯納 Rubiaceae 茜草科
77 分布於北美洲與中歐洲	**78** 幾乎全球性分布	**79** 分布於墨西哥以外的全球其他地區	**80** 分布於南美洲亞馬遜流域

　　藍變裸蓋菇有波浪狀褐色蓋緣(2-4公分)，故容易鑑識。該菇不長在肥糞上，而長在腐植物、針葉樹腐質層及有機物多的土壤上，在過時的菌菇指南上，學名多為 *Hyphaloma cyanescens*。此菇與另一種裸蓋菇 *Psilocybe azurescens* 及波西米裸蓋菇 (*Psilocybe bohemica*)近緣，此兩種菇皆為強烈的致幻性蘑菇。

　　關於此菇的傳統用法或薩滿巫教的使用方法，未見於文獻記載。

　　今日藍變裸蓋菇見諸於中歐洲與北美洲的新異教儀式。此外，已有人工培養含高濃度裸蓋菇素的食用蘑菇。達到幻視的劑量約需1公克乾蘑菇。此蘑菇約含1％的色胺(tryptamine)，即裸蓋菇鹼、裸蓋菇素與光蓋傘辛(baeocystine)。

　　裸蓋菇屬的許多蘑菇是墨西哥南部的神聖蘑菇，墨西哥裸蓋菇是其中使用最廣的蘑菇之一。

　　墨西哥裸蓋菇分布在海拔1375-1675公尺，尤其是石灰岩地區，散生或罕見的長在蘚苔小徑、濕草地與曠野，也在櫟樹和松樹林內。

　　有一種最小型的致幻性蘑菇高僅2.5-10公分，有錐鐘形或多為半球形的菌蓋(1-3公分直徑)，活體為淡草黃色或深草黃色(有時甚至為褐紅色)，乾體為綠褐或深黃色。菌蓋有條紋，蓋頂小突多為紅色。菌蓋肉質受傷後會轉成藍色，或中空的菌柄呈黃色到黃粉紅色，柄基為紅褐色。孢子為深褐色到深紫褐色。

　　半裸蓋菇是裸蓋菇屬中分布最廣的蘑菇，喜生長在舊堆肥的農地、草生地、肥沃的草甸。菌蓋(1-2.5公分寬)呈錐形，多有尖項，顯得黏濕。蓋膜容易剝落。細小菌褶為橄欖色至紅褐色；孢子為深褐色或紫褐色。

　　半裸蓋菇含高濃度(約0.97-1.34％)的裸蓋菇鹼、若干裸蓋菇素、少量(約0.33％)的光蓋傘辛。半裸蓋菇是裸蓋菇屬中致幻性最強的致幻菇之一。

　　中世紀末期的西班牙，一些婦女遭指控為女巫，用的致幻物就是半裸蓋菇。據傳阿爾卑斯山脈的牧民稱半裸蓋菇為「夢菇」，傳統上用作精神活性物質。今日，此菇為若干特定團體採用於儀式中。

　　綠九節為常綠灌木，但亦可長成有木質幹的小喬木，高度大多不超過2-3公尺。輪生葉狹長，葉色自淡綠到深綠，葉面光亮。長莖上著生綠白色花瓣，漿果為紅色，內含無數卵形小種子，約4公釐長。

　　葉片必須在早晨時採收，不論新鮮或乾燥，皆可備製成阿亞瓦斯卡(Ayahuasca)。今日亦用於製備阿亞瓦斯卡的類似品。

　　綠九節含0.1-0.61％的二甲基色胺(DMT)及微量的類似生物鹼，如美沙酮(MMT)與2-甲機四氫-β-咔啉(MTHC)。大部分葉片約含0.3％的二甲基色胺。

RHYNCHOSIA Lour. (300) 鹿藿屬 *Rhynchosia phaseoloides* 豆鹿藿 Piule 皮烏萊 Leguminosae 豆科	**SALVIA** L. 鼠尾草屬 (700) *Salvia divinorum* Epl. et Játiva-M. 占卜鼠尾草 Diviner's Sage 占卜者之草 Labiatae 唇形科	**SCELETIUM** 辣千里光屬 (1000) *Sceletium tortuosum* L. 松葉菊 Kougued 科格德 Aizoaceae 番杏科	**SCIRPUS** L. 蔗草屬 (300) *Scirpus atrovirens* Willd. 深綠蔗草 Bakana 巴卡納 Cyperaceae 莎草科
81 分布於南北半球熱帶與溫暖地區	**82** 分布於墨西哥的瓦哈卡地區	**83** 分布於南非洲	**84** 全球性分布

81
　　古墨西哥人用多種鹿藿屬植物的豆莢作為致幻物。作於西元300-400年的墨西哥「特潘蒂特拉」(Tepantitla)壁畫上，繪有許多鹿藿的種子，說明該植物為當時的神祇植物。

　　長序鹿藿(*R. longeracemosa*)與塔鹿藿(*R. pyramidalis*)這兩種鹿藿屬植物極相似，皆為攀繞性且具長總狀花序。長序鹿藿的花為黃色，種子有淺與深褐色斑紋；塔鹿藿花為綠色，種子半紅半黑，異常美觀。

　　鹿藿植物的化學研究才起步不久，尚無肯定結論。已知含有一種類似箭毒作用的生物鹼。根據豆鹿藿萃取物的初期藥學試驗，此萃取物會讓蛙類呈現半麻醉反應。

82
　　墨西哥的瓦哈卡(Oaxaca)地區之馬薩特克(Mazatec)印地安人栽培占卜鼠尾草，採收其葉，在占卜儀式中以磨盤石缽搗碎，用水沖淡後飲用，或口嚼新鮮葉，利用其致幻特性。占卜鼠尾草又稱「牧人之草」(Hierba de la Pastora)或「處女之草」(Hierba de la Virgen)，栽培在遠離住家與道路的偏僻樹林內。

　　占卜鼠尾草是一種多年生草本，莖高1公尺以上，葉呈卵形(可達15公分長)，葉緣為細鋸紋。花藍色(15公釐長)，著生於圓錐花序(41公分長)上。

　　據稱古阿茲特克人的麻醉毒「皮皮爾特辛特辛特利」(Pipiltzintzintli)便是取自占卜鼠尾草植物，目前該植物似乎僅有馬薩特克人利用。該植物含有強力作用的「占卜鼠尾草鹼A」(salvinorinA)。

83
　　兩百多年以前，荷蘭探險家指稱南非洲的霍屯督人(Hottentots)口嚼一種植物「坎納」(Kanna)或「昌納」(Channa)的根，作為幻視劑。此即辣千里光屬的數種植物，它們皆含有生物鹼，如日中花鹼(mesembrine)與日中花寧(mesembrenine)，具有鎮靜作用，似古柯鹼的作用，可引起全身慵懶的感覺。

　　同屬的展葉菊(*Sceletium expansum*)亦為草本植物(30公分高)，莖多肉、平滑，成匍匐狀，多分枝。葉片呈長橢圓披針形，全緣，平滑，不對稱，長4公分，寬1公分，淡綠色，表面平滑有光澤。花為黃色(4-5公分寬)，1-5朵一簇，著生於枝條上。果實多稜角。

　　展葉菊與松葉菊昔日歸在日中花屬(*Mesembryanthemum*)。

84
　　墨西哥的塔拉烏馬拉族(Tarahumara)心目中最有影響力的草本植物之一，非蔗草屬(*Scirpus*)植物莫屬。塔拉烏馬拉印地安人不敢栽培蔗草的原因，是懼怕精神失常，有些巫醫用此植物止痛。

　　該族相信，蔗草的地下塊莖能治精神失常，整株植物可保護人，免受精神病之苦。蔗草引發的致幻反應驅使一些印地安人長途跋涉與四處遊走，與過逝的先祖交談，目睹燦爛繽紛的色彩。已知蔗草屬植物及其近緣屬莎草屬(*Cyperus*)都含有生物鹼。

　　蔗草屬植物有一年生或多年生等多種，多為禾草狀，開許多小穗狀花，或單生，或簇生。瘦果有三稜角，前端具有喙或無喙。可生長於各種環境，尤其喜愛濕土或泥沼地。

SCOPOLIA Jacq. Corr. Link (3-5) 賽莨菪屬 *Scopolia carniolica* Jacques 賽莨菪(歐莨菪) Scopolia 賽莨菪 Solanaceae 茄科 **85** 分布於阿爾卑斯山脈、巴爾巴阡山脈、高加索山脈、立陶宛、拉脫維亞、烏克蘭	SIDA L. 金午時花屬 (200) *Sida acuta* Burm. 細葉金午時花 Axocatzín 阿克斯奧卡特辛 Malvaceae 錦葵科 **86** 分布於南北半球的溫暖地區	SOLANDRA Sw. 金盃藤屬 (10-12) *Solandra grandiflora* Sw. 大花金盃藤 Chalice Vine 酒杯藤 Solanaceae 茄科 **87** 分布於南美洲的熱帶地區、墨西哥	SOPHORA L. 槐屬 (50) *Sophora secundiflora* (Ort.) Lag. ex DC. 偏花槐 Mescal Bean 偏花槐豆 Leguminosae 豆科 **88** 分布於北美洲的西南部，墨西哥

此草本植物約30-80公分高，暗綠色的葉片長又尖，略長茸毛。肉質根呈尖削狀。花細小，呈鐘形，為紫到淡黃色，單獨自花軸下垂懸，與白花莨菪(*Hyoscyamus albus*)之花相似。花期從4月到6月。果為蒴果，雙隔膜，內含多粒小種子。

在斯洛維尼亞，賽莨菪可能是女巫用來調製藥飲奴役他人的魔幻植物。在普魯士東部地區，賽莨菪的根過去用作麻醉品、啤酒添加物及春藥，傳說女性用它來勾引年輕小伙子成為入幕之賓。賽莨菪全株植物含有香豆素類(coumarins)的生物鹼，諸如東莨菪靈(scopoline)與東莨菪亭(scopoletine)，以及其他生物鹼，如莨菪鹼(hyoscyamine)、東莨菪鹼(scopolamine)，與綠原酸(chlorogenic acid)。目前工業栽培的賽莨菪，是用以提取 L-莨菪鹼及顛茄鹼。

細葉金午時花與菱葉金午時花(*S. rhombifolia*)均為草本植物或灌木(高可達2.7公尺)，分布在氣候炎熱的低地區。堅硬的枝條可用做粗掃帚。葉片為披針形或倒卵形，寬約2.5公分，長可達10公分。葉片置於水中搗碎，會產生一種輕柔的泡沫，有保養肌膚細嫩之效。花自黃色到白色不等。

此兩種植物在墨西哥的墨西哥灣地區為人所吸食，可產生令人興奮的功效，作為大麻的替代品。其根含有麻黃鹼(ephedrine)。乾燥的植株氣味酷似香豆素。

金盃藤屬植物是生長茂盛的爬藤灌木類，類似曼陀羅木屬(*Brugmansia*)的植物。

金盃藤是墨西哥珍貴的致幻植物。當地使用的金盃藤屬植物有兩種：短萼金盃藤(*S. brevicalyx*)與格雷羅金盃藤(*S. guerrerensis*)，泡飲其枝葉可得強烈的致幻效用。

西班牙植物學家埃爾南德斯(Hernández)指出，在墨西哥格雷羅(Guerrero)地區，格雷羅金盃藤用作致幻物，就像阿茲特克的「特科馬克斯奧奇特爾」(Tecomaxochitl)或「烏埃帕特爾」(Hueipatl)。

這兩種植物為豔麗、挺直，具攀緣性的灌木。葉片厚，呈橢圓形，長可達18公分。花朵大，為奶油色或黃色，香馥，呈漏斗狀，長可達25公分，成熟時展開。

金盃藤屬與曼陀羅屬近緣，預期也含托烷生物鹼，如莨菪鹼、東莨菪鹼、降莨菪醇(nortropine)、莨菪醇(tropine)、紅古豆鹼(cuscohygrine)及其他生物鹼類。

此艷麗的紅豆類灌木在北美洲曾是致幻物。

偏花槐的種子含有劇毒的槐鹼(cytisine)，以藥理學而言，與菸鹼的劇毒相當，可引起嘔吐、抽搐。若劑量過高，會導致窒息而喪命。槐鹼的致幻作用不詳，但其強烈的毒性，有可能讓人精神錯亂，導致幻視恍惚。

偏花槐是一種灌木或小喬木(可達10.5公尺高)。葉片常綠，有7-11片平滑光澤的小葉。花香馥，為綠藍色，著生於垂懸總狀花序(約10公分長)上，長3公分。莢果堅硬呈木質，每粒種子間內縮，每莢有2-8粒發亮的紅豆。

TABERNAEMONTANA L. (120)
馬蹄花屬

Tabernaemontana spp. 某種馬蹄
花屬植物
Sanango 薩南戈
Apocynaceae 夾竹桃科

89 分布於南北半球的熱帶地區

TABERNANTHE Baill. (2-7)
塔拜爾木屬

Tabernanthe iboga Baill. 伊沃加木
Iboga 伊沃加
Apocynaceae 夾竹桃科

90 分布於西非的熱帶地區

TAGETES L. (50)
萬壽菊屬

Tagetes lucida Cav. 香葉萬壽菊
Yauhtli 姚特利
Compositae 菊科

91 分布於美洲大陸(尤其是墨西哥)的溫暖地區

馬蹄花屬的植物大多為叢生灌木叢、攀緣類或小喬木。葉常綠，披針形，背面多為革質。花具五片尖瓣，大部分簇生於花萼處。兩個對稱果實分成兩側，中間有明顯的分離脈，外貌酷似哺乳類動物的睾丸。

在亞馬遜人眼中，馬蹄花是萬靈丹。其葉、根、乳汁多的皮部均為民間藥草。樹高可達5公尺。葉片用作阿亞瓦斯卡(Ayahuasca)的精神活性添加物，亦可與南美肉豆蔻屬(*Virola*)植物相混，作為口服效果的致幻物。在亞馬遜，馬蹄花也是一種「記憶植物」。阿亞瓦斯卡因有馬蹄花的攙和，更容易召回幻視。

最近已有馬蹄花的植物化學研究，已知其主要成分是吲哚(indole)生物鹼類，有些物種甚至已確認含有伊波加因(ibogaine)與老刺木鹼(voacangine)。因此之故，

此類新精神活性植物的發掘備受重視。例如已發現咖啡馬蹄花(*Tabernaemontana coffeoides* Bojer ex DC.)與厚質馬蹄花(*Tabernaemontana crassa* Benth.)等幾種馬蹄花屬植物具有精神活性，並且早已為人類所使用。

伊沃加木是一種灌木(1-1.5公尺高)，分布在熱帶林內的下層植物群內，但亦為原住民庭院栽培的植物。此灌木有豐沛的白色、惡臭的乳汁。葉片為卵圓形，多為9-10公分長，3公分寬(偶有22公分長，7公分寬)。花細小，黃色或粉紅色，有白與粉紅色斑點，5-12朵聚生，具漏斗狀花冠(為紅長筒狀，近花口處急速平翻)、有波浪形裂片(1公分長)。果實為卵圓形，有尖突的黃橘色構造，成對著生，大如橄欖。

伊沃加木的化學研究已發現，該木至少含有一打的吲哚(indole)生物鹼，其中最具活性的成分為伊波加因(ibogaine)，若服用至中毒的劑量，會引發極端的幻視；若服用過量，會導致癱瘓與死亡。

墨西哥的維喬爾人吸食黃花菸草(*Nicotiana rustica*)與香葉萬壽菊的混合物來引發幻覺。他們時常飲用由玉米釀製的發酵啤酒，並吸食上述植物，以取得突發的幻視，偶爾也會只吸食香葉萬壽菊。

香葉萬壽菊味道濃烈，為多年生草本植物(可達46公分高)。葉對生，卵狀披針形，葉緣上點狀分布脂腺。頭狀花密集頂生(1公分直徑)，多為黃色到黃橘色。香葉萬壽菊原生於墨西哥，在納亞里特州(Nayarit)與哈洛斯科州(Jalīsco)四處可見。雖然並未從香葉萬壽菊中分離出生物鹼，但此植物的精油量與噻吩(thiophene)衍生物含量豐富。已知此植物含有左旋-肌醇(l-inositol)、皂角苷類(saponines)、單寧類(tannins)、香豆素衍生物、生氰配醣醛類(cyanogenic glycosides)等化學物質。

TANAECIUM Sw. 香藤屬　　(7)	TETRAPTERIS Cav.　　(80)　四翅果屬	TRICHOCEREUS (A. Berger) Riccob. 毛花柱屬

Tanaecium nocturnum (Barb.-Rodr.) Bur. et K. Schum. 夜香藤
Koribo 科里沃
Bignoniaceae 紫葳科

92 分布於中美洲與南美洲的熱帶地區、西印度群島

Tetrapteris methystica R. E. Schult.
四翅果藤
Caapi-Pinima 卡皮-皮尼馬
Malpighiaceae 金虎尾科

93 分布於南美洲熱帶地區、墨西哥、西印度群島

Trichocereus pachanoi Britt. et Rose 毛花柱
San Pedro Cactus 聖佩德羅仙人掌
Cactaceae 仙人掌科

94 分布於南美洲溫暖地區

夜香藤為多枝條的攀緣性植物，葉呈橢圓形(13.5公分長，10公分寬)。花白色(16.5公分長)，呈筒狀，有5-8朵簇生於莖上之8公分長的總狀花序上。切開的藤莖會散出杏仁味。

居住在普爾西斯河(Rio Purus)的保馬里族(Paumari)利用夜香藤葉，發明了一種儀式用鼻煙，稱為「科里夫-納富尼」(Koribo-nafuni)。薩滿巫在排解一些難題(如自病患身上驅趕妖魔)時，會吸食此鼻煙。他們也在保護兒童的儀式中使用此鼻煙，在這過程中他們精神恍惚，並陷入夢幻之境。此鼻煙只有男人能吸食。據傳此植物被哥倫比亞的喬科族(Choco)奉為春藥。

夜香藤含皂角苷類與單寧類生物鹼。葉片含氫氰酸與氰基醣苷類(cyanoglycosides)，這些成分在烤製時會分解。

夜香藤的精神活性作用是否是源於有毒之副產物，尚不得而知。迄今亦不知其葉片或植株的其他部分是否含有其他有效成分。此植物可能含有某些未知的化學結構物與藥理效用。

巴西亞馬遜州(Amazonas)最西部「蒂謝」(Tikié)地區的游牧馬庫族(Makú)印地安人，用四翅果藤的皮調製一種致幻飲料，如阿亞瓦斯卡或卡波(Caapi)類的致幻飲料。從此藥飲的相關報告推測，應含有 β-咔啉(β-carboline)。

四翅果藤(*Tetrapteris methystica*, 或稱短尖翅果藤 *T. mucronata*)是具攀繞性、黑莖皮的藤本植物。葉片薄如紙，呈卵形(6-8.5公分長，2.5-5公分寬)，葉面亮綠色，葉背灰綠色。花序上花朵稀疏，花序柄亦較葉柄短。花瓣厚，無茸毛，為卵形-披針形，其上有8顆黑色卵形腺粒。花瓣外展，上有薄膜，呈黃色，中央有紅色或褐色斑點，花瓣為伸長之球形(1公分長，2公釐寬)。翅果呈卵圓形(長4公釐，寬4公釐，高2公釐)，為翅褐色(10公分長，2公釐寬)。

毛花柱為仙人掌植物，多分枝，多半無刺，柱高2.75-6公尺。分枝上有6-8條稜，初期為藍綠色，晚期呈黑綠色。花芽尖端綻放。花大(19-24公分)、漏斗狀、香馥，花瓣內部白色，外部褐紅色，其碧綠雄蕊之花絲長。果實及花筒上的鱗片均覆有長茸毛。

毛花柱含有多量的仙人球毒鹼之致幻成分：乾燥時含2%，新鮮時含0.12%。本植物亦含其他生物鹼，如3-4-二甲氧基-苯基乙胺(3,4-dimethoxyphenylethylamine)與3-二甲氧基-色胺(3-methoxy-tyramine)及微量的其他生物鹼類。

毛花柱又稱仙人球(*Echinopsis pachanoi*)，分布於安地斯山脈中段海拔1830-2750公尺處，以厄瓜多與北祕魯地區為主。

Turbina corymbosa (L.) Raf. 繖房
花威瑞亞
Ololiuqui 奧洛留基
Convolvulaceae 旋花科

95 分布於美洲熱帶地區，尤
其是墨西哥與古巴等國

Virola theiodora (Spr.) Warb.
神南美肉豆蔻
Cumala Tree 庫馬拉樹
Myristicaceae 肉豆蔻科

96 分布於中美洲與南美洲的
熱帶地區

Voacanga spp. 馬鈴果植物
Voacanga 馬鈴果
Apocynaceae 夾竹桃科

97 分布於熱帶非洲

　　繖房花威瑞亞，以繖房花里韋亞(*Rivea corymbosa*)為人所知，是南墨西哥眾多印地安部落的主要神聖致幻物。此方面的利用可追溯到古代。此植物即為所謂的「奧洛留基」(Ololiuqui)，在阿茲特克人的宗教儀式中扮演重要角色，用作麻醉劑，據傳有止痛效果。

　　繖房花威瑞亞是大型木本藤類，葉呈心形(5-9公分長，2.5-4.5公分寬)，聚繖花序上著生一些小花，花冠長2-4公分，白色帶綠條紋。果實成熟變乾燥，不開裂，呈橢球形，萼片大且宿存。種子一枚、質硬、球形、褐色多茸毛。種子含麥角醯胺(lysergic acid amide)，類似麥角二乙胺(LSD)。

　　威瑞亞屬為旋花科植物，種別之分類困難。過去在不同時期曾歸類為許多屬，如旋花屬(*Convolvulaceae*)、

牽牛花屬(*Ipomoea*)、聖誕藤屬(*Legendrea*)、里韋亞屬(*Rivea*)及威瑞亞屬(*Turbina*)。在此屬的化學與民族植物學研究中，大多採用*Rivea corymbosa*(繖房花里韋亞)之名，但最近的深入評估指出，最佳的學名為*Turbina corymbosa*(繖房花威瑞亞)。

　　南美肉豆蔻屬植物的內樹皮，若非百分之百，也是絕大部分，具有大量的紅色「樹脂」。南美肉豆蔻屬的數種植物是用來調製致幻性鼻煙或小藥丸的原料。其中最重要的可能就是神南美肉豆蔻(*Virola theiodora*)。它是細幹植物，高7.5-23公尺，是西亞馬遜流域的原生種。其圓柱狀樹幹(直徑46公分)有特殊的褐斑，並帶有灰塊。葉乾燥後散發茶香，呈橢圓型或寬卵形，長9-33公分，寬4-11公分。雄花序上聚生許多小花，多呈褐色或金茸毛，花序軸比葉片短。雌花細小單生或2-10朵聚生，香馥。果實近球形，長1-2公分，寬0.5-1.5公分。種子的一半外覆橘紅色、如薄膜的假種皮。

　　南美肉豆蔻屬植物的樹脂含有「二甲基色胺」(DMT)與「5-甲氧基-二甲基色胺」(5-MeO-DMT)。

　　有關馬鈴果屬植物的研究闕如。屬內各種別相似，皆為枝條分岔多的長綠灌木或小喬木。花多為黃色或白色，五花瓣癒合，有互生對稱的雙果。樹皮含乳汁。

　　非洲產的非洲馬鈴果(*Voacanga africana* Stapf.)含伊沃加(iboga)類的吲哚生物鹼，濃度可達10%。伊沃加類的主要生物鹼為伊菠加因(ibogaine)，其中以馬鈴果胺(voacamine)為主，有刺激與致幻的作用。在西非，此植物的樹皮用來當狩獵用毒藥、興奮劑和有效的壯陽劑。非洲巫師術士則利用其種子，來引發幻視。

　　另一種大花馬鈴果(*Voacanga grandiflora*(Miq.)Rolfe)的種子，也被西非的巫師術士用來引發幻視。遺憾的是，由於巫師術士的知識向來保密到家，故真實詳情也不得而知。

誰使用致幻植物？

P61：蠅傘菇(Fly Agaric)是世界各地用來達到通靈目的之致幻物，它甚至與古代印度的蘇麻有關。

儘管現代西方社會使用精神活性植物的數量大幅增加，但本書強調的幾乎限於原住民為了魔法、醫術或宗教目的而使用的迷幻物。身處西方文化的我們，與處於前工業社會的原住民，在致幻物的使用上差異之大，完完全全在於使用目的與信仰起源兩方面的差異。原住民社會百分之百視這類植物，即或不是神祇本身，也是神所賜下的禮物。即使到了今天，這種看法仍然歷久不衰。西方文化很明顯地不是這樣看待致幻植物。

視植物是神聖的，甚至以它為神祇來敬拜的例子很多，下面章節將介紹更多這樣的例子。印度古代的致幻物之神「蘇麻」(soma)，便是一個好例子。大部分的致幻物是人類與超自然之間的神聖媒介，但是古印度人對蘇麻卻奉若神明。蘇麻地位神聖崇高，一般認為蘇麻帶來的超自然

經驗的威力，直逼神祇。這類神聖墨西哥蘑菇的使用，歷史已久，與薩滿主義及宗教息息相關。中美洲的阿茲特克人稱它為「特奧納納卡特爾」(Teonanácatl)，意即「神之肉」。三千多年之前，中美洲北端瓜地馬拉高地的馬雅文明，顯然已有人在宗教儀式中吸食菇類。新世界使用的神聖致幻物，最有名的是佩約特(Peyote)，墨西哥的維喬爾人(Huichol)視佩約特與鹿(神聖的動物)及玉米(神聖的主食)地位相同。人們首次採集佩約特時，由真正的薩滿巫「塔德瓦里」(Tatewari)帶領，以後每年的採集之旅，是去祖先最初的樂園聖地「維里庫特」(Wirikuta)，由朝聖者帶領。在南美洲，「阿亞瓦斯卡」(Ayahuasca)可以讓人看見真實的世界，而讓日常生活成為一種幻覺。在塞克瓦族(Kechwa)，阿亞瓦斯卡是指「靈魂之夢」。當人進入醉幻期，魂魄會經常出殼，歷經離開肉體的經驗，與先人

此為十六世紀早期阿茲特克的石雕，稱為「克斯奧奇皮利亞」(Xochipilli)，意即「眾花之狂喜王子」，是在「特拉馬納爾科」(Tlamanalco)的「波波卡特配特爾」(Popocatepetl)火山山坡出土的。石雕上有傳統風格的紋飾，雕的是各種致幻植物。自左往右的雕紋依序是：蘑菇之菌蓋、牽牛花之卷鬚、菸草之花、聖神之牽牛花、細葉黃薇之芽；座臺上為阿茲特克裸蓋菇(*Psilocybe aztecorum*)的菌蓋。

維喬爾人(Huichol)神話裡的一些符號，栩栩如生地表現在他們常見的神聖藝術作品上。許多美麗的花樣，基本上都有儀式用的佩約特(Peyote)。此幅線紗圖，有如一部阿茲特克法典，敘說創世的歷史年代。眾神從地下鑽出，來到大地。這件事是可能的，因為「我族之長兄鹿」找到了「倪里卡」(nierika)，即「通道」。考予馬里(Kauyumari)(上、中位置)的通路，把萬物的靈與全世界統合成一體。所有的生命要通過此路才能存在。考予馬里的通道下方為聖母之鵰(正中央位置)，低頭傾聽坐在石頭上的考予馬里祈願。聖母之鵰的言語經過一條線連到祈禱者的碗，轉化成生命之能量(以一朵白花表示)。
考予馬里上方，「雨水之靈」(一條蛇)將生命獻給神祇。「塔特瓦里」(Tatewari)是第一位薩滿巫與「火之靈」(上中右)，他彎下身朝著考予馬里，並傾聽考予馬里之聖歌。兩者連接

到一個藥籃(中右)，藥籃把他們結合成薩滿巫聯盟。我們的父親太陽(左邊的塔特瓦里對面)連接「黎明之靈」(其下之橘色人物)。太陽與黎明之靈皆位於維里庫塔(Wirikuta)之處，那是佩約特(Peyote)的聖神大地。此外，考予馬里之通道與兄長鹿尾(Elder Brother Deer Tail)之廟均位於維里庫塔聖地。此廟位於下右處，在黑色土地上。鹿尾有紅色的鹿角，其上有他的人像顯影。鹿尾後面是我們的母親之海。一隻鶴帶了一個祈禱者葫蘆給她，葫蘆內有考予馬里的話語。藍鹿(左中)使得所有神聖貢品神靈活現。牠身上有一道能量之河，流到母親之海的祈禱者葫蘆裡；藍鹿也獻上鮮血給牠底下的生命：萌發生長中的玉米。藍鹿之上是第一個人類，他發明農業，面前是一隻祭羊。

及精靈世界溝通。飲用「卡皮」(Caapi)是回到「母親的子宮」與「回到萬物之源之本」。服用者會看到所有族人的神祇、宇宙的創造、第一個人類與動物，甚至看到社會秩序的建立，此為賴希黑爾‧多爾馬多夫(Reichel-Dolmatoff)【譯按：田野人類學家，以研究熱帶地區的文化聞名。】所言。

這些神聖植物的管理者並非一定是薩滿巫或巫師，一般人(多為成熟男性)通常也可以享用致幻物。在這種情形下，致幻物之使用往往由禁忌(戒律)或儀式規條來管制。無論是舊世界或新世界，致幻物只限成年男性使用，幾乎沒有例外。但是，亦有極特殊的例子，如西伯利亞科里亞克族(Koryak)的男女，皆可服用毒蠅傘蘑菇

不論薩滿巫獨處，
或與通靈者相處，
或只有通靈者一人，
多會飲食冬青茶、曼陀羅茶，吸菸草……
佩約特仙人掌、奧洛留基種子，蘑菇、
致幻的薄荷或阿亞瓦斯卡……
民族習俗的本源是相同的。
這些植物有神靈的力量。

——韋斯頓‧拉巴爾(Weston La Barre)

(*Amanita*)。在墨西哥南部，男男女女皆可使用這種神聖蘑菇。事實上，薩滿巫往往是女性。同樣的，舊世界的男性與女性，皆可服用伊沃加(Iboga)。據說，不讓女性使用具迷幻成分之物有其根本理由：許多致幻物可能具毒，有導致流產之虞。由於原住民社會的女性，在生育年齡期間，往往有孕在身，不讓女性使用致幻物最根本的理由，可能只是防患流產，雖然這項理由已遭人淡忘。

有些社會允許小孩服用致幻物。例如在希瓦羅族，讓小男孩服下曼陀羅木(*Brugmansia*)，小男孩在迷醉期間會接受先人的教誨。一般而言，第一次使用致幻物是在成年禮時。

原住民文化中幾乎至少會有一種精神活性植物，即使菸草與古柯葉，若服用高劑量，也可能引發幻視。像委內瑞拉的瓦佬族(Warao)吸菸草而恍惚，隨之達到幻視的目的。

雖然新世界比起舊世界，有較多種類的植物可作為致幻物之用，東西兩半球至少有使用同一種致幻植物的區域。迄今已知，努伊特人(Inuit)只有一種精神活性植物，而波里尼亞島民有「卡瓦—卡瓦」胡椒(Kava-kava, *Piper methysticum*)，但他們似乎沒把它當作致幻物來用。卡瓦—卡瓦屬於一種安眠與催眠藥劑。

關於非洲致幻植物的研究不多，或許非洲擁有的致幻植物並未為科學界所知。或許可以這麼說，非洲大陸的若干區域未使用任何一種致幻植物，或者過去已有一段時間不使用致幻植物了。

至於面積廣大的亞洲，主要致幻植物的種類雖然不多，但是以文化觀點而言，致幻植物的使用普遍，重要性也極高。在古歐洲，有關使用致幻植物與其他含毒植物的敘述資料相當多。許多學者從文化、薩滿巫、宗教的根源，來看待那些為人使用的精神活性植物或致幻植物。

植物利用綜覽

本章概要整理了其他章節詳述的植物相關利用資料，有兩個明顯的意義：第一，這些資料來源都是跨領域的；第二，許多項目的知識不足或有欠精確，提醒我們可以作更深入的研究。

未來之研究進展，很明顯地非要根據諸多學科(人類學、植物學、化學、史學、醫學、神話學、藥

NOTES OF A BOTANIST

ON THE

AMAZON · & ANDES

BEING RECORDS OF TRAVEL ON THE AMAZON AND
ITS TRIBUTARIES, THE TROMBETAS, RIO NEGRO,
UAUPÉS, CASIQUIARI, PACIMONI, HUALLAGA,
AND PASTASA; AS ALSO TO THE CATAR-
ACTS OF THE ORINOCO, ALONG THE
EASTERN SIDE OF THE ANDES OF
PERU AND ECUADOR, AND THE
SHORES OF THE PACIFIC,
DURING THE YEARS
1849-1864

By RICHARD SPRUCE, Ph.D.

EDITED AND CONDENSED BY
ALFRED RUSSEL WALLACE, O.M., F.R.S.
WITH A
BIOGRAPHICAL INTRODUCTION
PORTRAIT, SEVENTY ONE ILLUSTRATIONS
AND
SEVEN MAPS

IN TWO VOLUMES—VOL I

MACMILLAN AND CO., LIMITED
ST. MARTIN'S STREET, LONDON
1908

學、哲學、宗教學等等)加以整合不可。要處理與使用這些龐大珍貴的資料，需耐心與淵博的知識。朝此方向進行的起步工作之一，便是將如此多樣的植物資料以簡便概要的形式呈現，這也是本章的目的。

人類生活在歷史悠久的社會，早已熟悉生活周遭的植物，進而發現與利用其中的一些致幻植物。文明冷酷快速地不斷推進，力量之大遠

及最偏僻與隱蔽的人類。文化傳播無可避免地產生了摧毀原始知識的噩運，造成過去所累積的知識消失。因此，我們要趕在已誕生的文化知識永遠沉淪埋葬之前，設定好研究腳步。

要確切了解致幻物，基本條件在於精確的鑑定植物分類，但這方面知識尚嫌不足。理想上，一種產物的植物學鑑定，必須根據有紀錄的標本才能正確無誤。在許多情況下，我們不得不根據一個當地的俗名或一項描述來鑑定學名，此時往往產生疑慮。同樣重要的是，化學研究亦得根據有嚴謹紀錄的植物體。許多卓越的植物化學研究工作，因為對原始植物本身不夠了解，而導致前功盡棄。

同樣地，我們對致幻物本身及其使用的掌握也不足，於是阻礙了對它們的了解。我們忽視了改變「腦」的植物在文化上的重要性。但近年來，人類學家開始較廣泛地了解到，致幻物在原住民社會的歷史、神話及哲學上無與倫比的角色。當這樣的了解受到人們重視以後，人類學在詮釋人類基本文化的許多要素上才會有進步。

本書的內容集中在細節的描述，但要一次交代清楚並不容易。我們體認到偶爾需要可以快速查閱參考的工具，所以盡可能地綜合一些重要的事實，以大綱的方式呈現在這份《植物利用綜覽》中。

本章植物利用綜覽中植物類型的代表符號

 旱生植物與多肉植物

 藤本植物

 攀緣(纏繞)植物

 禾草與莎草

 草本植物

 似百合的植物

 真菌類

 蘭花

 灌木

 喬木

 水生植物

左：美國植物學家理查·史普魯斯(Richard Spruce)在1800年代，於南美洲花了14個年頭進行野外研究。他是一位不辭勞苦的植物發現學家，被譽為熱帶美洲的「民族植物學者」。他的研究奠基了約波(Yopo)與卡皮(Caapi)致幻物的研究基石，而此研究迄今未曾中斷。

P64：哥倫比亞的「西努」(Sinú)文化(西元1200-1600年)打造出許多難解、有蘑菇狀圖案的黃金胸飾。這些胸飾可能暗示當時存在一種對當地生產之有毒蘑菇的膜拜。許多胸飾具有類似翅膀的結構，可能象徵魔法飛翔的意涵，飛翔是致幻物中毒常見的特徵。

植物編號	俗名	類型	學名	用法：歷史和人種誌
35	Agara		*Galbulimima belgraveana* (F. Muell.) *Sprague*	為巴布亞土著所使用。
11 12	Angel's Trumpets Floripondio Borrachero Huacacachu Huanto Maicoa Toé Tonga (參看P140-143)		*Brugmansia arborea* (L.) Lagerh.; *B. aurea* Lagerh.; *B. x insignis* (Barb.-Rodr.) *Lockwood* ex R. E. Schult.; *B. sanguinea* (R. et P.) Don; *B. suaveolens* (H. et B. ex Willd.) *Bercht.* et Presl.; *B. versicolor* Lagerh.; *B. vulcanicola* (A. S. Barclay) R. E. Schult.	此曼陀羅木為生活於較暖和氣候區的南美洲人所使用，尤其是西亞遜的土著，他們稱之為「托埃」(Toé)。此屬植物亦為智利的馬普切 (Mapuche)印地安人與哥倫比亞的奇夫查(Chibcha)印地安人所使用。祕魯的印地安人稱為「瓦卡卡丘」(Huacacachu)。
9	Ayahuasca Caapi Yajé (參見P124-139)		*Banisteriopsis caapi* (Spruce ex Griseb.) Morton; *B. inebrians* Morton; *B. rusbyana* (Ndz.) Morton; *Diplopterys cabrerana* (Cuatr.) B. Gates	使用者包括亞馬遜河河谷西半部、哥倫比亞安地斯山脈，及厄瓜多安地斯山脈世居太平洋山坡的孤立部落。
43	Badoh Negro Piule Tliltzin (參見P170-175)		*Ipomoea violacea* L.	用於墨西哥南部的瓦哈卡地區(Oaxaca)，阿茲特克族叫做「特利利爾特辛」(Tlililtzin)，用法與奧洛留基(Ololiuqui)同。奇南特克族與馬薩特克稱之為「皮烏萊」(Piule)，薩波特克族(Zapotec)稱之為「黑巴多」(Badoh Negro)。
24	Bakana Hikuli Wichuri		*Coryphantha compacta* (Engelm.) *Britt.* et Rose; *C.* spp.	墨西哥的「塔拉烏馬拉族」印地安人認為千頭仙人球(*C. compacta*)，即維丘里(Wichuri)或巴卡納(Bakana)、巴卡納瓦(Bakanawa)，是一種佩約特或烏庫利(見佩約特)。
84	Bakana		*Scirpus* sp.	此植物為藨草屬(*Scirpus*)的一個種別，顯然是墨西哥的塔拉烏馬拉印地安人心目中最有影響力的一種草本植物。
60	Blue Water Lily Ninfa Quetzalaxochiacatl		*Nymphaea ampla* (Solisb.) DC.; *N. caerulea* Sav.	睡蓮在邁諾斯的(Minoan)神話及藝術、古埃及的文化，印度、中國及馬雅文明(從中古時代到墨西哥時代)，均享有異常特殊的顯著地位。水仙與蟾蜍的關係，在舊世界與新世界極為相似，本身都和致幻物有關，也都牽涉到植物與死亡的關聯。
93	Caapi-Pinima Caapi (參見Ayahuasca)		*Tetrapteris methystica* R. E. Schul.; *T. mucronata* Cav.	卡皮一皮尼馬(Caapi-Pinima)為巴西的亞馬遜西北區蒂克耶河(Rio Tikié)的遊牧部落馬庫(Makú)印地安人所使用。他們將此植物和卡皮藤(*Banisteriopsis*)都稱為「卡皮」。有數位作者曾提及，在巴西及鄰近哥倫比亞的鮑佩斯河(Rio Vaupés)地區，有「超過一種」的「卡皮」。
62	Cawe Wichowaka		*Pachycereus pecten-aboriginum* (Engelm.) *Britt.* et Rose	為墨西哥的塔拉烏馬拉(Tarahumara)印地安人所服用，當地稱為「維喬瓦卡」(Wichowaka)，意為「精神失常」。
4 5	Cebíl Villca Yopo (參見P116-119)		*Anadenanthera colubrina* (Vell.) Brenan; *A.colubrina* (Vell.) Brenan var. Cebil (Griseb.) Altschul; *A. peregrina* (L.) Speg.; *A. peregrina* (L.) Speg. var. *falcata* (Benth.) *Altschul*	根據1946年的報告，大果柯拉豆(*A. peregrina*)為現今之奧里諾科流域(約波)的部落使用。西印度群島已不再使用大果柯拉豆。阿根廷印地安人稱之為「比利卡」(Villca)或「維爾卡」(Huilca)，祕魯稱之為「塞維爾」(Cebíl)，殖民時代前都在使用蛇狀柯拉豆(*A. colubrina*)。
61	Cebolleta		*Oncidium cebolleta* (Jacq.) Sw.	墨西哥的塔拉烏馬拉(Tarahumara)印第安人可能使用此種蘭花。
80	Chacruna Chacruna Bush Cahua		*Psychotria viridis* Ruíz et Pavón	綠九節在亞馬遜地區使用歷史悠久，是調製「阿亞瓦斯卡」(Ayahuasca)的重要材料。

用法：關聯和目的	製備	化學成分和作用
致幻性麻醉。	將樹皮及葉片與千年健屬(Homalomena)的一個種沏成茶飲用。	雖然分離出28種生物鹼，但沒有一種有致幻成分。服用後會有男人與動物被殺的幻視經驗。
西溫多伊(Sibundoy)印地安人的巫醫用此植物於醫療，為馬普切印第安人用作治療刁鑽頑童的草藥。過去奇夫查印地安人在酋長或主人過世後，會用發酵的奇布查葉片混合曼陀羅木種子，給酋長的遺孀與奴隸飲用，待其昏迷後便活埋在逝者墓旁。祕魯的印地安人仍然相信曼陀羅木可讓他們與祖先交談，也相信曼陀羅木能讓他們看見墓中的寶藏。	一般將種子磨成粉狀，加進發酵過的飲料服用，或者取其葉片沖泡飲用。	曼陀羅木屬植物的所有種別，其化學成分相似，主要的精神活性成分為束莨菪鹼(scopolamine)。其他含量較低的生物鹼成分也類似。曼陀羅木是危險的致幻物，有劇毒，故在麻醉起深沉作用前，必得先克制施用者的行為，因為在這期間他們可經驗到幻視。
通常在宗教儀式時使用。聞名的哥倫比亞圖卡諾(Tukanoan)尤魯帕里(Yuruparí)儀式，是為少年舉行的成年禮。希瓦羅人(Jívaro)相信，阿亞瓦斯卡可促成與祖先溝通。藥力發作時，人的靈魂可能出竅，四處遊蕩。	樹皮以冷水或開水調製，可單獨使用或摻入添加物，尤其加入一種曼陀羅木B. rusbyana (即Diplopterys cabrerana)與綠九節(Psychotria viridis)，可改變藥效。樹皮亦可嚼食。最近來自亞馬遜西北區的證據顯示，這類植物亦可製成鼻煙使用。	致幻作用主要來自駱駝鹼(harmine)，它是該植物的主要吲哚生物鹼。服下苦澀與噁心的飲料後，其反應可從舒適、不會宿醉的中毒，到劇烈中毒，且會有後遺症。通常會有彩色的幻視。中毒後最終會進入沉睡並接二連三的作夢。
在墨西哥南部地區，此藤極受重視，是用在占卜、巫術、醫療與膜拜的主要致幻物。	只取用如針尖般少量的碾碎種子來調製的飲料。	此藤種子的生物鹼含量是繳房花威瑞亞(Turbina corymbosa)的5倍，所以土著用的種子之量較少。這類生物鹼亦分布在其他種的牽牛花植物，但只有墨西哥地區用於致幻用途(見奧洛留基)。
作為醫藥之用。薩滿巫以之為特效的草藥，極受印地安人畏懼與珍視。	新鮮或乾燥的地上部(特烏伊萊, Teuile)，即仙人掌的肉部，可供食用。8-12個仙人掌頭部為適當之分量。	生物鹼種類繁多，包括從菠蘿球屬(Coryphantha)分離出來的苯乙胺(phenylethylamine)，此屬植物值得持續研究。
蓪草屬植物是重要的民間草藥，也是一種致幻物，處理它時必須抱著無比崇敬的態度。	塊根往往採集自偏遠之地。	已知自蓪草可分離出生物鹼，此鹼與莎草的生物鹼有關。塔拉烏馬拉印地安人相信，他們可遠赴他處與他們的祖先交談，並經驗到彩色的幻視。
不論在舊或新世界，睡蓮屬植物在傳統儀式(薩滿巫式)上，皆具有類似的重要性：睡蓮長久以來一直用作麻醉劑，可能是一種致幻物。最近的報告指出，墨西哥用睡蓮(N. ampla)作為娛樂用的藥物，可得到「有效的致幻效果」。	睡蓮(N. ampla)的花與芽可供吸食。其地下莖可生食或熟食。藍睡蓮(N. caerula)的芽可沏茶。	從睡蓮分離而得的阿朴嗎啡(apomorphine)、荷葉鹼(nuciferine)、去甲荷葉鹼(nornuciferine)可能是睡蓮具有精神活性作用的原因。
具致幻毒性。	卡皮藤(T. methystica)的皮可加在冷水中調製成飲料。卡皮藤泡製的飲料呈黃色，與曼陀羅木調製的褐色飲料不同。	迄今尚無可能進行卡皮藤(T. methystica)的化學檢驗，但根據其藥性效應報告，其生物鹼可能與曼陀羅木的β-咔啉生物鹼(β-carboline)相同或近似。
此種仙人掌有數種醫藥用途。	一種致幻飲料由摩天柱仙人掌(P. pecten-aboriginum)的幼嫩幹莖調配而成。	自此仙人掌已分離出1種「4-羥-3-甲氧基-苯乙胺」(4-hydroxy-3-methoxyphenylethylamine)與4種「四氫異喹啉」(tetrahydroisoquinoline)。此種植物會令人昏沉欲睡並引發幻視。
目前為北阿根廷的印地安人所吸食，作為致幻麻醉之用。	約波(Yopo)可製成鼻煙。豆子多先潤濕、搓成軟膏狀後烤乾。當研磨成灰綠色粉末時，可與一種鹼性植物灰或螺殼石灰混合。	含有色胺(tryptamine)衍生物與β-咔啉類(β-carbolines)。服用者先是感覺肌肉痙攣、略帶驚厥、肌肉協調失常，接著噁心、幻視與失眠。有視物顯大症。
已知金蝶蘭用作致幻物，為佩約特(Peyote)之暫代品。	未知。	已有報告指出，金蝶蘭含有某種生物鹼。
綠九節灌叢極具文化重要性，因為二甲基色胺(DMT)是製作致幻的「阿亞瓦斯卡」(Ayahuasca)之要素。阿亞瓦斯卡在亞馬遜的薩滿巫傳統具有核心的地位。	新葉或乾葉與曼陀羅木的藤或外皮混合，經過烹煮，可製成阿亞瓦斯卡(即Caapi、Yagé)而飲用。	綠九節的葉片含0.1%到0.61%的N,N-二甲基色胺(N,N,-DMT)，也含有極少量的生物鹼。

植物編號	俗名	類型	學名	用法：歷史和人種誌
13	Chiricaspi Chiric-Sanango Manaka		*Brunfelsia chiricaspi* Plowman; *B.grandiflora* D. Don; *B. grandiflora* D. Don subsp. *schultesii* Plowman	蕃茉莉屬(*Brunfelsia*)被哥倫比亞印地安人稱為「博爾拉 羅」(Borrachero)，意為毒藥；亞馬遜最西端的哥倫比亞 厄瓜多與祕魯，則稱之為「奇里卡斯皮」(Chiricaspi)，意 「冷樹」。
34	Colorines Chilicote Tzompanquahuitl		*Erythrina americana* Mill.; *E. coralloides* Moc. et Sesse ex DC.; *E. flabelliformis* Kearney	在墨西哥的市集裡，各種刺桐豆往往會與偏花槐(*Sophor* *secundiflora*)的豆子同時販售，用作避邪或護身。
74	Common Reed		*Phragmites australis* (Cav.) Trinius ex Steudel	自古用於醫療。作為精神活性之用途為晚近的現象。
63	Copelanida Jambur		*Panaeolus cyanescens* Berk. et Br.; *Copelandia cyanescens* (Berk. et Br.) Singer	此菇在峇里島用黃牛糞與水牛糞培養。
58	Cowhage		*Mucuna pruriens* (L.) DC.	黧豆在印度是「草本醫學」的草藥。其種子普遍用作護身 避邪。
19	Dama da Noite (Lady of the Night) Palqui Maconha		*Cestrum laevigatum* Schlecht; *C. parqui* L'Herit.	用於巴西南部的臨海地區與智利南部。
28	Datura Dutra (參見P106-111)		*Dtura metel* L.	白曼陀羅(*D. metel*)又稱為洋金花，作為一種致幻物早已見 古典梵文與中國的記載。在11世紀已為阿拉伯醫生阿威西納 (Avicenna, 980-1037)認定是一種毒品。目前仍然有許多地 使用白曼陀羅，尤其是印度、巴基斯坦、阿富汗等。刺曼陀 羅(*D. ferox*)為舊世界種別，作為致幻物的功能較差。
8	Deadly Nightshade Belladonna (參見P86-91)		*Atropa belladonna* L.	用於歐洲，近東歐。顛茄向來被視為中世紀巫婆湯的重要 分。顛茄屬(*Atropa*)在大部分的歐洲神話中佔有顯著的地位
21	El Nene El Ahijado El Macho		*Coleus blumei* Benth.; *C. pumilus* Blanco	原產於菲律賓群島，其中兩種植物在墨西哥南部的馬薩特 (Mazatec)印地安人心目中，重要性可比擬鼠尾草屬(*Salvi* 植物。
96	Epená Nyakwana Yakee (參見P176-181)		*Virola calophylla* Warb.; *V. calophylloidea* Markgr.; *V. elongate* (Spr. ex Benth.) Warb.; *V. theiodora* (Spr.) Warb.	產於巴西、哥倫比亞、委內瑞拉、祕魯等地，當地人使 數種南美肉荳蔻，其中最重要的是「神南美肉荳蔻」(*V* *theiodora*)。以此植物製成的致幻鼻煙名稱極多，依地區 部族而異，其中最常見的是巴西的「帕里卡」(Paricá)、 佩納(Epená)與尼亞克瓦納(Nyakwana)，哥倫比亞的亞 (Yakee)與亞托(Yato)。
39	Ereriba		*Homalomena* sp.	已知巴布亞土著使用千年健屬(*Homalomena*)植物。
20	Ergot (參見P102-105)		*Claviceps purpurea* (Fr.) Tulasne	一般相信麥角菌在古希臘的「伊琉申之祕」扮演一定的角 色。在中世紀，若意外將黑麥與麥角菌(主要是黑麥上的病菌 一起磨成麵粉，會導致整個地區患上麥角菌病(ergotism)。 集體中毒現象就是有名的「聖安東尼熱」。

用法：關聯和目的	製備	化學成分和作用
在亞馬遜的民間草藥中，蕃茉莉在巫術宗教上扮演重要的角色。可作為亞赫(Yajé)致幻飲料的添加劑。	哥倫比亞與厄瓜多的「科凡族」(Kofán)，與厄瓜多的「希瓦羅族」(Jívaro)，把蕃茉莉加到主要由曼陀羅木(見阿亞瓦斯卡)調配的亞赫(Yajé)內。此可提增致幻效果。	已知蕃茉莉內含有東莨菪內脂(scopoletine)，但並未在此化合物中發現精神活性。服用後會有涼寒的感覺，故有「奇里卡斯皮」，即「冷樹」之名。
刺桐過去曾為「塔拉烏馬拉族」印地安人使用，以刺桐豆為草藥。	刺桐的紅豆往往與相似的偏花槐豆子混在一起。	刺桐屬(Erythrina)的若干種含有刺桐類的生物鹼，其效果與箭毒(curare)或金花雀鹼(cytisine)的效果類似。
今日用作阿亞瓦斯卡類似品的二甲基色胺(DMT)載劑。	以20-50公克的蘆葦根與3公克的駱駝蓬(Peganum harmala)種子共煮，調配成飲料。	其根含有致幻性或幻視性生物鹼，如N,N-二甲基色胺(N,N-DMT)、5-甲氧基-二甲基色胺(5-MEO-DMT)、蟾毒色胺(Bufotenin)與毒蘆竹鹼(gramine)。
在峇里島，用於土著慶典上，有報告指出此菇曾售予遊客作為致幻物。	此菇可趁新鮮時或乾燥後食用。	已知藍變斑褐菇(C. cyanescens)含有1.2%的裸蓋傘辛(psilocine)與0.6%的裸蓋傘素(psilocybine)。此菇為致幻性蘑菇中含此二種致幻物最多者。
印度人可能利用其精神活性的特性。認為黧豆有催情功效。	種子粉末可用作調配阿亞瓦斯卡類似品的二甲基色胺(DMT)。	雖然未見黧豆作為致幻物的相關報告，但已知其含有豐富的精神活性生物鹼，如二甲基色胺(DMT)，可引起行為異常，有如致幻行為。
智利南部的馬普切族(Mapuche)吸食「帕基」(Palqui)。	葉片可代替大麻葉吸食。	未成熟的果實、葉片和花朵含有皂角苷類(saponines)，尚未發現有致幻作用。
在西印度群島用作催情劑，也是珍貴的毒品，用於儀式膜拜的麻醉品，並供作消遣娛樂之用。	種子可磨成粉末攙到酒內。種子可放到酒精飲料、大麻菸、香菸裡，偶爾也加到檳榔裡供嚼食。	見「托洛阿切」(Toloache)。
用於調製巫婆湯；使用於巫婆及術士的午夜聚會。今日顛茄是藥劑的重要成分來源。	全株植物含有精神活性成分。	顛茄含有生物鹼，可致幻。主要的精神活性成分為莨菪鹼(hyoscyamine)，但亦含較低的東莨菪鹼(scopolamine)與極微量的托烷生物鹼(tropane)。
在巫術宗教上具有重要意義。鞘蕊花作為占卜用植物。	葉片可供嚼食；植物研碎後用水沖服，可當飲料。	鞘蕊花屬的150個種皆尚未發現含有致幻成分。
埃佩納或恩亞克亞瓦納鼻煙可在儀式中任由成年男性吸食，有時即使無儀式膜拜也可吸食。巫醫亦使用此鼻煙診斷病情與醫療病人。而亞開或帕里卡只限於薩滿巫使用。	有些印地安人會刮下樹皮的內層，把刮下的碎片用火烤乾，磨碎，此時可加入爵床(Justica)的葉末，即阿馬西塔(Amasita)植物灰，也可加入伊莉莎白豆(Elizabetha princeps)的樹皮。其他的印地安人，砍倒樹，收集樹脂，熬成稠漿，在日頭下曬乾，研碎後過篩。此時亦可加入多種樹灰與爵床的葉末。另外一種方式是利用剛剝下的樹皮，取下內層碎片，不斷捏揉，擠出樹脂，熬成漿，曝曬後，加灰調製成鼻煙。哥倫比亞鮑佩斯地區(Vaupés)的某些馬庫(Makú)印地安人，直接服用自樹皮採集未經處理的樹脂。	能起致幻作用的主要成分為色胺(Tryptamine)、β-咔啉(β-carboline)生物鹼、5-甲氧基-二甲基色胺(5-methoxydimethyltryptamime)與二甲基色胺(dimethyltryptamine, DMT)。致幻毒性效果因人而異。一般而言，第一次吸入鼻內到發作興奮期需數分鐘。繼之四肢麻木、臉部肌肉扭曲、身體動作不聽使喚、反胃、幻視發生，最後雖然昏沉入睡，卻睡不安穩。
傳統草藥，可導入夢幻之境。	葉片及瓣蕊花(Galbulimima belgraveana)的葉片及樹皮混用(見阿加拉Agara)。	千年健屬植物的化學組成分仍然所知極微。
麥角菌在中世紀歐洲並未刻意用於致幻用途。在中世紀時期，接生婆常用麥角菌作為難產發生時的藥物。麥角菌會引起不隨意肌的收縮，是一種強效的血管收縮劑。	作為精神活性之用。用冷水泡製服下。用量不易掌握，有危險性。先是精神極為錯亂，隨後在幻視中安靜下來。	麥角靈(ergoline)生物鹼類主要是麥角酸(lysergic acid)的衍生物，是麥角菌的醫學活性成分。麥角菌生物鹼及其衍生物是現代婦產科、內科、精神病科的重要藥物之基礎。麥角二乙胺(LSD)這種最強勁的致幻物，取自麥角菌的人工合成衍生物。

植物編號	俗名	類型	學名	用法：歷史和人種誌
25	Esakuna		*Cymbopogon densiflorus* Stapf	為坦桑尼亞的巫師用作草藥。
72	Fang-K'uei		*Peucedanum japonicum* Thunb.	用於中國。
3	Fly Agaric (參見P82-85)		*Amanita muscaria* (L. ex Fr.) Pers.	為西伯利亞東部與西部芬蘭的烏戈爾人(Finno-Ugrian)所▮用。北美洲阿塔巴斯坎人(Athabaskan)的若干部族也使用此▮毒蠅傘。此植物極可能就是3500年前，被亞利安人取得的▮印度之神祕致幻物蘇麻 (Soma)。
45	Galanga Maraba		*Kaempferia galanga* L.	據傳在新幾內亞，山柰用作幻物。
26	Genista		*Cytisus canariensis* (L.) O. Kuntze	金雀花雖是加那利群島的特有種，卻為原住民美洲社會所▮用。顯然在墨西哥的亞基(Yaqui)印地安人社會佔有重要地位。
52	Gi'-i-Wa Gi'-i-Sa-Wa		*Lycoperdon marginatum* Vitt.; *L. mixtecorum* Heim	墨西哥南部瓦哈卡地區的米克斯特克人(Mixtec)使用此兩種▮勃蘑菇，進入半睡半醒的狀態，其使用似乎與儀式無關。▮西哥北部奇瓦瓦(Chihuahua)地區的塔拉烏馬拉人，服用稱▮「卡拉莫塔」(kalamota)的馬勃蘑菇。
40 41	Henbane (參見P86-91)		*Hyoscyamus niger* L.; *H. albus* L.	在中世紀，天仙子是巫婆調製藥湯與油膏的原料。在希臘▮馬時代，有關「魔水」的記載揭露，魔水是用天仙子原料▮配成的飲料。據傳德爾斐村莊(Delphi)的女祭司很可能是因▮飲了天仙子，才發出預言。
82	Hierba de la Pastora Hierba de la Virgen Pipiltzintzintli		*Salvia divinorum* Epl. et Jativa-M.	有「先知」之稱的占卜鼠尾草(*S. divinorum*)，為墨西哥的▮薩特克印地安人用來替代精神活性的蘑菇，它又叫做「牧▮女之藥草」。一般認為它就是阿斯特克(Aztec)印地安人的▮幻物「皮皮爾特辛特辛特利」(Pipiltzintzintli)。
33	Hikuli Mulato Hikuli Rosapara		*Epithelantha micromeris* (Engelm.) Weber ex Britt. et Rose	為北墨西哥奇瓦瓦地區的「塔拉烏馬拉」(Tarahumara)印▮安人與「維喬爾」(Huichol)印地安人的「假佩約特」(false Peyotes)之一。
7	Hikuli Sunamé Chautle Peyote Cimarrón Tsuwiri		*Ariocarpus fissuratus* Schumann; *A. retusus* Scheidw.	墨西哥北部與中部的「塔拉烏馬拉」印地安人堅信，「▮甲牡丹」(*A. fissuratus*)仙人掌比「佩約特」(Peyote)，即▮烏羽玉(*Lophophora*)仙人掌還有奇效。為墨西哥的維喬▮(Huichol)印地安人所使用。
90	Iboga (參見P112-115)		*Tabernanthe iboga* Baill.	在加彭與剛果，以「伊沃加」(Iboga)為中心的膜拜儀式，▮予當地原住民最強大的單一力量，用以抗拒基督教與伊斯▮教在當地的擴張。
56	Jurema Ajuca Tepescohuite		*Mimosa hostilis* (Mart.) Benth.; *M. verrucosa* Benth. = *Mimosa tenuiflora* (Willd.) Poir.	為東巴西人所珍視，在「佩爾納姆布科」(Pernambuco)地▮數個部落的儀式中使用它，也曾被發現已滅絕的當地幾個▮落使用過。
83	Kanna		*Mesembryanthemum expansum* L.; *M. tortuosum* L. = *Sceletium tortuosum* (L.) N.E.Br.	兩個多世紀前，荷蘭探險家的報告指出，南非霍屯督▮(Hottentots)服用一種叫作「昌納」(Channa或「坎納」(Kanna)的植物的根。

70

用法：關聯和目的	製備	化學成分和作用
為了入夢尋求預言而服用。	單獨吸食其花，或與菸草混吸。	此植物的哪一種化合物引起傳聞中的致幻作用，未明。
用作民間草藥。	中國人以防葵的根為草藥。	前胡屬(Peucedanum)的植物含生物鹼成分，但尚不知是否含有致幻類生物鹼。該屬植物多含有香豆素(coumarins)與呋喃并香豆素(furocoumarins)，日本前胡(P. japonicum)則是兩者都有。
薩滿巫式的中毒。具有宗教重要性，用於醫療、宗教儀式。	服用一朵或數朵蘑菇。將蘑菇浸在水或馴鹿奶中，或隨同一種越橘(Vaccinium oliginorum)或柳蘭(Epilobium angustifolium)的汁飲用。在西伯利亞有飲用中毒者之尿等的儀式。	含有鵝膏蕈氨酸(ibotenic acid)、蠅蕈醇(Muscimole)、蛤蟆蕈氨酸(Muscazone)。服用後會產生興奮、彩色幻視、視物顯大症；有時會出現宗教狂熱與沉睡的情形。
會引起致幻性中毒(未確認)，為民間草藥、春藥。	香氣濃郁的地下莖是珍貴的香料。沖泡山奈葉為民間的草藥。	除了知道此薑科的地下莖有豐富的精油(可能有致幻作用)外，其他化學成分尚不詳。
為美洲土著部落的儀式用植物，尤其是巫醫在巫術儀式中用作致幻物。	種子為亞基(Yaqui)巫醫所珍視。	金雀花含有豐富的羽扇豆生物鹼類——金雀花鹼(cytisine)。金雀花雖未被證實含有致幻作用，但已知有毒。
為追求幻聽的致幻物。巫師用來讓自己在不被發覺的情況下接近人，並且讓對方生病。	此菇可食。	尚無該植物化學之根據解釋其有精神活性的效果。
巫婆湯；巫術之茶。可引發千里眼的通靈狀態。	乾燥的天仙子可當菸草吸食，或在燻製菸場吸食。種子主要作吸食之用。種子可替代啤酒花(蛇麻草)製造啤酒。用量因人而異。	此茄屬植物的有效成分是托烷類生物鹼，尤其是莨菪鹼與東莨菪鹼，東莨菪鹼是引起致幻效果的主要成分。
墨西哥的瓦哈卡地區之馬薩特克(Mazatec)印地安人栽培占卜鼠尾草，利用其致幻特性於占卜儀式中。每當「特奧納納卡特爾」(Teonanácatl)或「奧洛留基」(Ololiugui)一朵難求時，占卜鼠尾草就成為替代品。	葉片可生嚼，或磨碎，泡在水中，過濾後飲用。	此茄屬植物的主要有效成分為「鼠尾草鹼A」(salvinorin A)，若吸入250-500微克(mcg)時，可引起極為強烈的幻覺。
巫醫服用「伊庫里‧穆拉托」(Hikuli Mulato)讓視覺清晰，以便與巫師溝通。長跑者把它當作振奮劑服用，並用於「護身」。印地安人相信它可延年益壽。	肉質部分可生吃，或乾燥後利用。	已知含有生物鹼與三萜類(triterpenes)。據傳此仙人掌可把壞人逼瘋，跳下峭壁。
此仙人掌為巫師的珍品，塔拉烏馬拉族相信它有堅實的特性，偷竊者沒能力採走它。但維喬爾人認為牡丹仙人掌是邪惡的，並堅持它會帶來永久性的精神傷害。	可生吃或在水中弄碎食用。	此仙人掌曾分離出數種苯乙胺(phenylethylamine)生物鹼。
「伊沃加」在巫術宗教，尤其是布維蒂教(Bwiti)裡是有名的致幻物，用來尋找祖先與靈界的資訊，進而「與死亡達成協議」。當使用在成年禮時，使用者會出現過度興奮的情形。伊沃加也以強效刺激及其催情功效著稱。	新鮮或乾燥的根可單獨食用，或加到棕櫚酒內。大約10公克的乾根粉末可引發幻覺。	伊沃加至少含有一打的吲哚生物鹼，其中伊菠加因(ibogaine)是最重要成分。伊菠加因是一種強勁的精神(通靈)促進劑，用量高時可產生致幻效果。
過去在儀式中用細葉含羞草(Mimosa hostilis)作為致幻物，但今日幾乎已成絕響。其使用與戰鬥有關。	已知細葉含羞草的根部含有有效的生物鹼，此為當地人稱為「阿胡卡」(Ajuca)、「胡雷馬之溫奧」(Vinho de Jurema)的「奇蹟飲料」之原料。	一種和致幻成分N,N-二甲基色胺(N,N-DMT)近似的生物鹼，已被分離出來。
過去可能用作誘導幻視的致幻物。	根部與葉片在南非內陸地區仍然為人所吸食。似乎將葉片發酵後再乾燥，當作麻醉劑咀嚼。	此俗名指的是辣千里光屬(Sceletium)與日中花屬(Mesembryanthemum)的數種植物，均含有日中花寧(mesembrenine)與日中花鹼(mesembrine)，具有讓反應遲鈍的鎮靜作用。坎納(Kanna)有劇毒。

植物編號	俗名	類型	學名	用法：歷史和人種誌
87	Kieli/Kieri Hueipatl Tecomaxochitl		*Solandra brevicalyx* Standl.; *S. guerrerensis* Martinez	埃爾南德斯(Hernández)稱之為阿斯特克(Aztec)印地安人的「特科馬克斯奧奇特爾」(Tecomaxochitl)與「烏埃帕特爾」(Hueipatl)。
92	Koribo		*Tanaecium nocturnum* (Barb.-Rodr.) Bur. et K. Schum.	為巴西境內亞馬遜的馬德拉河(Rio Madeira)流域之「卡里帝亞納」(Karitiana)印地安人使用。
57	Kratom Biak-Biak		*Mitragyna speciosa* Korthals	在19世紀的泰國與馬來西亞，此植物曾用來代替鴉片使用。
66	Kwashi		*Pancratium trianthum* Herbert	「克瓦西」(Kwashi)為波札那的多貝(Dobe)之布須曼人(Bushmen)所使用。
47	Latúe Arbol de los Brujos		*Latua pubiflora* (Griseb.) Baill.	此植物過去曾為智利的瓦爾迪維亞(Valdivia)之馬普切(Mapuche)印地安人薩滿巫使用。
79	Liberty Cap		*Psilocybe semilanceata* (Fries) Quélet	此蘑菇在中歐可能已使用了12000年之久。早期為阿爾卑(Alpen)遊牧民族用作致幻物，在歐洲用於巫術。
48	Lion's Tail Wild Dagga Dacha		*Leonotis leonurus* (L.) R. Br.	此草本植物在南非自古以來即用作麻醉品。
1	Maiden's Acacia		*Acacia maidenii* F. von Muell.; *A. phlebophylla* F. von Muell.; *A. simplicifolia* Druce	許多種相思樹植物被用作傳統草藥。含二甲基色胺(DMT)的相思樹成為精神活性物，為晚近之事，尤其是在澳洲與美國加州發展出來的。
86	Malva Colorada Chichibe Axocatzin		*Sida acuta* Burm.; *S. rhombifolia* L.	據傳細葉金午時花(*Sida acuta*)與菱葉金午時花(*Sida rhombifolia*)為墨西哥灣沿岸居民所使用。
54	Mandrake (參見P86-91)		*Mandragora officinarum* L.	毒參茄在舊世界具有複雜的歷史。毒參茄的根酷似人形，古被認為具有魔力。
17	Marijuana Bhang Charas Dagga Ganja Hashish Hemp Kif Ta Ma (參見P92-101)		*Cannabis sativa* L.; *C. indica* Lam.	在印度，大麻屬植物具有宗教上的重要性。在埃及考古遺址，約有4000年歷史的大麻標本出土。在古老的底比斯(Thebes)，大麻可調配成飲料，具有類似鴉片的效果。賽西亞人(Scythians)把大麻的種子與葉片放到蒸氣浴缸內，以產生麻醉性煙霧，他們在3000年前即沿著伏爾加河(Volga)栽植大麻。中國人早在4800年前即已使用此植物。印度西元前1000年的的藥典提到大麻的醫療用途。希臘醫師加侖(Galen, 約130-201)在西元160年記述糕品內放入大麻的一般用途，可產生麻醉作用。13世紀亞細亞的謀殺集團用印度大麻的花及葉製成的「大麻脂」(hashish)麻醉藥犒賞成員，該組織以「大麻癮者」(hashishins)著稱，歐洲語系的「暗殺」(assassin)一字可能就是從這裡來的。
44	Mashihiri		*Justicia pectoralis* Jacq. var. *stenophylla* Leonard	瓦伊卡人(Waiká)與奧里諾科(Orinoco)最上游的印地安人和巴西西北地區的印地安人都栽培爵床(*Justicia*)。

用法：關聯和目的	製備	化學成分和作用
維喬爾人崇拜並敬畏金盃藤(Solandra)，稱之為「基利」(Kieli)，即「神之麻醉品」，能讓巫術法力無邊。維喬爾人深知金盃藤、曼陀羅與曼陀羅木關係密切，所以有時混合使用。他們把毛曼陀羅稱為「謝利特薩」(Kielitsa)，意即「壞基利」(Bad Kieli)，而真正的「基利」指的才是金盃藤。墨西哥的格雷羅州(Guerrero)使用格雷羅金盃藤(S. guerrerensis)作為麻醉品。	利用兩種金盃藤莖的汁液沏成茶，作為麻醉品。	金盃藤屬(Solandra)與曼陀羅屬(Datura)為近緣植物，含有莨菪鹼(hyoscyamine)、東莨菪鹼(scopolamine)、去甲莨菪醇(nortropine)、莨菪醇(tropine)、東莨菪醇(scopine)、約古豆鹼(cuscohygrine)及其他具有強勁致幻效果的托烷類生物鹼。
民間草藥。據説此植物為哥倫比亞的喬科人(Chocó)珍視的一種催情物。	以此木藤之葉與另一種尚未完成鑑定的植物的葉片製成的茶，可治痢疾。	根據植物採集者的報告，夜香藤會產生具毒性的氰化物。從該植物中已分離出皂角苷(saponines)與單寧類(tannins)化學物質。
在東南亞，其葉片可口嚼或吸食，用作興奮劑或麻醉品。	新鮮葉片可生嚼。乾葉可吸食或泡茶。葉片有時可與檳榔一起使用。	全株各部皆含生物鹼，主要有效成分為「帽柱木鹼」(Mitragynine)。化學構造類似「育亨賓」(yohimbine)與光蓋傘素(psilocybine)，為強勁的精神活性物質。
報告指出其可作為致幻物與為民間草藥。	將鱗莖剖成兩半，擦在頭皮切口上。此習俗最接近西方常用的藥物注射。	全屬的15個種別多含有劇毒生物鹼。毒性發作時可能產生致幻病徵。
「拉圖埃」(Latúe)具有毒性，會引發精神錯亂、致幻，甚至永久性的精神病。	使用劑量被列為機密。最好使用新鮮的果實。	葉片與果實的致幻成分為0.15%的莨菪鹼與0.08%的東莨菪鹼。
在世界各地用作致幻物與幻視誘導物。	生吃或乾燥後使用。30朵新鮮蘑菇或約3公克乾蘑菇，足夠用作精神活性劑量。	此蘑菇含高濃度的光蓋傘素(psilocybin)，以及若干光蓋傘辛(psilocine)與光蓋傘丁(baeocystine)，生物鹼之總含量約為乾物量的1%，為強勁的致幻菌。
霍屯督人(Hottentots)與布須曼人(Bushmen)吸食此植物，用作麻醉品或大麻替代品。	乾燥的芽與葉片可單獨吸食，或與菸草混吸。	迄今尚無相關的化學研究。
澳洲原住民把相思樹的樹脂與「皮圖里」(Pituri)合用。今日有多種相思樹變種用作二甲基色胺的原料，亦用於調製「阿亞瓦斯卡類似品」(Ayahuasca analogs)，以達到迷幻作用。	取梅氏相思樹(A. maidenii)的豆莢殼與葉片、單葉相思樹(A. simplicifolia)的樹皮，或顯脈相思樹(A. phlebophylla)的葉片等材料之萃取物，與駱駝蓬(Peganum harmala)的種子混合。	許多相思樹變種含有致幻物二甲基色胺(DMT)。梅氏相思樹(A. maidenii)含0.36%、顯脈相思樹(A. phlebophylla)含0.3%、單葉相思樹(A. simplicifolia)含3.6%的生物鹼，其生物鹼約有1/3為二甲基色胺。
用作興奮劑或大麻的替代品。	用於吸食。	黃麻鹼(ephedrine)會引起一種溫和的興奮效果，已知可自金午時花屬(Sida)植物中萃取而得。
毒參茄用作萬能藥。在歐洲民間風俗傳説中，毒參茄在諸多魔法植物與致幻物中佔有極重要的地位，是巫婆湯裡有效致幻成分的來源。毒參茄可説是最強勁的混合物。	由於從土中拔出其根時，會傳出神祕的尖叫聲，為防採集者聞之發瘋，故要有各種預防措施。	除了含有東莨菪鹼(scopolamine)、顛茄鹼(atropine)、毒參茄鹼(mandragorine)及其他生物鹼外，其主要為托烷類生物鹼與莨菪鹼(hyoscyamine)。根部之總托烷生物鹼類含量為0.4%。
民間利用大麻為草藥或精神活性物質的歷史很悠久。大麻也是植物纖維、可食之果實、工業用油、藥物、麻醉品等物的原料。過去40年大麻廣為全球各地所栽植，大麻之使用亦相當普遍。西方國家(尤其大都市)以大麻為麻醉品的情形越來越普遍，此一現象成為歐洲與美國當局進退兩難的頭痛問題。對於普遍使用大麻是否為罪惡議題，有壁壘分明的不同意見，有的主張採用無條件的鎮壓手段，有的主張它是無害之物，應該合法化。此話題引起熱烈的辯論，但辯論者往往所知有限。	大麻的使用方法極多。新世界稱為「大麻菸」，巴西叫「馬孔阿」(Maconha)：將大麻的乾花頂或乾葉，與菸草或其他草本植物製成菸捲吸食。大麻脂取自雌株的樹脂，可食用或用水煙管吸食，為北非與西非數百萬回教徒所使用。阿富汗人與巴基斯坦人亦吸食。西印度群島常用三種方法調製大麻：(1)「巴恩」(Bhang)即大麻製的麻醉劑，採多種新鮮植物乾燥後用水或奶製成飲料，或加糖與香料製成糖果，即馬洪(Majun)；(2)「查拉斯」(Charas)是純大麻樹脂，與香料混合吸或吞食；(3)「甘哈」(Ganja)取自雌株富含樹脂的乾燥頂梢，多與菸草混合抽吸。	主要的精神活性成分為大麻鹼類化合物，樹脂分布最濃或最多處為雌蕊花芽處。新鮮植物主要分泌大麻酚酸類(cannabidiolic acids)，為四氫大麻酚類(tetrahydrocannabinols)與相關成分的前身物，例如大麻酚(cannabinol)與大麻二酚(cannabidiol)等。主要作用來自△¹-3,4-反式-四氫大麻酚(△¹-3,4-trans-tetrahydrocannabinol)。最主要的作用是令人心情愉悦，據報告從輕微的舒適感到迷幻發生，從歡天喜地、內心喜悦到沮喪與憂愁者皆有。其次是擺脫中央神經系統的控制。服用者脈搏跳動加速，血壓上升，身體顫抖，雙眼眩暈，難以調節肌肉，觸感靈敏度提高，瞳孔放大。
土著將爵床的葉片與自南美肉豆蔻(Virola，見埃佩納[Epená])調製的鼻煙混合，製成「更好聞的鼻煙」。	葉片乾燥後研磨成粉末。	據推測，可從爵床屬(Justicia)的數種植物分離出色胺類(Tryptamines)。

植物編號	俗名	類型	學名	用法：歷史和人種誌
14	Matwú Huilca		*Cacalia cordifolia* L. fil.	使用於墨西哥
88	Mescal Bean Coral Bean Colorines Frijoles Red Bean		*Sophora secundiflora* (Ort.) Lag. ex DC.	使用槐樹豆的歷史可追溯自史前世居格蘭河(Rio Grande)流域的住民。當地人在儀式膜拜中使用此物至少已九千多年。美國的阿拉帕霍(Arapaho)與伊奧瓦(Iowa)部族早在1820年前就使用槐樹豆。墨西哥北部與美國南部德州至少有一打的印地安部族有「視覺追尋舞蹈」。
85	Nightshade		*Scopola carniolica* Jacques	可能是巫婆所使用的迷幻藥或藥膏的成分；在東歐用作毒茄的替代品；也用作啤酒中的麻醉原料。
10	Nonda		*Boletus kumeus* Heim; *B. manicus* Heim; *B. nigroviolaceus* Heim; *B. reayi* Heim	使用於新幾內亞。
59	Nutmeg Mace		*Myristica fragrans* Houtt.	為古印地安人使用的「麻醉之果」。埃及人偶爾用作大麻脂(Hashish)的代用品。 肉豆蔻在古希臘與羅馬的使用情況不明，阿拉伯人用作藥物，於西元1世紀傳到歐洲。在中世紀，肉豆蔻中毒現象相當尋常，19世紀的英國與美國亦然。
95	Ololiuqui Badho Xtabentum (參見P170-175)		*Turbina corymbosa* (L.) Raf. [= *Rivea corymbosa*]	此牽牛花舊名為繳房花里韋亞(*Rivea corymbosa*)，其種子為南墨西哥許多印地安部落視為主要且神聖的致幻物，使用歷史相當久遠，是阿茲特克儀式中重要的麻醉品，也是具止痛作用的神奇藥劑。
42	Paguando Borrachero Totubjansush Arbol de Campanilla		*Iochroma fuchsioides* Miers	一般為哥倫比亞南部的「西溫多伊」(Sibundoy)山谷與哥倫比亞境內南安地斯山脈的「卡姆薩」(Kamsá)印地安人所使用。
51	Peyote Hikuli Mescal Button (參見P144-155)		*Lophophora diffusa* (Croizat) Bravo; *L. williamsii* (Lem.) Coult.	西班牙的紀錄顯示，「佩約特」(Peyote)為阿茲特克(Aztec)印地安人所使用。烏羽玉(*Lophophora*)為「塔拉烏馬拉」(Tarahumara)、「維喬爾」(Huichol)及其他墨西哥印地安人所珍視，美國與加拿大西部「美洲土著教會」(the Native American Church)的信眾也很重視此種仙人掌。
69	Peyotillo		*Pelecyphora aselliformis* Ehrenb.	此球形仙人掌可能在墨西哥以「假佩約特」(false Peyote)受到珍視。
32	Pitallito Hikuri		*Echinocereus salmdyckianus* Scheer; *E. triglochidiatus* Engelm.	奇瓦瓦地區(Chihuahua)的塔拉烏馬拉(Tarahumara)印地安人認為，此兩種仙人掌為「假佩約特」(false Peyotes)。
31	Pituri Pituri Bush Poison Bush		*Duboisia hopwoodii* F. con Meull.	皮圖里(Pituri)的葉片出現在澳洲儀式中至少有40,000年的歷史，用於醫療及娛樂目的。
81	Piule		*Rhynchosia longeracemosa* Mart. et Gal.; *R. phaseoloides*; *R. pyramidalis* (Lam.) Urb.	鹿藿屬(*Rhynchosia*)植物的數種紅/黑豆子可能是古墨西哥的致幻物。
55	Rapé dos Indios		*Maquira sclerophylla* (Ducke) C. C. Berg	巴西亞馬遜地區帕里阿納(Pariana)的印地安人，過去使用馬基桑(*Maquira*)，但西方文明的入侵已終結這項習俗。

用法：關聯和目的	製備	化學成分和作用
可能有催情與醫治不孕症的功能。	此植物乾燥後可供吸食。	已知含有一種生物鹼。未證明出具有致幻性質。
由於以烏羽玉(Lophophora)為主的佩約特膜拜(Peyote cult，仙人掌教)引進較安全的致幻物，使得土著放棄紅豆舞蹈(紅豆原為求神問卜與致幻的工具)。	偏槐花(S. secundiflora)的紅豆可調製飲料。	豆子含劇毒的金雀花鹼(cytisine)，在藥理學上與菸鹼歸為同類。金雀花鹼的致幻作用雖然未明，但是所含劇毒可能會引起眩暈、幻覺。若劑量過高，呼吸會困難，亦可能喪命。
在立陶宛與拉脫維亞用作催情與精神活性之性愛服劑。	根部用於啤酒之製造。乾燥之賽莨菪可單獨吸抽，或與其他植物混合吸抽。	全株植物皆含有強勁的致幻性托烷類生物鹼，尤其是莨菪鹼(hyoscyamine)與東莨菪內酯(scopoletine)。
已知庫馬族(Kuma)的「蘑菇之瘋」與幾種牛肝菌(Boletus)有關。	乾燥的蘑菇子實體可食。	有效成分不詳。
肉豆蔻之使用在西方社會赫赫有名，尤其是在禁用藥品的囚犯之間。	不論吞服或鼻吸，至少要一茶匙，才能達到麻醉的目的。若要全然麻醉，通常要增加劑量。肉豆蔻有時會加在檳榔內口嚼。	肉豆蔻精油的主要有效成分為肉豆蔻醚(myristicine)，另外還含有黃樟素(safrol)與丁子香酚(eugenol)。高劑量帶來異常的劇毒與危險，肉豆蔻精油的成分會讓正常的身體功能出現問題，產生類似迷幻的精神錯亂，通常伴隨著嚴重頭痛、昏眩與噁心等症狀。
目前奇南特克族(Chinantec)、馬薩特克族(Mazatec)、米克斯特克族(Mixtec)、薩波特克族(Zapotec)及其他印地安族，使用此細小圓粒的種子於占卜與巫術。最近的報告指出：「時至今日，在幾乎所有瓦哈卡地區的村落，此種子仍然是土著遭逢困擾時的求助工具。」	種子必須由使用者本人採集，並由處女以磨臼研細，加入水，濾去渣後飲用。患者要在夜晚寧靜偏僻處飲下。	已知其精神活性成分為麥角靈(ergoline)生物鹼類，而麥角酰胺(lysergic acid amide)與麥角乙醇胺(lysergic acid hydroxyethylamide)為最重要的成分。其中麥角羥乙胺與強勁的LSD致幻物極為有關。
根據薩滿巫的說法，此植物之後遺症強烈，所以只使用於占卜、預言與沒有其他草藥可診斷病情或遇到疑難雜症時。	從莖部剝下一片新鮮的樹皮，與等量的葉片一起煮沸。將泡製的茶水放冷後直接飲用。1-3杯濃熬之葉量可維持3小時的藥效。	雖然尚無人針對此屬植物作化學研究，但由於其為茄科植物，一般認為具有致幻效果。麻醉感並不好過，後遺症可達數天。
佩約特具有神話與宗教上的重要性，用於治病的儀式。在美國，佩約特用於結合基督教與土著的信仰及高道德標準的一種求幻視儀式。	此種仙人掌可生食，乾燥後即可食用，或磨成仙人掌泥，或泡成茶使用。一個儀式用掉4-30顆仙人掌球部。	包含多達30種苯乙胺(phenylethylamine)與四氫異喹啉生物鹼(tetrahydroisoquinoline)。起致幻作用的主要成分為三甲氧基苯乙胺(trimethoxyphenylethylamine)，即「仙人掌毒鹼」(mescaline)。致幻的特徵為有彩色幻視。
墨西哥北部使用此仙人掌的方式如同「佩約特」(即烏羽玉Lophophora williamsii)。	可生食或乾燥後食用。	最近的研究指出，此仙人掌含有生物鹼。
塔拉烏馬拉印地安人一面採集，一面歌唱，並說此仙人掌具有「高尚的內在氣質」。	仙人掌肉可生食或乾燥後食用。	從最近的調查得知，三鉤仙人柱(E. triglochidiatus)含有色胺衍生物。
在澳洲原住民社會裡，皮圖里一直是很重要的植物，用作社交享樂的工具、薩滿巫魔藥及貿易珍品。皮圖里嚼起來會有麻醉感，是夢與幻視的促進劑，或者只是用來追求快感。	發酵的葉片混合鹼性植物的灰分、其他植物的樹脂(如相思樹脂)，可嚼食。	葉片含有各種具精神活性的生物鹼，如澳洲毒茄鹼(piturine)、菸鹼(nicotine)、去甲菸鹼(nornicotine)、新菸鹼(anabasine)及其他生物鹼。其根部亦含去甲菸鹼(nornicotine)與東莨菪鹼(scopolamine)。咀嚼過的葉片會產生如麻醉劑、興奮劑或致幻劑的作用。
致幻性麻醉(未確認)。	瓦哈卡(Oaxaca)地區印地安人口中的鹿藿之種子，與具有致幻性的繖房花圖爾維阿(Turbina corymbosa)的種子同名。	鹿藿屬植物的化學研究尚無定論。一項研究指出，其含有類似「箭毒」(curare)的生物鹼。根據藥理學試驗，豆鹿藿(R. phaseoloides)會在蛙類身上產生半麻醉的效果。
所製之鼻煙用於部落儀式。	利用乾果備製之古方，顯然只存在於耆老的腦海中。	目前沒有關於硬葉馬基桑(M. sclerophylla)的化學研究。

植物編號	俗名	類型	學名	用法：歷史和人種誌
73	Reed Grass		*Phalaris arundinacea* L.	雖然藨草自古就出現在典籍中，但作為精神活性用途卻是晚近之事。
18	Saguaro		*Carnegiea gigantea* (Engelm.) Britt. et Rose	使用於美國西南部與墨西哥。雖然民族學報告未指明巨人柱是一種致幻物，不過此植物是印地安人重要的草藥。
89	Sanango Tabernaemontana		*Tabernaemontana coffeoides* Bojer ex DC.; *T. crassa* Bentham; *T. dichotoma* Roxburgh; *T. pandacaqui* Poir. [= *Ervatamia pandacaqui* (Poir.) Pichon]	非洲與南美洲的馬蹄花屬(*Tabernaemontana*)植物有不少變種。尤其在非洲，有些變種似乎很早就被利用，是薩滿巫使用的藥草或傳統的醫藥。
94	San Pedro Aguacolla Gigantón (參見P166-169)		*Trichocereus pachanoi* Britt. et Rose [= *Echinopsis pachanoi*]	為南美洲的土著所使用，尤其是祕魯、厄瓜多與玻利維亞的安地斯山區。
67	Screw Pine		*Pandanus* sp.	使用於新幾內亞。
75	Shang-la		*Phytolacca acinosa* Roxb.	使用於中國。
71	Shanin Petunia		*Petunia violacea* Lindl.	近期來自厄瓜多高地的報告指出，厄瓜多有一種碧冬茄屬(*Petunia*)植物，因含有致幻物而受到珍視。
23	Shanshi		*Coriaria thymifolia* HBK. ex Willd.	為厄瓜多的農夫所用。
49	Siberian Lion's Tail Marijuanillo Siberian Motherwort		*Leonurus sibiricus* L.	中國自古便已使用益母草為草藥。益母草傳入美洲後，成為大麻的代用品。
36	Sinicuichi		*Heimia salicifolia* (HBK) Link et Otto	雖然黃薇屬(*Heimia*)的三個種均為墨西哥重要的民間草藥，但其中最主要的是柳葉黃薇(*H. salicifolia*)，具有致幻價值。
37	Straw Flower		*Helichrysum foetidum* (L.) Moench; *H. stenopterum* DC.	使用於南非之祖魯蘭(Zululand)地區。
2	Sweet Flag Flag Root Sweet Calomel Calamus		*Acorus calamus* L.	為加拿大西北區的克里族(Cree)印地安人使用。
68	Syrian Rue		*Peganum harmala* L.	駱駝蓬今日在小亞細亞到印度的地區，受到高度的重視與崇敬，此顯示其過去為宗教用致幻物。
70	Taglli Hierba Loca Huedhued		*Pernettya furens* (Hook. ex DC.) Klotzch; *P. parvifolia* Bentham	癲南鵑(*P. furens*)在智利稱為「憂心草」(Hierba Loca)，小葉南鵑(*P. parvifolia*)在厄瓜多稱之為「塔格利」(Taglli)
30	Taique Borrachero Latuy		*Desfontainia spinosa* R. et P.	已知為一種致幻物，在智利稱為「泰克」(Taique)，在南哥倫比亞稱為「博爾拉切羅」(Borrachero)。

法：關聯和目的	製備	化學成分和作用
家在研究所謂「阿亞瓦斯卡類似物」時，現藕草屬的一個種含有高濃度的二甲基色胺（DMT），可作為精神活性之用。	自葉片可獲得萃取物。若與駱駝蓬(Peganum harmala)合用，有極佳的幻視效果，亦可代替阿亞瓦斯卡作為飲料。	藕草含有多種吲哚生物鹼類，尤其N,N-二甲基色胺(N,N-DMT)、5-甲氧基-二甲基色胺、美沙酮，以及（有時含）蘆竹鹼(gramine)。二甲基色胺與5-甲氧基-二甲基色胺的精神活性特強，蘆竹鹼含劇毒。
諾拉(Sonora)的塞里族(Seri)印地安人認為，人柱仙人掌是治風濕症的靈丹。	果實有食用與釀酒的價值。	含有藥理學活性之生物鹼。已能分離出仙人掌鹼、5-羥仙人掌鹼、去甲仙人掌鹼，及極微量的3-甲氧基色胺，和新生物鹼阿利桑鹼(arizonine)，是一種四氫喹啉基(tetrahydroquinoline base)。
西非，厚質馬蹄花(Tabernaemontana crassa)用作傳統草藥之麻醉品。在印度和斯里卡，雙岐馬蹄花(T. dichotoma)因為具有精神性功能，而為人使用。	雙岐馬蹄花的種子可用作致幻物。可惜的是，我們對此不可思議的一個屬所知極限。	大部分的變種含有類似伊菠加因(ibogaine)的生物鹼類，諸如老刺木鹼(voacangine)，具有相當強勁的致幻性與幻視誘導作用。
有致幻麻醉性。基本上，毛花柱(T. pachanoi)於占卜、診斷病情，以及改變自己的身分為人所用。	切下一段莖，切成片狀，在水中煮數小時。有時加入其他數種，如曼陀羅木、南鵑(Pernettya)與石松(Lycopodium)等屬之植物。	毛花柱含有豐富的仙人掌毒鹼(mescaline)：乾物量含2%，新鮮量含0.12%。
傳露兜樹屬(Pandanus)其中的一種被用來致幻，其他種別則具有民間草藥、魔法、儀式之用途。	最近的報告指出，新幾內亞的土著使用一種露兜樹屬(Pandanus)植物的果實。	已自一種生物鹼萃取液中偵測到含有二甲基色胺(DMT)。據說食用大量的堅果會引起「瘋狂行為之爆發」，當地土著稱之為「卡魯卡」(Karuka)式發瘋。
陸(P. acinosa)是中國家喻戶曉的藥草。相關告指出，方士極重視其致幻效果。	在中國，商陸的花與根皆可入藥。花治中風，根只供外用。	商陸含有高劑量的皂角苷(saponines)。商陸的毒性與致幻性效果常見於中國的草藥植物記載。
瓜多的印地安人服此植物獲取飄飄然的感。	此植物乾燥後可供吸食。	尚無碧冬茄的植物化學分析。據傳此植物可引發「騰空」的感覺。
日報告指出，刻意食用其果實可引發幻覺。	果實可食。	對其化學所知有限。食用後有空浮或有升空的幻覺。
草在巴西與恰帕斯(Chiapas)，被用來替代大。	開花期的益母草經乾燥後可單獨吸食，或混入其他植物吸食。1-2公克的乾燥植物便是有效的劑量。	此草含有生物鹼類、黃酮糖苷、二萜類(diterpenes)與精油。其精神活性效應可能來自二萜類，例如益母草辛(leosibiricne)、益母草鹼(leosibirine)、異益母草鹼。
西哥土著指出「西尼庫伊奇」(Sinicuichi)有過自然的優點，但並未將它用於儀式或儀節。有些土著聲稱，該植物毫無疑問的可喚起久以前所發生之事的記憶，甚至前世記憶。	在墨西哥高地，柳葉黃薇(H. salicifolia)的葉片略為乾萎後，在水中弄碎，靜待其發酵，可調製成飲料。	已能分離出喹諾里西丁(quinolizidine)類的生物鹼，其中冰苷元(cryogenine)或黃薇鹼(vertine)可能引起精神異常。該飲料會引發暈眩、周遭世界縮小，並愉悅的昏睡睏倦感。可能幻聽，聲音與聲響似乎來自遠處。
著巫醫利用這些草本植物於「吸入式催」。	此植物乾燥後用於吸食。	報告指出，此植物含香豆素(coumarins)與二萜(diterpenes)，但未分離出致幻性成分。
植物被視為抗疲勞草藥，亦可用於醫治牙痛、痛、氣喘。可能有致幻麻醉作用(未確定)。	根莖部分可供嚼食。	活性成分為α-細辛腦(α-asarone)與β-細辛腦(β-asarone)。服用量大時，可產生幻視及服用麥角二乙胺(LSD)後會有的幻覺。
利亞芸香(Syrian Rue)為用途繁多的民間草藥，亦作為催情劑而受到珍視，一般用作薰香料。	乾燥的種子是印地安藥品「哈美」(Harmal)的原料。	無疑地含有致幻成分：β-咔啉(β-carboline)生物鹼類，如駱駝蓬鹼(harmine)、駱駝蓬靈(harmaline)、四氫駱駝鹼(tetrahydroharmine)，以及至少存在於8科高等植物的相關的基類。這些在種子內都可以找到。
知此植物用作致幻物。據傳南鵑屬Pernettya)在南美洲的巫術宗教儀式中佔有重的地位，但此說法有待證實。	果實可食。	癲南鵑(P. furens)與小葉南鵑(P. parvifolia)的毒果會引起精神錯亂，甚至導致精神病，但其化學成分尚未解明。
姆薩族(Kamsá)的巫醫飲用以此葉片調製的，目的為診斷病情，或讓他們「作夢」。	葉片和果實可製成茶。	枸骨葉(D. spinosa)的化學成分不明，可導致幻視。若干巫醫認為，他們在枸骨葉的作用下可暫時「發瘋」。

植物編號	俗名	類型	學名	用法：歷史和人種誌
38	Takini		*Helicostylis pedunculata* Benoist; *H. tomentosa* (P. et E.) Macbride	在蓋亞那，「塔基尼」(Takini)是神聖的香木。
22 64 76 78	Teonanácatl Tamu Hongo de San Isidro She-to To-shka (參見P156-163)		*Conocybe siligineoides* Heim; *Panaeolus sphinctrinus* (Fr.) Quélet; *Psilocybe acutissima* Heim; *P. aztecorum* Heim; *P. caerulescens* Murr.; *P. caerulescens* Murr. var. *albida* Heim; *P. caerulescens* Murr. var. *mazatecorum* Heim; *P. caerulescens* Murr. var. *nigripes* Heim; *P. caerulescens* Murr. var. *ombrophila* Heim; *P. mexicana* Heim; *P. mixaeensis* Heim; *P. semperviva* Heim et Cailleux; *P. wassonii* Heim; *P. yungensis* Singer; *P. zapotecorum* Heim; *Psilocybe cubensis* Earle	蘑菇膜拜似乎是美洲土著印地安人維持數個世紀的傳統。茲特克(Aztec)印地安人稱此神聖的蘑菇為「特奧納納卡爾」(Teonanácatl)；墨西哥瓦哈卡(Oaxaca)地區東北部的薩特克(Mazatec)與「奇南特克」(Chinantec)印地安人稱「環斑褶菇」(*Panaeolus sphinctrinus*)為「特-阿-納-薩」(T-Mna-sa)、「托-斯卡」(To-shka)，意即麻醉菇，以及「？托」(She-to)，意即草原菇。在瓦哈卡地區，稱古巴裸蓋？(*Psilocybe cubensis*)為「聖伊西德羅菇」(Hongo de S？Isidro)，在馬薩特克語則稱為「迪-西-特霍-利-爾拉-哈」(？shi-tjo-le-rra-ja)，意即「糞之神菇」。
29	Thorn Apple Jimsonweed (參見P106-111)		*Datura stramonium* L.	有報告指出，此植物為阿爾貢金(Algonquin)印地安人所用。為中古歐洲的巫婆湯材料。曼陀羅(Jimsonweed)為舊界和新世界所採用，但其地理起源無據可考。
27	Toloache Toloatzin (參見P106-111)		*Datura innoxia* Mill.; *D. discolor* Bernh. ex Tromms.; *D. kymatocarpa* A. S. Barclay; *D. pruinosa* Greenm.; *D. quercifolia* HBK; *D. reburra* A. S. Barclay; *D. stramonium* L.; *D. wrightii* Regel.	即*Datura meteloides*，墨西哥與美洲西南部使用的毛曼陀？為*D. innoxia*。
50	Tupa Tabaco del Diablo		*Lobelia tupa* L.	智利的「馬普切族」(Mapuche)印地安人知道山梗菜(*L. tup？*有毒性，利用其葉片的麻醉成分。其他的安地斯印地安人？之為催吐劑與瀉藥。
46	Turkestan Mint		*Lagochilus inebrians* Bunge	數百年來，世居土耳其斯坦乾草原區的塔希克人(Tajik)、韃靼人(Tata)、土庫曼人(Turkoman)與烏茲別克人(Uzbek)等，？毒兔唇花(*L. inebrians*)的葉片製成茶。
97	Voacanga		*Voacanga africana* Stapf; *V. bracteata* Stapf; *V. dregei* E. Mey. *V. grandiflora* (Miq.) Rolfe.	在非洲，馬鈴果屬(*Voacanga*)的許多變種用作幻物、催？藥與草藥。
53	Wichuriki Hikuli Rosapara Hikuri Peyote de San Pedro Mammillaria		*Mammillaria craigii* Lindsay; *M. grahamii* Engelm.; *M. senillis* (Lodd.) Weber	墨西哥的塔拉烏馬拉族印地安人視數種銀毛球？(*Mammillaria*)的仙人掌為最重要的「假佩約特」(fals？Peyotes)植物。
6	Wood Rose Hawaiian Wood Rose		*Argyreia nervosa* (Burman f.) Bojer	美麗銀背藤一直為古印度草醫學所使用。已知在尼泊爾，？植物傳統上用作幻物。
91	Yauhtli		*Tagetes lucida* Cav.	萬壽菊屬為墨西哥維喬爾人(Huichol)所使用，被視為在儀？中求得致幻效果的珍品。
15	Yün-Shih		*Caesalpinia sepiaria* Roxb. [= *C. decapetala* (Roth) Alston]	使用於中國；在西藏與尼泊爾用作草藥。
16	Zacatechichi Thle-Pelakano Aztec Dream Grass		*Calea zacatechichi* Schlecht.	雖然此植物的分布範圍自墨西哥到哥斯大黎加，但似乎僅由哈瓦卡(Oaxaca)地區的「瓊塔爾族」(Chontal)印地安人所？用。

用法：關聯和目的	製備	化學成分和作用
用途不詳。	可自樹幹的紅色「汁液」備製成溫和的毒性麻醉品。	目前並未鑑定出特定的致幻成分。在藥理學上已知兩種別的內樹皮萃取物有鎮靜效果，類似大麻之作用。
此菇出現在神話與聖禮上。今日用在占卜與醫治儀式上。蘑菇膜拜儀式那根深柢固的精神似乎不受基督教或現代信仰的影響。報告指出，裸蓋菇屬(*Psilocybe*)可能就是亞馬遜地區祕魯境內的「尤里馬瓜」(Yurimagua)印地安人，用以致幻酩酊的蘑菇。	薩滿巫對蘑菇的使用，因人而異，取決於個人的偏好、使用目的與蘑菇的季節。墨西哥裸蓋菇(*P. mexicana*)是使用最多者，可說是最典型的神聖蘑菇。食用量視蘑菇類型而定，在一個典型的儀式中，可取食2-30朵蘑菇。蘑菇不論新鮮或經乾燥處理的，皆可使用，製成藥飲。	聖神蘑菇的致幻成分為吲哚生物鹼類，且以裸蓋菇鹼(psilocybine)與裸蓋菇素(psilocine)為主。含量依種別而異，裸蓋菇鹼約佔0.2-0.6%，乾菇亦含少量的裸蓋菇素(psilocine)。此菇會引起幻視與幻聽，由幻夢狀態逐漸變成實況。
用於成年禮。用作巫婆湯的材料。	根部用於製作「維索克坎」(wysoccan)，即致幻性阿爾貢金飲料。	參見「托洛阿切」(Toloache)。
毛曼陀羅為阿茲特克(Aztec)及其他印地安人的藥，也是神聖的致幻物。祖尼(Zuni)印地安人視其為止痛劑及敷糊藥，醫治傷處與青腫。據說「托洛阿切」(Toloache)是雨林祭司的財產。為成年禮的珍品。	塔拉烏馬拉族(Tarahumara)印地安人把毛曼陀羅的根部、種子與葉片摻入玉米釀的啤酒內。美國新墨西哥西部的蘇尼印地安人嚼食其根，將研磨的根粉末放進眼睛。據說美國加州中部的「約庫特族」(Yokut)印地安男人，一生只服用毛曼陀羅一回。	曼陀羅屬(*Datura*)植物的化學性質相近，含有托烷(tropane)生物鹼類之活性成分，尤其是莨菪鹼(hyoscyamine)與東莨菪鹼(scopolamine)，後者是主要成分。
用作致幻麻醉物；為民間草藥。	葉片可吸抽，亦可內服。	圖帕(Tupa，即山梗菜)的葉片含有哌啶(piperidine)生物鹼「洛貝林」(lobeline)，此為一種呼吸促進劑，此外尚含有二酮-(diketo-)與二羥基-(dihydroxy-)衍生物、山梗烷醇(lobelamidine)與去甲山梗烷醇(nor-lobelamidine)，這些成分並無致幻作用。
作為致幻性麻醉品。	烘烤其葉製成茶。乾葉久藏可提高香味。亦可加入其莖、果實尖端與花。	已知含有結晶化合物，稱為兔唇花鹼(lagochiline)，為膠草(grindelian)類型的一種二萜化合物。而此化合物的致幻性尚不得而知。
許多變種的種子為非洲巫師所服用，以創造幻視。	許多變種的種子或樹皮可服用。	馬鈴屬的許多變種含有具精神活性的吲哚生物鹼類，尤其是老刺木鹼(voacangine)與馬鈴果胺(voccamine)，兩者化學作用與伊菠加因(ibogaine)有關。
用於追求幻視。	格氏銀毛球(*M. grahamii*)為薩滿巫使用於特殊儀式中。烘烤切開的柯氏銀毛球(*M. craigii*)，取用中央部分。去刺的仙人掌頂部藥性最強；據傳格氏銀毛球(*M. grahamii*)的果實與上半部亦具相似效果。	已自與克氏銀毛球近緣的海氏銀毛球(*M. heyderii*)分離出N-甲基-3,4-二-甲氧苯乙胺(N-methyl-3,4-di-methoxyphenylethyamine)。據說服用者在沉睡中雲遊四海，其特性為產生明亮的幻視色彩。
在印度草醫學中，美麗銀背藤用於滋補身體與催情，亦用於提高智能與減緩老化過程。今日西方社會對其種子含精神活性感到興趣。	種子研磨後與水混合。4-8顆種子(約2公克重)足夠產生中等的致幻效果。	種子含0.3%的麥角(ergot)生物鹼，尤其是裸麥角鹼-1(chanoclavin-1)，也含有麥鹼(ergine)、麥角新鹼(ergonovine)與異麥角二乙胺(isolysergic acid amide)。
用來引起或強化幻視。	香葉萬壽菊(*T. lucida*)偶爾用於吸食，有時與菸草(*Nicotiana rustica*)混合使用。	尚未自萬壽菊分離出生物鹼，但是該屬含有豐富的精油與噻酚(thiophene)衍生物類。
如果長期服用花朵部位，據說會產生空浮之感，可用於「通靈」。為民間草藥。	根部、花朵與種子可服用。	已知含有一種性質不明的生物鹼。據中國最早的藥典描述，「此花可讓人看見鬼魂，並令人步履蹣跚。」
用作民間草藥，尤其為釀製開胃酒、退燒藥與治下痢的收斂劑。	碾碎的葉片可製成茶，用作一種致幻物。飲用「薩卡特奇奇」(Zacatechichi)後，印地安人會靜靜地斜躺著，吸食乾葉製成的捲菸。	此植物的生物鹼尚未鑑定出來。已知亦含有倍半萜-內酯(sesquiterpene-lactone)。印地安人說服用後，在平靜與昏昏欲睡的狀態下，可以感到心臟與脈搏跳動。

TAB.III

Mandragora fœmina

最重要的致幻植物

〈致幻植物圖鑑〉提到97種致幻植物，本章特別介紹其中最重要的幾種。這些入選的植物乃根據以下數個理由。入選的植物絕大多數在原住民社會擁有悠久的文化及實用的歷史，而且必須受到正視，其中若干在生物學或化學上具有重要意義。部分植物的使用歷史悠久，但仍有一些是近期才發現或正式命名的，有的目前已遍及在世界各地，其重要性不可言喻。

毒蠅傘又稱「飛蠅之傘」(Fly Agaric)，是歷史上使用最久的致幻物，東西半球皆採用，它也是生物化學上重要的致幻物，因其有效成分為同類菌中不會被代謝的特殊分泌物。

俗名佩約特的烏羽玉，為人們所用的歷史也異常久遠，目前使用地區已從其發源地的墨西哥老家，擴散到美國德州，而德州已成為印地安人的新宗教基地。烏羽玉的精神活性生物鹼為仙人球毒鹼，用於治療精神病。

俗稱特奧納納卡特爾(Teonanacatl)的裸蓋菇，用於宗教亦有悠久的歷史，在墨西哥與瓜地馬拉使用時期確定是在「征服者」(the Conquest)時代，阿茲特克印地安人的社會已千真萬確地肯定此菇具有宗教用途。此蘑菇的精神活性成分為其他植物所無。

重要性不亞於裸蓋菇，利用史亦異常久遠的致幻物為牽牛花類數種植物的種子。墨西哥南部一直使用此致幻植物，迄今不衰。在化學分類學上引人注意的是，其精神活性成分只在一群和它無類緣關係的真菌類上找得到。它含有麥角鹼(Ergot)，麥角鹼可能是古希臘很重要的致幻物。

死茄、天仙子與毒參茄均為含有劇毒的茄科植物，也是中世紀歐洲巫婆湯的主要材料。這些植物在文化與歷史上具有重大的影響力。

曼陀羅植物對東西兩半球的原住民而言，功效非凡。與曼陀羅近緣的曼陀羅木(Brugmansia)，在南美洲仍然為主要的致幻物。

考古學指出，南美洲對毛花柱仙人掌的利用，歷史長遠，但最近才確認其為安地斯山脈中部的主要致幻物。

非洲最重要的致幻物為伊沃加(Iboga)，用於新成員加入儀式與祖靈聯絡時。伊沃加已推廣到今日的加彭與剛果，成為兩國共同的文化特質，具有抗阻西方社會文化入侵的功能。

用醉藤(Banisteriopsis)調配的興奮飲料在整個亞馬遜地區的文化裡有至尊的地位。此植物在祕魯被尊稱為阿牙瓦斯卡(Ayahuasca)，即靈魂之藤，藉由它靈魂可飄離肉身，自由飛翔，與靈界溝通。其精神活性成分為 β-咔啉(β-carbolines)與色胺類。

南美洲的文化裡有三種重要的鼻煙。其一是盛行於西亞馬遜地區，由南美肉豆蔻屬數種植物樹皮的汁液製成。另外一種鼻煙分布在亞馬遜附近的奧利諾科地區(Orinoco)及阿根廷等地，取自一種薩貝爾豆屬(Anadenanthera)植物的豆莢，此物在西印度群島也備受重視。這類鼻煙是許多印地安人看重的生活要件，其化學主成分為色胺類(tryptamines)，此化學成分亦備受學界重視。

澳洲最重要的精神活性物為皮圖里(Pituri)。大麻則是亞洲大陸古老的致幻物，現在幾乎遍布世界各角落。了解大麻在其他原始社會的角色，將有助於詮釋其在西方文化的普遍性。大麻屬植物含有約50種的化學結構物，實為醫藥學上的明日之星。

〈致幻植物圖鑑〉中介紹的九十多種植物，都可以寫成長篇大論，但限於本書之篇幅，本章僅詳加說明其中若干種植物。

此為古希臘細頸長油瓶，是一種神聖的瓶子，內裝香油，放置在死者床邊或墳旁。這個油瓶(西元前450-425年)上有個戴皇冠的「特里托普勒摩斯」，手持可能遭到麥角菌感染的禾草；另一位是古希臘的德墨忒耳(Demeter)或佩塞芬尼(Persephone，農事與豐收的女神)，傾倒釀自麥角菌感染的神聖的奠酒，兩人中間隔著特里普托勒摩斯的手杖，透過麥子與奠酒而融和為一。

P80：毒參茄是「具人形的植物」，有複雜的利用歷史。在歐洲，除了是中世紀的巫醫調製巫婆湯的最強烈成分外，毒參茄之根外型酷似男人或女人，受到迷信者崇拜。據說若將毒參茄從土中拔起，採集者會因為毒參茄的呼喊聲而瘋狂。18世紀早期的名雕刻家馬德裏阿斯·莫里昂(Matthäus Merian)，曾雕刻酷似人像的毒參茄。

天堂之柱

P83上：亞洲阿爾泰山的崖壁畫。

P83下：毒蠅傘分布於全球，常出現在世界各地的童話、傳説與薩滿巫作法中。

蘇麻(Soma)為古印度的神性麻醉藥，在亞利安人(the Aryans)時代的巫術宗教儀式中有著至高的地位，亞利安人於3500年前自北方南下，橫掃到印度河谷，將膜拜蘇麻的儀式傳入印度。亞利安人是早年入侵印度的民族，他們崇拜具有神聖的麻醉性之蘇麻，並在大部分的聖神儀式中飲用以蘇麻調製的飲料。在他們眼中，大部分的致幻植物不過是神聖的媒介，但蘇麻本身就是神。古印度的《吠陀經》(Rig-Veda)如此記載：「雷神『帕伽亞』(Parjanya)是蘇麻(印度教因陀羅)之父。」

西伯利亞的薩滿巫在儀式中，身披華麗的服飾及裝飾豐富的鼓。左邊的人物來自克拉斯諾哈爾斯克(Krasnojarsk)地區；右者來自堪察加(Kamtchatka)地區。

「進入因陀羅的心臟地區，即進入蘇麻的花托，有如江河流入大海，汝必得奉承各類厚圓形菌蓋(Mitra)，伐樓拿神靈(Varuna)，瓦亞(Vaya)，擎天之柱……眾神的萬物的源頭，天之大柱，地球的盤石。

《吠陀經》裡有一千多首聖歌，其中120首專門讚美蘇麻，其他聖歌中也提到蘇麻聖品。後來此膜拜儀式受

到禁止，原初的神聖植物漸為人淡忘；被其他沒有精神活性的植物取代。然而兩千年來，蘇麻的身分仍是民族植物學之謎。不過在1968年，戈登·華生(Gordon Wasson)的跨領域研究，提出有說服力的證據，認為該神聖的麻醉物為一種蘑菇，叫做毒蠅傘(Amanita muscaria)。該菇可能是歷史最悠久，使用最廣泛的致幻物。

關於此菇令人好奇的致幻用途，自1730年以來就有文獻記載。1730年一位被監禁在西伯利亞12年的瑞典軍官戰犯提及，原始部落服用毒蠅傘調製的麻醉酒。散居在西伯利亞的芬蘭-巫戈爾族(Finno-Ugrian)一直保留這個習俗。根據傳說說法，在此廣袤的北方地區，尚有其他部落社會服用此蘑菇。

一個科里亞克族(Koryak)的傳說：當「大渡鴉」(Big Raven)這個文化英雄捉到一隻鯨，卻無法將此碩大無比的動物放回大海時，萬物之神(Vahiyinin)告訴他要服用「瓦帕克」(wapaq)精靈，始能獲得他所需的力氣。萬物之神唾了一口痰，大地上，幾株白色小植物(即「瓦帕克」精靈)冒了出來：那些植物頂著紅帽，而萬物之神的唾液結成許多白色的小顆粒。大渡鴉吃了「瓦帕克」後變得身強力壯，便央求著：「『瓦帕克』啊，請你永遠別離開大地！」於是萬物之神下達命令給祂的子民，要他們向「瓦帕克」學習一切。這「瓦帕克」就是毒蠅傘，是萬物之神恩賜的大禮。

在俄羅斯人沒有引進酒類到西伯利亞之前，西伯利亞的蘑菇服用者除了毒蠅傘外，沒有其他麻醉品(興奮物)。他們在太陽下曬乾蘑菇，單獨服用或是浸在水、馴鹿奶，或數種植物

的汁液中服用。如果是服用蘑菇乾，得先在嘴裡潤濕，或由一位婦女先在嘴裡弄成濕球，再讓男人吞服。使用毒蠅傘的儀式習俗，後來發展成「飲尿」的儀式行為。因為該部落的男人知道蘑菇通過身體後，其所含的精神活性成分未被身體代謝，或者說仍是活性代謝物，此為植物內致幻化合物中極為罕見的例子。一份古老的史料提到科里亞克族(Koryak)：「他們用水煮蘑菇，飲用湯汁求得一醉。一些窮困的人負擔不起蘑菇，便等在飲用蘑菇湯的富人屋外，盯著屋內的來客，等待他們外出解尿之際，手捧木碗盛尿，然後喝得一滴不剩，因為尿中還有若干蘑菇的精華，喝了也會醉人。」

《吠陀經》明確指出蘇麻(Soma)儀式中的飲尿之事，腹漲如鼓的人撒出液狀的蘇麻。膀胱脹滿的貴族一陣子擺動，便激射出蘇麻。」祭司裝扮成印度教的因陀羅與瓦猶(Vayu)醉飲奶中的蘇麻，同時也撒出蘇麻來。吠陀詩中的尿並非令人厭惡之物，而是高尚的隱喻，意指雨水：甘霖有如撒尿，雲朵撒下其尿，滋潤了大地。

描述原住民使用毒蠅傘的報導不多，在20世紀初到科里亞克部落的旅人有此一說，他寫道：「毒蠅傘會麻醉人，導致致幻與精神錯亂。輕微中毒讓人精神亢奮，做出不由自主的一些動作。許多薩滿巫在招魂的降神會前吃下毒蠅傘，進入狂喜境界……，若中毒太深，意識變得不清與精神錯亂，眼見之物不是變得很巨大，就是縮得很小。迷幻發作了，身軀不由自主擺動亂舞。我所看到的是不時精神亢奮或意氣消沉的表現。中了毒蠅傘之毒的人，閉口不語的坐著，左晃右搖，甚至會參與家庭的談話。他會突

毒蠅傘的化學

1世紀前，當施米德貝格(Schmiedeberg)與克北(Koppe)兩人自毒蠅傘(Amanita muscaria)中分離出活性成分時，他們認為是仙人球毒鹼(muscarine)。但這個認定被推翻了。最近瑞士的歐格司特(Eugster)與日本的竹本(Takemoto)分離出的鵝膏菇氨酸(ibotenic acid)與蠅蕈素(muscimole)才是毒蠅傘精神活性的成分。通常是服用蘑菇乾。乾燥處理的過程引起鵝膏菇氨酸的化學作用，轉變成最具活性成分的蠅蕈素。

右：人類往往誤認為毒蠅傘有毒；然而作成幸運糖的模樣卻廣受歡迎。

上左：用毒蠅傘形狀的爆竹裝飾除夕，為來年祈福。

上右：德國的《刺蝟與小矮人》(Mecki and the Dwarves)童話書中繪有冒煙的毒蠅傘。

下右：毒蠅傘可能與吠陀的特效藥──蘇麻同為一物。今日之山嶺麻黃(Ephedra gerardiana) 被稱為「蘇麻拉特」(somalata)意即「蘇麻植物」。在尼泊爾，山嶺麻黃並非致幻物或迷幻藥，而是一種強烈興奮劑。

然睜大雙眼，雙手開始陣陣痙攣，與自己以為看到的人物交談、對唱及擁舞，然後又安靜一段時間。」

中美洲的原住民顯然服用致幻性的毒蠅傘，該菇自然分布於南墨西哥與瓜地馬拉高地。瓜地馬拉高地的人認為毒蠅傘具有特殊性質，稱之為「卡庫爾哈」(Kakuljá-ikox)即「電光之菇」，和稱為「雷電大王」(Rajaw kakuljá)的一個神有關。此神指揮倭身施雨神(chacs)，即目前一般基督徒所指的「天使」。毒蠅傘的蓋切語(Quiche)為「卡夸爾哈」(Kaquljá)，源自它傳奇的起源，而「伊特塞洛-科斯克」(Itzelo-cox)指擁有神奇的力量，如「惡魔蘑菇」。不論東西半球，自古多認為雷電與蘑菇有關，尤其與毒蠅傘息息相關。「總而言之，蓋切—馬雅(Quiche-Maya)……顯然知道毒蠅鵝膏絕非凡物，與超自然有關。」

第一批到美洲的移民從亞洲來，一步步通過白令海峽。人類學者發現，許多與亞洲相關或亞洲遺風一直為美洲人所沿用。最近出土的遺址證明，毒蠅傘在巫術宗教上的重要性確實仍然存在於北美洲的文化裡。加拿大西北部麥肯錫山 (Mackenzie Mountain)

的道格里布·阿撒巴斯卡人(Dogrib Athabascan)毫無疑問的使用毒蠅傘為致幻物，這是有稽可考的，毒蠅傘為薩滿巫教的聖品。一位新入教的教徒說，凡是薩滿巫加諸他身上的，總讓他覺得：「他緊緊地捉住我。我

毫無反抗之力，全身使不上力氣——不吃、不睡、不思考，我離開了自己的身軀。」降神會後期，他又寫道：「我潔了身，等待大開眼界的時刻來臨，我起身，空中有好多種子突然散開……我口中唱起歌來，那些音符粉碎了身軀的結構，也毀滅了混亂的局面，我滿身是血……我與死者相聚，我想要逃離迷宮。」他的磨菇經驗，先是意識潰散，繼之與亡靈相遇。

不久之前，在世居密西根州蘇必略湖畔的奧希夫瓦(Ojibwa)印地安人或阿尼西奈維格族(Ahnishinaubeg)舉行的一年一度古禮中，發現毒蠅傘用於宗教用途，是神聖的致幻物。這種磨菇的奧希夫瓦語是「紅冠菇」(Oshtimisk Wajashkwedo)。

魔法藥草

上左：此為開黃花之顛茄的罕見變種黃花顛茄。黃花顛茄尤其被視為深具法力與巫術的植物。

上右：顛茄的鐘形花是茄科植物的明顯特徵。

P87上左：毒參茄之花難得一見，因為花期短促，凋謝又快。

P87上右：黑天仙子的花色特異，花瓣紋路令人印象深刻。早期被認為是惡魔之眼。

自古以來，歐洲的巫術用的都是數種茄科植物。茄科植物讓巫婆能施展神祕異行與預言未來；藉著致幻作用與超自然溝通，送她們到遙遠的地方，學習惡毒之術。這數種能致幻的茄科植物主要包括天仙子屬的白花莨菪(*Hyoscyamus albus*)與莨菪子(*H. niger*)、顛茄(*Atropa belladonna*)、毒參茄(*Mandragora officinarum*)。此四種植物作為致幻與魔法植物的利用史久遠，皆與巫術、法術、迷信密切相關。此名聲遠播的植物是靠其具有超乎尋常的精神活性功能。它們的作用是由於其化學成分相近之故。

這四種茄科植物皆含有相當濃的托烷(tropane)生物鹼類，主要為顛茄鹼(atropine)、莨菪鹼(hyoscyamine)與東莨菪鹼(scopolamine)；其他鹼類的濃度極微。有致幻作用的成分顯然是東莨菪鹼，並非莨菪鹼或顛茄鹼。東莨菪鹼先引起麻醉現象，當致幻作用啟動時，服用者會從意識清醒轉成昏睡狀況。

化學家利用顛茄鹼為模型，以人工方法合成幾種致幻化合物。這些人工合成化合致幻物及東莨菪鹼致幻物的作用，與一般天然致幻物不同之處在於，人工合成物的毒性極強，毒發時服用者會全然忘記所發生之事，失去意識而昏睡，有如酒精中毒。

天仙子屬(*hyoscyamus*)廣為人知且為早期人類所敬畏的植物。該屬植物有數種，其中黑色花的天仙子毒性尤強，可引起精神失常。古埃及西元前1500年的《埃伯斯紙草文稿》(Ebers Papyrus)對天仙子有所描述。希臘詩人荷馬(約西元前9世紀)所描寫的神奇飲料之效用，即為天仙子所含主要成分的作用。古希臘用天仙子作毒藥，製造精神失常假象，以獲得預言能力。據說希臘中部「德爾斐神殿」(Oracle of Delphi)中，阿波羅神的女祭司口中的預言性語調，即靠吸食天仙子種子致幻的結果。13世紀的聖阿爾伯圖斯主教(Bishop Albertus the Great)的書上提過，天仙子屬植物由

巫師服用後可召喚惡魔。

天仙子有止痛的效果早為人知，被用來減輕重刑犯與死刑犯的痛苦。天仙子的最大特性不僅在於有止痛效果，而且還能使服用者進入一種失去知覺的狀態。

天仙子以擁有所謂的「女巫之奴」的成分而著稱。

當少年被引介加入巫教團體時，大多數人要喝天仙子飲料，這群少年很容易被說動去從事安息祭典儲備工作，正式成為圈內的一員。

那些服用天仙子的人會感覺頭部有壓迫感，有如被人強行闔上眼簾；視覺逐漸模糊，所見的景物扭曲變形，產生異常的幻視。味嗅的幻覺往往伴隨著高度的興奮感，漸漸轉成昏沉欲睡、輾轉不安，湧上各種幻覺，終至不省人事。

天仙子屬的其他植物也具有類似的致幻性質，服用方法也大同小異。其中分布在埃及沙漠東至阿富汗與印度的無芒天仙子(*H. muticus*)，或稱為印

顛茄、天仙子與毒參茄的化學

茄科的三種植物——顛茄、天仙子與毒參茄含有相同的活性成分，主要的生物鹼為莨菪鹼、顛茄鹼與東莨菪鹼。三種植物的生物鹼差別只在於其中某類化合物的相對濃度不同而已。顛茄幾乎不含東莨菪鹼，但是東莨菪鹼是毒參茄，尤其是天仙子的主要生物鹼。

植株各部位皆含多種生物鹼，其中又以種子與根部的含量最高。致幻效應主要來自東莨菪鹼，而顛茄鹼與莨菪鹼的致幻效用相對不明顯。

根據Juliana Codex在《藥物論手稿》的插圖，希臘的草藥專家迪奧斯科里斯(Dioscorides)從發現女神赫里西斯(Heuresis)手中接下毒參茄，表明這是眾神所賜的植物。

毒參茄是「知識之樹」，

激發濃情蜜意之愛，

這愛是人類的起源。

——雨果‧拉納 (Hugo Rahner)之《希臘神話之基督徒的意義》

(Greek Myths in Christian Meaning, 1957)

古代的女巫之神名叫黑卡蒂 (Hecate)，司管具精神活性與魔力的藥草，尤其是茄科植物。在威廉‧布萊克(William Blake)所作的這幅圖畫中，黑卡蒂和她的薩滿巫動物待在一起。

P89右下：一本藥用植物書籍封面上的擬人形毒參茄圖案。

地安天仙子或埃及天仙子，其乾葉為印度人所吸食，用作麻醉品。居住在敘利亞、阿拉伯等地的貝多因人 (Bedouins)特別服用此麻醉品，來達到醉醺之境。亞、非兩洲的某些地區將之與大麻共吸，作為致幻物。

顛茄(又稱死茄)為歐洲的原生種，但今日在美國成為野生種。顛茄的屬名Atropa源自希臘語的Atropos，即命運女神愛特羅波斯。祂是一位不屈不撓的女神，握有切斷生命線的權柄。這個特別的稱號指的是「美麗的女性」，讓人想起那些相信朦朧與醉意的凝視可產生極致之美的義大利女性，使用植物汁液來放大眼瞳。此植物的許多土名都點出醉人的特性，例

如「巫師之櫻桃」、「巫婆之莓」、「惡魔之草」、「殺人之莓」、「催眠之莓」。

希臘神話中酒神迪奧尼索斯 (Dionysus)的女祭司睜大她們的雙眼，投入教徒雙臂的懷抱，或者帶著慾火之眼，攻擊男人，撕裂他們後吞食。酒神節的酒可能摻入了顛茄汁。另一種古希臘羅馬時代的說法是，羅馬祭司飲用顛茄汁後，祈禱戰爭女神讓他們能凱旋而歸。

然而直到現代初期，顛茄才成為與巫術及魔法有關的重要植物。顛茄是巫婆、巫師服用的藥湯與藥膏的主要材料。有一種濃稠的混合物，由顛茄、天仙子、毒參茄及死胎的脂肪調製而成，將它抹在皮膚上或擦到陰道

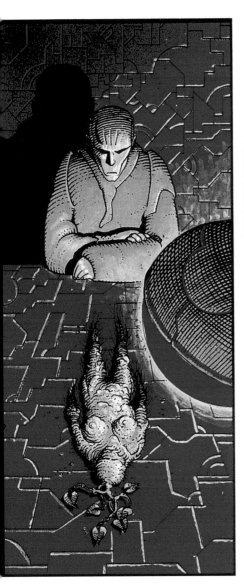

毒參茄的魔法在歐洲文學與藝術史上相傳很久。左圖為現代喜劇《卡薩》(Caza)中的一幕。

接受審訊的女巫經常被指控使用茄科的致幻植物，尤其是天仙子與毒參茄。許多女巫因此受酷刑、被謀殺或被活活燒死。

內，可以墮胎。大家熟悉的女巫的帚柄，可以追溯到歐洲的魔法信仰。1324年，一份調查魔法的報告指出：「搜刮那女人的衣櫥時，他們找到一管油膏，那是她用來抹在帚柄上，而後跨坐其上的。騎乘著這根忠貞的帚柄，她可以在任何時刻，以她所選擇的方式，或漫步而行，或奔馳急飛。」之後在15世紀，還有一個類似的報導：「村民們相信，女巫也坦承，在某些日子或夜晚，他們會在帚柄上抹上油膏，然後騎它來到某個特定的地點，或者將它塗在自己的腋窩及其他有體毛之處，有時在毛髮之下帶著符咒。」鮑塔(Porta)是與伽利略同時代的人，1589年他於著作中提

上：兩棲類動物，尤其是蛙類(牠們身上往往有毒)，在舊世界及新世界一直與女巫巫術及魔法密不可分。在歐洲，這些動物有時會被加到藥效強大的女巫之湯中。在一些美洲的文化中這類動物也扮演重要的角色，通常與致幻行為有關。

左：毒參茄的果實香氣誘人，又稱為「愛之蘋果」，就等同於阿佛洛狄忒(Aphrodite)希臘性愛女神的金蘋果。

中：熟透的顛茄黑漿果。

右：白色或黃色的天仙子是獻給神諭之神阿波羅的貢禮。

到，在服用茄科植物後的藥效下，「一個人有時候似乎會變成一條魚；他會猛划雙臂，在地面游動；有時似乎會往上跳躍，然後又下水划泳。有的人會相信自己變成一隻鵝，而開始吃草，用牙齒在地上猛咬，活像一隻鵝；偶爾展翅高歌……」

毒參茄因為有強烈的麻醉效用，加上它的根部形狀獨特，在魔法與女巫巫術中極負盛名。在「擬人說」的哲學應用上，難有其他例子可與之比擬。毒參茄為多年生草本植物，其自然生長的外形，主根扭曲與側根加長，有時類似人形。這種酷似導致人們很早就相信，它對人類的肉身與靈魂有超自然的操縱力量，雖然它的化學成分具有的精神活性作用，不見得比其他同為茄科的植物強。

古早時代，有許多稀奇古怪的迷信，認為採收毒參茄的根時必須要小心翼翼。西元前3世紀的希臘哲學家昔奧弗拉斯托斯(Theophrastus)寫道，藥用植物的採集者會在毒參茄外

圍畫一個圓圈，並將朝西的根端切除；待採集者跳完某種舞蹈，大聲說出特定的儀式語詞後，才採收其餘的根部。再推到更早的兩百年前，希臘的數學家畢達哥拉斯(Pythagoras)寫過毒參茄之根的擬人論或像小人類論。到了羅馬時代，魔術開始廣泛地和毒參茄的精神活性特性有關。西元1世紀，約瑟夫斯‧弗拉維斯(Josephus Flavius)寫到，在死海地區有一種植物，夜晚會發紅光，人類很難靠近它。因為人一旦靠近，它便隱而不見，但是若在其上撒尿或灑經血便可收服它。如果有人用力把它從土中拔出，那人的身體便會面臨危險。如果把一隻狗綁在此種植物的根部（根部用以萃取汁液），想要拉出它，據說狗會暴斃。有關毒參茄的各種神祕兮兮的傳說越來越多，甚至有人說它白天隱密不現，夜晚亮如星辰。如果被人從地面拔出，會發出轟然之聲，聞者莫不喪膽，甚至喪命。實際上，唯有黑色之狗(黑色代表惡魔與死亡)可

供驅使。早年的基督徒相信，毒參茄是神創世時造的，作為祂在伊甸園造人之前的一個試驗。

黑暗時代【譯按：常指歐洲史上約西元500-1000年時期。】晚期，中歐地區開始人工栽培毒參茄，據傳該植物只能生長在死刑囚犯撒出尿或精液的絞刑台下，因此德文的毒參茄意指「絞刑台人」與「妖魔之偶」。

毒參茄的名字在16世紀末最為響亮。在這個時期，草本學家開始質疑這種植物的許多傳說。早在1526年，英國草本植物學家透納(Turner)就否定「所有的毒參茄都具有人形」的說法，他不認為毒參茄與擬人論之間有任何關聯。另外一位英國草本植物學家吉拉特(Gerard)於1597年寫到：「所有無稽之談都不能列入書籍，必須逐出你的腦袋；你要知道它們的所有部分與任何部分都是虛構與謬誤的。因為我本人與僕役也挖掘了毒參茄，並栽植它，一再栽植許多株……」但是，即使到了19世紀，還有很多歐洲人盲目崇拜與無端恐懼毒參茄。

左：在號稱「世界之中央」的希臘德爾斐(Delphi)的古希臘阿波羅神殿(the Temple Apollo)，女預言家西比爾(Sibyl)與一群先知吸食天仙子之後，將神諭傳給女祭司皮提亞(Pythia)。

中：毒參茄之根。

右：人參(*Panax ginseng*)的根不但長得像毒參茄，而且在韓國也具有神祕與魔法般的力量。

下：太陽與神諭之神阿波羅在渡鴉前灑祭酒(發現於德爾斐)。

極樂之蜜

印度的傳統觀念認為神賜「大麻」給人類，讓人類生活愉快、有膽識，並提高性慾。當天上滴落長生湯到大地之際，大麻(Cannabis)從中萌出。另一個傳說是神在惡魔幫助之下，奮力攪動乳狀海洋後取得許多長生湯，大麻便是其中一種。大麻是印度教主神之一的濕婆(Shiva)的祭祀聖品，它是印度教中吠陀眾神之王「因陀羅」(Indra)喜愛的飲料。在翻天覆地

可供食用；可作為麻醉品；在民俗醫療及現代藥學上廣泛應用於治療多種疾病。

大麻之所以為全世界許多地區利用，主要是因為它用途廣泛。在長期與人類及農業產生關係的情形下，一再出現許多稀奇之事。當大麻被栽培到與過去相異的新環境，或非原生環境時，便可能出現雜交。它們離開栽培區後往往變成有侵略性的雜草。此

左：野生印度大麻的花細長，分布在尼泊爾境內的喜馬拉雅山藍丹(Langtang)地區。

右：雜交種的大麻(Cannabis indica x sativa)之雄株。

攪動大海之後，惡魔想要拿到控制瓊漿玉液之權，但是抵不過眾神之力而未得逞，於是神賜此大麻名為「Vijaya」，即「勝利」之意。從此之後，此神聖植物在印度一直被認為可帶給服用者超自然的力量。

大麻與人類的關係可能已有1萬年了，應是在1萬年前的舊世界發明農業之際便開始了。大麻屬的栽培種有五種用途：可作為大麻纖維的原料；可榨取油脂；瘦果(也就是「種子」)

外，它們也會在人類為了某些特殊用途而作的選種過程中有所改變。許多栽培種變得與其祖先型大不相同，以致於無法追溯其演化史。儘管大麻的栽培種已是歷史悠久的重要作物，但我們對有關它的生物學卻所知有限。

大麻屬的植物分類一直不明確。許多植物學家並不贊同把大麻屬放在目前認定的科名。早期學者認為它應是蕁麻科(Urticaceae)；後來改為榕科(Moraceae)；目前傾向認為

左：印度教的藍面濕婆入神地享受大麻。因為這樣，大麻成為神聖的植物，用於宗教祭典及修練「坦陀羅」經文(Tantric practices)。

右：這些長髮及肩的印度聖人(Sadhus)獻身於濕婆。他們身無恆產，勤練瑜伽與打坐冥想，並吸大量手製的大麻脂(charas)與

大麻菸(ganja)，有時還摻入曼陀羅葉子與其他精神活性植物。

下：許多國家都有人吸食大麻，且此行為通常被列為非法。大麻一般是用人工捲製而成。大麻製品眾多，從供應初吸者至專業者，一應俱全。例如有大張捲紙型的大麻。圖中為金屬製的大麻菸盒與打火機。

它應改隸為一個特別科，即大麻科(Cannabaceae)，只含大麻屬(*Cannabis*)與忽布屬(*Humulus*)。至於大麻屬包含幾種物種，專家之間也有不同的意見：大麻屬應包含一個特異的種，或數個明顯不同的種。許多明確的證據指出可包括三個種：即印度大麻(*C. india*)、小大麻(*C. ruderalis*)與大麻(*C. sativa*)。此三種可以生長習性、瘦果特徵，尤其是木質結構差別大，

作為區別。雖然三種皆含大麻醇類(cannabinols)，但可能有相當不同的化學組成，然而這也有待證實。

印度的《吠陀經》歌謳「大麻」為至聖之瓊漿玉液(長生湯)，能賜給人類福祉：從健康、長壽到目賭神祇。西元前600年的《波斯古經—阿維斯陀》(Zend-Avesta)中曾提及一種麻醉樹脂，而西元9世紀前的亞述人早就用大麻作為薰香劑。

中國周朝(西元前700-500年)的文

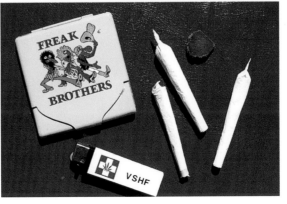

上：別有特色的印度大麻之葉片曾是次文化和叛變的象徵，今日已成為生態意識的象徵。

下：在非洲，人們吸食大麻是基於醫療及娛樂的目的，正如此件木刻作品所呈現的。

獻則對大麻抱持「負面」的看法，「麻」有「麻木不仁」之意，暗示它有麻醉成分。這個記載可始自西元100年的《本草經》，不過更早的概念來自西元前2000年的神農氏，此可視為中國人早知且可能已使用大麻的精神活性的證據。據傳，若服用過量「麻粉」（即大麻果實），會產生幻覺，意即「見鬼」。如果長期服用麻粉，服用者能通靈，掃空一切憂慮。西元前5世紀的中國道士指出，大麻供「巫師」服用，「常與人參摻混，可走入未來，見未來之事」。古代這段期間使用大麻來產生幻覺，顯然與中國的黃教（薩滿教）有關。但是1500年後大麻傳到歐洲時，中國的黃教已式微，利用大麻進入酩酊之事已不復

存在，也為中國人淡忘。在中國，大麻的價值已轉為纖維原料了。但是中國的大麻栽培紀錄，從新石器時代開始就有，因此有人認為大麻原產於中國，而非中亞。西元前約500年，希臘作家希羅多德（Herodotus）曾描寫塞西亞人（the Scythians）【譯按：塞西亞人為希臘羅馬時代，俄羅斯草原的遊牧民族。】是好戰的騎馬民族，曾經橫掃外高加索的東、西部。

希羅多德指出：「塞西亞人在地上固定三個內傾的木柱，圍成一個小隔間，在木柱外圍緊緊綁上木絲；在此木亭內放置一個小碟子，碟內放置數個紅熱的石頭，然後又撒上大麻種子……一股濃煙立即冉冉上升，此煙之強，遠超過希臘蒸氣浴；塞西亞

人興奮得高興大叫……。」不久之前，考古學家在中亞冰凍的塞西亞人墳墓內，相當於西元前500到300年前的遺址，發現三腳木柱、木絲、炭盆、木炭及用剩的大麻葉子與果實。因此，一般認為大麻原產於中亞，由塞西亞人傳到歐洲。

希臘人與羅馬人雖然沒把大麻當作致幻物，但他們已知大麻製品具有精神活性的效果。德謨克利圖斯(Democritus)【譯按：希臘哲學家，西元前460到370年。】的報告指出，大麻有時與酒及沒藥【譯按：為橄欖科沒藥屬植物。有些種別會分泌芳香樹脂沒藥，是製造薰香與香料的原料。】一起飲用可產生迷幻狀態。西元200年左右的希臘醫師伽倫(Galen)寫道：「主人習慣奉上大麻給客人，以增加歡樂與享受的感覺。」

大麻自北方傳入歐洲。羅馬作家盧西琉斯(Lucilius)在西元前120年時曾寫到：老普林尼(Pliny the Elder)在西元1世紀述及大麻纖維的製作與等級，在英格蘭的羅馬舊址也發現了西元140-180年代的大麻繩。雖然無法得悉北歐維京人(the Vikings)曾否使用過大麻繩索，但是根據孢粉學的證據，英格蘭大麻栽培面積，自盎格魯撒克遜初期到撒克遜晚期與諾曼(Norman)時代，大約西元400-1100年間有巨幅的增加。

英格蘭的亨利八世(Henry VIII, 1491-1547)曾鼓勵大麻的栽培。伊莉莎白時代，英格蘭海上霸權對大麻的需求量大增。大麻栽培於美洲的大英帝國殖民地見於加拿大(1606)，繼之在維吉尼亞州(1611)；1632年清教徒把大麻帶到新英格蘭。在美國獨立之前的北美洲，大麻甚至用於製造工作服。

大麻循著另一條路徑進入南美洲的西班牙殖民地：智利(1545)；祕魯(1554年)。

大麻纖維之生產確實代表大麻的早期利用，但是食用大麻瘦果可溯自利用其纖維以前。大麻瘦果的營養豐富，不難想像早期的人類怎可能放過食用它的機會。考古學家在德國發現西元前500年的大麻瘦果，這說明使用這些植物產品在營養上的利用價值。自古代到現代，東歐人一直食用大麻瘦果，在美國它則是鳥飼料的主要成分。

大麻在民俗醫藥上的價值，往往難以與其精神活性特性分開，最初它可能是經濟植物。大麻最早的藥用記錄見於中國神農氏的記載。他在5000年前建議服用大麻可治瘧疾、腳氣病、便祕、風濕病痛、精神恍惚、婦科疾病等。另一位中國古代的草藥專家華陀，建議用大麻脂混酒作為手術時的止痛劑。

古代印度人眼中的大麻是「神賜之禮」，為民間用途廣泛的草藥。印度人相信大麻可讓人反應敏銳、延年益壽、改善判斷力、降低體溫、幫助入睡、治癒痢疾等。由於大麻具有精神活性成分，所以除了強身之外，更具醫療價值。印度的幾個醫藥系統都看重大麻。古印度名醫蘇希拉塔(Sushrata)的著作提及大麻可治癲癇病。約寫於西元1600年的《婆羅普拉加希什》(Bharaprakasha)描述大麻會引起興奮、促進消化、影響膽汁分泌、其氣味強烈、辛辣，可用於提高食慾、幫助消化、潤喉美聲。印度人認為大麻幾乎可治百病，從去頭皮屑到治頭痛、行為異常、失眠、性病、百日咳、耳痛、結核病。

隨著大麻屬植物的廣為分布，其醫

左上：工業用大麻的雌株花朵。

上：傳說中國三皇之一的神農氏發現許多植物的藥性。相傳他手書的《神農百草》完成於西元前2737年，記載大麻是雌雄異株的植物。

右：大麻有數不盡的品系幾乎都不含致幻性化合物、麻醉與令人忘憂的成分。這些物種用於生產纖維，不適宜個人使用。瑞士首都伯恩的植物園內警示牌上寫著：「工業用大麻因缺乏活性成分，無法用於生產藥物。」

最下：工業用大麻花後的雌株。

藥名聲也四處遠播。非洲部分地區認為大麻對治療痢疾、瘧疾、炭疽與發燒有效。即使今日，南非洲的霍屯督人(Hottentots)與姆豐古人(Mfengu)仍宣稱大麻能治療蛇咬傷，梭托(Sotho)婦女在生產前吸食大麻有若干麻醉效果。

大麻在醫藥學上大受推崇，其醫療用途可追溯到希臘古典時期初期的醫生如迪奧斯科里斯(Dioscorides，約西元40-90年)與伽倫(Galen，約西元130-201年)。中世紀的藥草醫學家將大麻分成「野大麻」與人工栽培的「精大麻」，並指出精大麻可治結瘤與其他難癒的腫瘤。而野大麻的用途頗多，從止咳到治黃疸。他們也告誡病患，劑量過高會導致不孕，會讓「男人傳宗接代之精子」及「婦女胸脯之乳汁」乾涸。16世紀，大麻的一個有趣用途是作為英國的「釣魚草」：「倒入有蚯蚓之洞穴，會趕出蚯蚓，並且……漁民與釣魚者用它來讓魚兒上鉤。」

大麻在民間醫藥上的價值，無疑地和愉悅的心情及精神活性成分息息相關。對於這種效果的認知，可能與它用作麻纖維的歷史一樣悠久。原始民族千方百計地尋求植物糧食，當然不

會錯過令人嚮往且讓人興奮的大麻，大麻的麻醉作用引領人類到一個來世平台，讓人有宗教的信仰。因此，早期人們認為大麻是眾神賜下的大禮，一個能與靈界溝通的神聖媒介。

雖然現在大麻是使用最廣泛的精神活性物質，但純做麻醉品之用，除了亞洲之外，在其他地區並非古老的事。但是，在古希臘羅馬時代，大麻的醉人忘憂性質早為人知。在古代上埃及都城底比斯(Thebes)，大麻備製的飲料據說有類似鴉片的成分。伽倫指出，食用過量的大麻餅會中毒。大麻當作麻醉劑並向東西傳播，靠的是中亞的異教徒，尤其是賽西亞人(Scythians)。賽西亞人對早期的希臘與東歐文化有極重要的影響力。印度人對大麻精神活性效用的知識，與印度的歷史一樣久遠，這點可從印度關於大麻的深奧神話與宗教信仰得悉。印度大麻被視為極其神聖，可驅魔避邪、納福、清滌罪孽。凡踐踏此神聖植物之葉者，必遭災厄，發誓也要以大麻做保證。印度教中吠陀眾神之王喜愛的飲料，是用大麻備製的。印度教三大主神之一的濕婆下令在播種、除草、收獲大麻的過程中，要反覆唱誦「Ghangi」聖歌。這種大麻具有麻

醉性的知識與其使用方式，最終傳到中亞。亞述帝國(西元前10世紀)用大麻當薰香，使人聯想到麻醉用途。雖然《聖經》中未直接提到大麻，但許多章節中隱約觸及大麻脂或大麻的作用。

在印度境內的喜馬拉雅與西藏高原，大麻的備製或許在其宗教背景上有極重大的意義。大麻醉丸的製作過程平和：將乾葉或花莖與香料混合搗成漿狀，當糖果來吃，稱之為「maa-jun」，也可製成茶。至於大麻菸(Ganja)，是在大麻花盛開時就採收前端含有濃烈樹脂帶著雌蕊的部分，經乾燥後壓成密實的塊狀，在此壓力下數日，待其產生生化學變化。使用者常將此大麻菸與菸草或曼陀羅一起吸食。大麻脂含樹脂成分，呈棕色塊狀，常與其他植物混合使用。

西藏人視大麻為神聖的植物。傳統大乘佛教徒相信，佛陀在達到開悟前，修練六度萬行的過程，每日靠一粒大麻籽維生。他常被描繪成帶著裝了「蘇麻之葉」的缽，這個帶有神聖麻醉性的蘇麻，偶爾被認定是大麻。在西藏喜馬拉雅的密乘佛教(Tantric Buddhism)裡，大麻在沉思冥想儀式中扮演非常重要的角色，協助深沉的

大麻(菸)的化學

致幻植物的精神活性成分大部分是生物鹼，大麻的有效成分是不含氮的化合物，存在於樹脂油中。大麻的致幻特性是毒菸鹼(cannabinoids)，其中最有效的成分是四氫大麻酚(tetrahydrocannabinol, THC)，化學式為：$((-)\triangle^1$-3, 4-trans tetrahydrocannabinol)。其最高濃度分布在未授精的雌花序。大麻乾葉的功效雖然較差，但因具有精神活性效果，也有人服用。

化學結構的解析後面有說明 (分子模型可參見P184)，最近已可以用化學方式人工合成四氫大麻酚。

替代大麻(菸)的精神活性植物

植物學名	當地俗名	利用部位	中文譯名(依學名)
Alchornea floribunda	Niando	根	山豐花
Argemone mexicana	Prickly Poppy	葉	墨西哥薊罌粟
Artemisia mexicana	Mexican Mugwort	葉莖	墨西哥蒿
Calea zacatechichi	Dog Grass	葉莖	肖美菊
Canavalia maritima	Sea Bean	葉	海刀豆
Catharanthus roseus	Madagascar Periwinkle	葉	長春花
Cecropia mexicana	Chancarro	葉	凱克洛普
Cestrum laevigatum	Lady of the Night	葉	亮葉夜香樹
Cestrum parqui	Palqui	葉	帕基夜香樹
Cymbopogon densiflorus	Lemongrass	花萃取	密花香茅
Helichrysum foetidum	Everlasting	葉莖	臭蠟菊
Helichrysum stenopterum	Everlasting	葉莖	窄翅蠟菊
Hieracium pilocella	Hawkweed	葉莖	線毛山柳菊
Leonotis leonurus	Wild Dagga	葉莖	獅尾花
Leonurus sibiricus	Siberian Motherwort	葉莖	益母草
Nepeta cataria	Catnip	葉莖	荊芥
Piper auritum	Root Beer Plant	葉	胡椒
Sceletium tortuosum	Kougued	葉莖、根	松葉菊
Sida acuta	Common Wireweed	葉莖	細葉金午時花
Sida rhombifolia	Escobilla	葉莖	菱葉金午時花
Turnera diffusa	Damiana	葉莖	鋪散特納草
Zornia diphylla	Maconha Brava	葉	二葉丁葵草
Zornia latifolia	Maconha Brava	乾葉	寬葉丁葵草

冥想與強化悟性。大麻在醫療及娛樂世俗方面的使用，已讓此植物成為當地人每日的生活必需品。

根據民間傳說，大麻之傳入波斯(伊朗的古名)，是胡爾蘇(Khursu, 西元531-579年)王朝的一位印度教徒所為，但是亞述人在西元前1000年時期，即以大麻為香。雖然伊斯蘭信徒起先是禁用大麻的，不過大麻往西傳遍中亞。1378年，阿拉伯地區頒布嚴刑峻法，全面禁用大麻。

大麻很早就從中亞傳入非洲各地，部分是受到伊斯蘭的影響，但是大麻的使用範圍遠及伊斯蘭地區。一般認為，大麻是連同奴隸從馬來亞傳入的。在非洲大麻通稱為「麻醉品」(Kif)或「大麻毒」(Dagga)，它已滲入古代原住民的社會與宗教，成為其文化的一部分。霍屯督人、布希曼人、卡菲爾人利用大麻作為藥物與麻醉品的歷史，已有數百年。在非洲

大麻是「歡樂之源」、「天堂的領航」、
「天國之嚮導」、「窮人的天堂」、「撫傷之友」。
神祇與男人都比不上忠心耿耿的大麻飲者。

——大麻藥品委員會報告(Hemp Drug Commission Report, 1884)

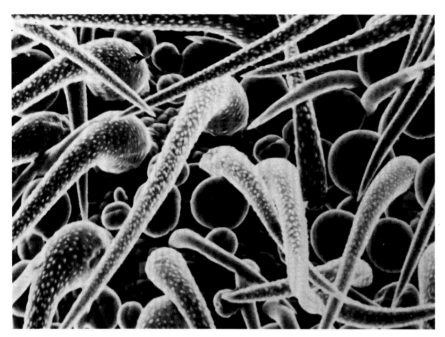
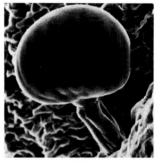
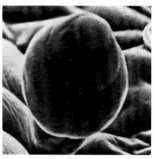

內陸尚比西河谷(Zambesi Valley)的一項古部落儀式中,參加者吸入大麻堆燻燒的燃煙,之後改用蘆葦管與菸斗,大麻則放在祭壇上燃燒。剛果的卡塞族(Kasai)改變古老的里安姆巴人(Riamba)膜拜儀式,用大麻取代原有的信仰物件與象徵,將大麻的地位提升到神格,視其為保護肉體與心靈的神。合約文件須用葫蘆管吹出一口煙,來保證其效力。西非(尤其是維多利亞湖)的許多地區,都有吸大麻與膜拜大麻的行為。

雖然大麻引進到美洲新大陸的許多地區,但是大麻進入許多美洲原住民的宗教信仰及其儀式中的例子,卻極為少見。不過不是沒有例外的情況,如墨西哥西北地區的特佩卡諾(Tepecano)印地安人,稱大麻為「羅薩·馬里阿」(Rosa María),他們在沒「佩約特」用時,偶爾會用「大麻」替代。最近已知,墨西哥

東部的貝拉克魯斯(Veracruz)、伊達爾戈(Hidalgo)、中南部的普埃夫拉(Puebla)的印地安人,在集體治病儀式中採用的一種植物「桑塔羅薩」(Santa Rosa),經專家鑑定就是大麻,原住民視此植物為神聖的調解者,透過它向聖母瑪莉亞求情。此儀式雖然以基督教義為基礎,但受到崇拜的桑塔羅薩也被視為大地之神、活神,代表上帝的部分愛心。參加膜拜儀式的信徒相信,桑塔羅薩也是危險的植物,可呈現人靈魂的形式,讓人罹病、憤怒、甚至喪命。

60年前,墨西哥勞工把吸食大麻的方法帶進美國,從此傳播到美國南部,在1920年代,紐奧爾良州已有人服用大麻,但以窮人與少數民族為限。其後大麻不斷在美洲與歐洲蔓延傳播,迄今已造成無法徹底解決的爭議。

大麻於1937年正式列入《美國藥

電子掃描顯微圖

左:大麻各發育階段之腺體與非腺體的絨毛。

右上:大麻的數種腺體絨毛類型。圖中錘頭狀腺體之下,有一個明顯的假莖,長在朝向花中央的花藥之表面。

右下:葉軸表面的球根狀腺體。莖與球各由兩個細胞所組成。腺體頂端有個細小、碟狀區域,在這底下延伸的細胞膜裡累積著香脂。

P98上:20世紀末期,採收大麻植物來備製大麻毒品。此種植株高達6公尺。下:印度大麻(*Cannabis indica*)為一種低矮、枝條茂密的大麻,可製成強勁的麻醉藥,圖中阿富汗南部坎大哈(Kandahar)地區的印度大麻已成野生植物。

上：米勒(M. Miller)的漫畫作品
(1978)，為美國紐約客雜誌社
(The New Yorker Magazine Inc.)
所收藏。
「那是什麼玩意兒？它讓我想到
的每件事看起來都很深奧。」

下：古斯塔夫・多雷（Gustave
Doré）的畫作〈詩人涅瓦爾之
死〉(Composition of the Death
of Gérard de Nerval)，他可能藉
由吸食大麻和鴉片而得到靈感。
這幅現代美國漫畫以幽默的手法
呈現這種信仰的復活。

上：大麻菸是由大麻雌株的花經乾燥後略為發酵製成的。

左：在路易斯‧卡洛爾(Lewis Carroll, 1832-1898)的《愛麗絲夢遊仙境》中，愛麗絲碰到疲倦的毛毛蟲時：「她踮起小腳趾，偷偷從蘑菇傘緣瞧了一瞧，突然，映入雙眼的是一隻藍色鎮大毛毛蟲，牠好端端坐在蘑菇傘頂，雙臂抱住一罐長長的水煙筒，根本不看愛麗絲一眼，也不瞧周圍發生的一切事情。」

19世紀，一群歐洲畫家與作家，轉向精神活性媒介物，欲求得所謂的「心靈幻覺」或「心靈蛻變」。許多人相信服用大麻可以激發創作力，例如法國詩人及散文家夏爾‧波德萊爾(Charles Baudelaire, 1821-1867)。波德萊爾(如圖)寫下他服用大麻後的個人體驗，文字生動逼真。

典》，被建議以不同的劑量使用於各類疾病，尤其作為輕微鎮靜劑。雖然大麻含有若干大麻醇的成分，深具藥力，大麻的半合成類似成分在現階段也具有藥效，尤其在對付癌症療法的副作用方面，但如今大麻已不再是法定用藥。

各類大麻製品的精神活性作用差別很大，視用量、備製方法與使用植物類型、服用方法、使用者個人，以及社會習俗與文化背景而異。大麻最常見的特性為引人進入恍惚狀態。服用者往往可以憶起埋藏已久的事件，或出現毫無時間關係的思潮；時間倒置，空間錯置。服用大劑量會引起幻視與幻聽。典型的反應為心情愉快、精神亢奮、心靈喜悅，往往伴隨著狂喜與大笑。在某些情況下，會招致憂鬱的心境。

這種美妙的體驗時常出現，
彷彿一種超人與超視覺的力量，
排山倒海湧至內心……。
此歡悅之非凡狀態……
事先毫無預警。
它來得突然，像鬼影魅魍，
斷斷續續縈繞心頭，
由不得我們拒絕，
如果我們有智慧，
這確實是更美好的存在。
這種思維的敏銳、
感覺以及靈魂的熱切，
讓人終身感到
有如上天的第一個恩賜。

——夏爾‧波德萊爾之《人間仙境》
—— Charles Baudelaire
（Les Paradis Artificiels）

聖安東尼之火

上：麥角菌會在數種不同的禾本科草類造成感染，以寄生在黑麥的麥角菌最為有名。

P103上：黑麥上的麥角菌比其他雀稗禾草上的菌體要大。

P103左：麥角菌的子實體。此真菌的特有種為「紫色」之意，自古被認為與地獄有關。

P103右：當穀粒感染麥角菌時，頂端會長出長黑色之物，稱之為「麥角」，此為一種菌核。

「有關厄琉西斯(Eleusis)祕儀的古老證言是一清二楚無庸置疑的。厄琉西斯祕儀是一個入此祕教者一生中至上崇高的經驗。這個經驗是肉體的，也是屬於神祕信仰的：全身顫慄、頭暈目眩、冷汗浹背，然後是一幕讓昔日所見之物彷若盲目空無的圖像，一種開啟靈魂之窗，面對奪目光耀的敬畏與驚奇之感，是無法形容與告諸他人的，是非言語所能形容的經歷。這些絕對是致幻物所導致的經驗。希臘人，以及他們當中一些名孚眾望與才華出眾者，能經歷且進入這類無法合理說明的情境……」

「厄琉西斯祕儀有別於追尋歡樂酒宴的醉薰愉悅之友誼……。其他的希臘宗教也以各種方式舉行神祇與活人、活人與死者間的通靈活動；但是其經驗及結局與厄琉西斯祕儀比較，簡直是小巫見大巫。」

「約有2000年的時間，若干古希臘人每年通過厄琉西斯之門。在儀式中他們慶祝神賜給人類的作物收成，藉由穀物上的紫黑色之物，開啟他們對地獄力量的敬畏之心。」

奠基於民族黴菌學、古希臘文化、化學等三個不同領域的研究，揭開了古希臘膜拜儀式的神祕面紗。4000年來的謎團是由於寄生在穀類的麥角菌與其菌毒引起的。

目前認為引起神祕狂喜經驗的毒性是雀稗麥角菌(Claviceps paspali)。其他菌種的麥角，有的長在黑麥草屬及其他穀物的禾草上，還有的可能長在其他希臘原生種的禾草上。最有名的麥角菌(Claviceps purpurea)的主要生物活性，已經自寄生在其他種禾草的麥角菌內分離出來。雖然認為厄琉西斯祕儀的各種神祕傳說與麥角真菌的使用有關的理由，有其漫長的歷史過程與複雜性，但是某幾個學術領域的說明最令人信服。基本上已知，希臘地區的一些野生禾草會受到麥角菌屬的幾種真菌感染。

迄今為止，麥角菌屬中最重要的真菌是麥角菌，是長在黑麥(Secale cereale)的麥角菌。這是一種堅硬、呈褐色或紫烏色真菌，從黑麥穎果內長出來，是歐洲極為常見的麥角菌。麥角菌的原生種命名過程也很複雜。麥角「Ergot」一詞，在法語是指公雞腳上的「骨距」，現在已普及到其他語言上。第一次用在真菌上是在離巴黎不遠的一個地區。然而，麥角(sclerotium)在法文中有24種其他叫法；在德國有62種方言講法，其中最常用的是「Mutterkorn」。荷蘭語有21種、北歐斯堪底納維亞語有15種，義大利語14種，美語，除了借用外來語「Ergot」外，尚有7種。如此眾多的方言叫法，說明了這種真菌在歐洲諸國的重要性。

雖然麥角菌在古希臘羅馬時期的醫藥用途不詳，但早期視其為有毒之物。推溯到西元前600年，亞述人稱硬角物或骨距物為「麥穗內的毒疹」。帕爾塞斯人(Parsees，約存在於西元前350年)的聖書上記載著：「印度祆教(Angro Maynes)信徒創造的惡物中，包括會導致孕婦子宮脫落而死於分娩的毒草。」雖然古希臘人在宗教儀式中使用到麥角菌，但他們不會去吃那些受到感染的黑麥，因為它是「色雷斯(Thrace)與馬其頓

(Macedonia)的烏臭農產品」。黑麥在基督紀元初期之後才引進到古歐洲大陸。所以羅馬藥學文獻中並未有麥角中毒的相關記載。

關於麥角中毒最早且真確的報導出現在中世紀，當時歐洲大陸的許多地

區爆發離奇的流行疫疾，奪走成千上萬條生命，引起極度的痛苦和憂傷。這些疫疾以兩種形態呈現：一種是有神經性痙攣與癲癇的症狀；另一種是有壞疽、木乃伊化、肌肉萎縮的症狀，偶有失去身體末端部分(如鼻子、耳垂、手指、腳趾、腳等)的病情。精神錯亂與產生幻覺是麥角中毒常見的症狀，往往導致喪命。根據歐洲早期一份麥角中毒報告指出：「這是讓身體長出大水泡的疫疾，病患會出現讓人厭惡的腐爛」。患病婦女常會流產。這種所謂的「聖火」的特徵是病患的手腳常有燒灼的感覺。

冠上「火」之名的聖安東尼，是住在埃及的虔誠隱士，死於西元356

麥角的化學

麥角的有效成分是吲哚生物鹼類，基本上全都是麥角酸(lysergic acid)的衍生物。麥角菌的最重要生物鹼是麥角胺(ergotamine)與麥角毒鹼(ergotoxine)，皆為在麥角酸上接了三個胺基酸的肽基。這些生物鹼與其衍生物有各種醫藥用途。

麥角中毒會引起壞疽，是麥角生物鹼產生血管收縮作用所造成的。野生禾草的麥角只含有化學結構簡單的麥角酰胺類(lysergic acid amides)、麥鹼(ergine)與麥角酸—羥乙基酰胺(lysergic acid-hydroxyethylamide)，此成分在黑麥的麥角中只含微量。這些治療精神異常的生物鹼可能是導致麥角中毒產生的痙攣症狀。這些重要有效的成分亦存在於傘房花威瑞亞(或俗名為繖房花威瑞亞，*Turbina corymbosa*)[參見P187的化學結構之分子模型]與其他纏繞性植物，如圓萼天茄兒(*Ipomoea violacea*)與美麗銀背藤(又名大葉旋花，*Argyreia nervosa*)等之中。

右：厄琉西斯祕儀中所飲用之神
祕飲料「kykeon」的原料，可能
就來自雀稗稗禾草內富含生物鹼的
麥角。

上左：希臘女神迪米忒(Demeter)
手中握的是一束穀物與罌粟蒴
果。

上右：厄琉西斯祕教的地穴。

P105底：英國曾發生一樁罕見的
麥角中毒事件，那是1762年沃蒂
舍姆(Wattisham)的一個家庭受到
感染。鑑於此病之極為不尋常，
教區的教堂特地立了匾牌紀念。

年，享年105歲。他是保護人不受烈
火、癲癇、傳染病侵害的聖徒。在
十字軍東征時期，騎士攜回聖安東
尼的遺體，將他葬在法國的多菲內
(Dauphiné)。這是1039年最早被認定
為「聖火」之疾發生的地點。一位富
人蓋士頓(Gaston)與其兒子也為此病
纏身。蓋士頓發願，如果聖安東尼能
治癒他及兒子的病，就捐出所有的財
產幫助其他病患。後來他在多菲內城
蓋了一個醫院，治療病患，並建立聖
安東尼會。

朝聖者咸信拜望聖安東尼奉獻的
教會，可治癒此病。但事實上，改
變所食之物(無麥角的麵包)似乎才有
效果。但一直要到1676年，在「聖安
東尼之火」最高峰期過後的5年，才
真正找到麥角中毒的原因，得以有控
制病情的措施。在中世紀，磨麥粉商
人往往把無菌黑麥麵粉售給富人，把
從「有硬刺黑麥」製成的麵粉售給窮
人。原因一旦找到，磨粉廠開始提高
警覺，「聖安東尼之火」此流行病也

就急轉直下。

時至今日，此流行病也會偶然爆
發，殃及全村。最近最嚴重的病疫發
生於1953年的法國與比利時，及較早
(1929年)於烏克蘭與愛爾蘭。殖民時
代的新英格蘭，尤其是麻塞諸薩州的
塞勒姆(Salem)地區，巫術之爆發很可
能是麥角中毒所致。

歐洲的助產士早已知道麥角可幫助
分娩不順的孕婦，她們用麥角解決難
產問題。自麥角分離出來的化學物至
今仍然是法定藥物，會引起難產時不
隨意肌的收縮。最早關於麥角用於婦
產科之價值的報告，見諸於1582年，
由德國法蘭克福的勒尼舍(Lonicer)發
表，他提到麥角感染的黑麥對妊娠疼
痛完全有效。雖然助產士普遍使用
麥角，但第一位使用麥角的是一位
醫生，他在法國南部里昂(附近的德
格朗熱(Desgranges)作麥角試驗，並
於1818年發表其觀察結果。瑞士的植
物學家鮑因(Bauhin)於1595年寫到麥
角，他的兒子於1658年繪製了第一幅

This Infcription Serves to Authenticate the
Truth of a Singular Calamity, Which Suddenly
Happened to a poor Family in this Parifh,
Of which Six Perfons loft their Feet by a
Mortification not to be accounted for.
A full Narrative of their Cafe is recorded
In the Parifh Regifter & Philos:
Tranfactions for 1762.

麥角圖解。1676年，法國醫生兼植物學家多達爾(Dodart)的報告為麥角增添了許多科學知識。他建議法國科學院要控制麥角中毒的疫疾，就是抽離黑麥的黑角孢子，以便篩濾出無麥角的黑麥。雖然晚至1750年，植物學家仍然無法確定麥角是如何長大及其有毒的成因。在1711年，另一次在1761年，許多博學的植物學家終於接受那黑刺是由抽芽的胚芽形成的，是穎果異常肥大增長的結果。僅僅在1764年，德國植物學家馮明希豪森(von Münchhausen)即宣布麥角是一種真菌感染，但是並未被當時的人接納。直到1815年，聞名的植物學家德堪多(A. P. de Candolle)才證實其所言。一篇備受讚譽的麥角功效報導，於1808年由約翰‧斯特恩斯(John Stearns)博士發表。過了數年，一位麻塞諸薩州的醫生普雷斯科特(Prescott)提出一本論文《論麥角的自然史及其藥效》。該書於1813年出版，引起美洲醫學科技界重視此真菌的藥效特性。從此，麥角的醫學用途逐漸變得重要，但直到1836年，藥典才將它納入。

不過到1920年代，麥角菌的有效成分才真正揭曉：1921年得知其含麥角胺、1935年得知其含麥角諾文(ergonovine)。其後，在禾草植物上又發現數種相關的生物鹼。即使這種黑麥的危險感染從未在歐洲文明中扮演「魔法─宗教」方面的重要角色，卻仍佔有特殊的地位，它是與精神力量相通的一種植物，是一種惡毒的神聖植物。

上左：冥王之后普西芬尼(Persephone)因為夫婿為地獄之主海德斯(Hades)而位尊權重，坐在夫婿身旁，手握幾束麥子供品。她原是穀物之女神，被海德斯擄至地獄，爾後再從死亡國度返回人間，她的故事成為厄琉西斯祕儀中象徵重生經驗的背景，信徒深信女神回到人間確保了他們對復活的信心。極有可能因為普西芬尼生命中這些令人驚訝的事件與麥角中毒有關聯，從此希臘人對植物的化學特性發展出一套複雜巧妙的說法。

上右：一本1771年的德文書《麥角：所謂「聖安東尼之火」的可疑成因》的書名頁。

北極星之聖花

上左：紫曼陀羅(*Datura stramonium* var. *tatula*)是喜馬拉雅山地區最常見的植物，很容易從它紫色的花朵加以辨識。

上右：神聖的刺蘋果(*Datura metel*)常見於喜馬拉雅山地區供奉山神的祭壇上。照片攝於尼泊爾的圖克什(Tukche)。

下：盛開黃花的白曼陀羅。

　　祖尼(Zuñi)印地安人有一則美麗的「阿內格拉克亞」(Aneglakya)傳奇故事，是有關「毛曼陀羅」(*Datura innoxia*)神聖的起源；毛曼陀羅乃是他們心目中最神聖的植物。故事是這樣的：

　　「古時候，有一對兄妹，男孩叫「阿內格拉亞」(A'neglakya)，女孩叫「阿內格拉亞特西奇特薩」(A' neglakyatsi'tsa)。他們住在地裡面，但時常跑到外面的世界來，到處逛個不停，仔細觀察他們看到、聽到的每一件事物，然後將它一五一十地告訴他們的母親。這樣不停的談話讓神子們（太陽聖父的兩個孿生子）很不高興。他們遇到這對兄妹時，就問他們：「你們好嗎？」兄妹倆回答：「我們很快樂。」（有時候阿內格拉克亞和阿內格拉亞特西奇特薩會以老人的形貌出現在地上。）他們告訴神子，他們如何使人睡著然後看到鬼魂，以及怎麼讓人自由走動一下，而看出誰

偷了東西。經過這次會面，神子斷定他們知道得太多了，而決定要永遠禁止他們再來到人間；因此神子就讓這對兄妹永遠從世上消失而隱匿在地底下。於是，有花朵從他們兩人沉落的地方冒了出來──就跟他們造訪人間時佩戴在頭兩側的花朵一模一樣。神子用男孩的名字將這種植物命名為「阿內格拉克亞」。這最初的植物有許多後代散布在世界各地，有的花是

曼陀羅的化學

曼陀羅屬植物含有的主要生物鹼類，與相關的茄科植物(如天使之喇叭、顛茄、天仙子、毒參茄)的生物鹼相同。主要生物鹼為莨菪鹼(hyoscyamine)及高濃度的東莨菪鹼(scopolamine)，曼陀羅鹼(meteloidine)則是曼陀羅的「特徵二次生物鹼」。

黃色，有的是藍色，有的是紅色，有的則是全白的——正是北、南、東、西四個基本方位的顏色。」

這種植物以及與曼陀羅有關的植物，長久以來一直被用作神聖的致幻物，尤其在墨西哥和美國西南部，並且在當地原住民的醫藥與巫教儀式上扮演重要的角色。然而，從古時到現在，它們作為有效的致幻物確實是有危險性的，這一點從來沒有人質疑過。

曼陀羅在歐洲舊大陸顯然不曾具有它在美洲新大陸所扮演的儀式性角色，但它被當成藥物與神聖的致幻物的歷史卻很悠久。早期的梵文和中文典籍都曾記載過白曼陀羅。無可置疑，這種植物就是11世紀阿拉伯醫生阿維森納(Avicenna)所報導的白曼陀羅的核果(Jouzmathal)；這項報導重複記載於迪奧斯科里斯(Dioscorides)的著作裡。metel這名稱來自阿拉伯文，而屬名Datura來自梵文的

Dhatura，由林奈將之轉變成拉丁文。在中國，這種植物被認為是神聖的，當菩薩宣說佛法時，天空會降雨露在它身上。有一則道教傳奇提到，白曼陀羅是一顆拱極星，從這顆星球來到地球的使者，手裡會拿著一朵這樣的花。有幾種曼陀羅在宋朝和明朝(即西元960-1644年)被引進中國和印度。因此在較早期的植物誌裡，沒有關於它們的記載。植物學家李時珍在1596年發表的《本草綱目》中，提到曼陀羅的醫藥用途：用它的花和種子可治療臉部的疹子，而植株則為傷風、神經失調及其他症狀的內服藥方。將它和大麻一起放在酒裡服用，可以當作小手術的麻醉劑。中國人知道曼陀羅的致幻特質，因為李時珍曾拿自己作試驗，他寫道：「相傳，此花笑採釀酒飲，令人笑；舞採釀酒飲，令人舞。予嘗試此，飲至半酣，更令一人或笑或舞引之，乃靈驗也。」

在印度，曼陀羅被稱為毀滅之神濕

最上：西藏醫藥繪畫上對刺蘋果的傳統描繪。

上左：毛曼陀羅垂吊的果實；其種子清晰可見，薩滿巫會嚼食種子以求產生「千里眼」的恍惚狀態。

上中：自古以來，曼陀羅屬的許多種植物在墨西哥一直扮演至為重要的醫藥與致幻物角色。這張取自巴迪阿努斯(Badianus)的《巴迪亞努斯手抄本》(Codex Berberini Latina 241, Folio 29)的書頁描繪曼陀羅屬的兩種植物，並敘述它們在治療上的用途。這份1542年的文獻是新大陸第一份書寫草本植物的文獻。

上右：在尼泊爾的帕舒帕蒂納特(Pashupatinath)，一朵曼陀羅花被放在象徵性活力的印度神石(Shiva Lingam)上作為供物。

右：白曼陀羅的典型果實。在印度它是獻給濕婆神的供物。

下：信眾相信佛陀講道時，露珠或雨滴會從天空落到曼陀羅上。這座出自中國隋朝年間的青銅神龕，描繪佛陀坐在天堂寶石樹下。

婆的髮束。跳舞的女孩有時會拿它的種子來做藥酒，任何人喝了這種飲劑，會表現出被附身的樣子，能回答問題，但他不能控制自己的意志，也不知道跟他說話的人是誰，而且會在致幻效力消退後喪失有關這些行為的記憶。因此，許多印度人稱曼陀羅為「醉鬼」、「瘋子」、「騙子」、「搗蛋鬼」等。1796年英國旅人哈德威克(Hardwicke)發現這種植物在印度的山區鄉村尋常可見，並報導用這種植物製成的浸劑可用來增強酒精飲料的致幻效果。在梵文發展期間，印度醫藥很重視白曼陀羅在治療心理疾病、各種熱症、腫瘤、乳房發炎、皮膚病及腹瀉上的效力。

在亞洲其他地區，白曼陀羅亦受到重視，同樣在原住民醫藥中被當作致幻物。即使今天，在中南半島，這種植物的種子或被研磨成粉的葉片經常被人拿來和大麻或菸草混合吸食。1578年，有人報導在東印度群島它被用來作為壯陽劑。從最早的希臘羅馬古典時期開始，人們便認識到曼陀羅的危險性。英國植物學家杰勒

108

德(Gerard)認為，曼陀羅就是希臘作家希奧克里特斯 (Theocritus) 所說的會使馬發狂的馬額腫(Hippomanes)。【譯按：長在新生馬駒額頭的腫物，在古代用作催情藥。】

一種現今已廣泛分布於南北半球較溫暖地區的曼陀羅 *Datura stramonium* var. *ferox*，具有幾乎和白曼陀羅一模一樣的用途；在非洲某些地區它的使用尤其普遍。在坦尚尼亞，由於其醉人的效力，人們將它加到一種叫「砰啤」(Pombe)的啤酒裡。它在非洲常

克斯維特爾」(Tolohuaxīhuitl)與「托拉帕特爾」(Tlapatl)。不僅用於引發幻象，也用在許多不同的醫藥用途上，尤其是塗抹在身上以減輕風濕痛或消腫。

埃爾南迪斯(Hernández)於征服墨西哥後不久，在其紀事中提到曼陀羅的醫藥價值，但他也警告過度使用會使病患產生「各式各樣的幻象」而發狂。不論用於法術與宗教或治療，曼陀羅至今仍是墨西哥極普遍的植物。例如在亞基族(Yaqui)，婦女藉它來減輕分娩的疼痛。人們認為它效力非凡，以致只有「有威信者」才可觸摸它。一個民族植物學家寫道：「由於我蒐集這些植物，經常有人警告我，他們說我會發瘋而死，因為我沒有善待它們。之後有些印地安人會好幾天不和我說話。」托洛阿切相當普遍地被用作致幻劑而添加到「麥斯克爾酒」(mescal，用龍舌蘭釀成的蒸餾酒)或「特斯基諾」(Tesguino，用玉米發酵而成的飲料)裡，「作為引發美好的感覺和視覺的催化劑」。有些墨

P108右下：盛開的一朵毛曼陀羅花。馬雅人稱之為「克斯托克烏」(xtohk'uh)，意為「朝向神」，至今仍有薩滿巫醫用它來占卜與治療疾病。

左：一個曼陀羅的果實被放在濕婆的神牛「南迪」(Nandi)塑像上當作祭物。

見的醫藥用途，是吸食其葉片以減輕哮喘和肺部的不適。

在美洲新大陸，墨西哥人稱曼陀羅為「托洛阿切」(Toloache)，是古老的阿茲特克語「托洛阿特辛」(Toloatzin)的現代用語(意思是「垂頭」，和其下垂的果實有關。)在納瓦特爾族語(Nahuatl)裡，它叫「托洛

西哥人會調製一種含有托洛阿切種子和葉片的油膩膏藥，用來塗抹在腹部以引發幻視。

對美國西南部的印地安人而言，毛曼陀羅是神聖的要素，具有非比尋常的重要性，它也是最普遍用來引發幻覺的植物。祖尼（Zuñis）印地安人相信這種植物屬於「雨祭司兄弟會」

上左：在印度北部，曼陀羅的果實被串成花環獻給濕婆。

上右：祕魯北部的民俗療者喜歡使用一種名為「查米科」(Chamico)、由刺蘋果製成的香水。

左上：一種罕見的刺蘋果的果實，其上帶有護刺。

右：刺蘋果的花在晚上綻放，徹夜散發怡人的氣味，於翌晨凋萎。

左下：一種開紫花的白曼陀羅變種，更通俗的名字是紫花曼陀羅 (*Datura fastuosa*)。在非洲這種植物是成年禮中使用的興奮物。

我吃了刺蘋果葉子
葉子使我頭暈眼花。

我吃了刺蘋果葉子
葉子使我頭暈眼花。

我吃了刺蘋果的花
那飲料使我搖搖晃晃。

獵人帶著弓箭
他趕上我並殺了我。

切下我的角並扔掉，
而獵人與蘆葦仍在。

他趕上我而殺了我
砍下我的雙腳並扔掉。

現在蒼蠅發狂了
拍動著翅膀掉落。

醉了的蝴蝶也無法棲穩
翅膀一張一合的搧著。

──拉塞爾(F. Russel)
〈皮馬印地安狩獵之歌〉
(Pima hunting song)

(Rain Priest Fraternity)，只有雨祭司可以蒐集它的根。這些祭司將其根部研磨成粉，放進他們的眼睛裡，以便在夜晚和「鳥禽王國」(Feathered Kingdom)密切交通，他們也嚼食其根部以請求死者代為向鬼靈祈雨。這些祭司進一步使用毛曼陀羅，利用它止痛的效力來抑制進行小手術、正骨、清除潰瘍傷口時所產生的疼痛。約庫特族(Yokut)印地安者稱這種植物為「塔納英」(Tanayin)，他們認為它在夏天是有毒的，因此只在春天用這種藥；他們將它送給正值青春期的少男少女，一生僅此一次，以確保他們一生長命百歲而生活美滿。

圖瓦圖洛瓦爾族(Tubatulobal)【譯按：美國加州中南部克恩河流域上游的一個部族。】的男孩女孩在進入青春期以後，會喝曼陀羅來「獲得生命」，成年人則使用它來獲得幻象。將曼陀羅根部弄軟，用水浸泡10個小時，在喝下大量的這種飲料後，年輕人會陷入昏迷並出現幻覺，後者可能持續24小時之久。若是在幻象出現期間看到動物(例如鵰或鷹)，那麼牠便成為小孩的「寵物」或終生的吉祥物；若是看到「活人」，那麼小孩便得到一個鬼魂。鬼魂是出現在幻象裡的理想之物，因為它不會死。小孩絕對不能殺害他們在曼陀羅幻象中所看到的「寵物」，因為這些寵物會在他

們生重病時探望他們，使他們痊癒。

尤馬恩族(Yuman)印地安人相信，在曼陀羅藥力驅使下，印地安勇士的反應會預告他們的未來。這些人用這種植物來獲得奧祕的力量。要是某人在曼陀羅的藥力下進入恍惚狀態時有鳥對他鳴叫，那麼他將獲得痊癒的力量。

納瓦霍族(Navajo)印地安人使用曼陀羅是因為它具有引發幻象的特性，他們看重它，將它用於診斷、治療及純粹作為致幻劑。納瓦霍人在施行法術時也使用到它。這種植物所引發的幻象特別受到重視，因為這些幻象顯示某些動物具有特殊的意義。一旦從幻象得知病因，就可以念誦某段經文為處方。要是有男人向某個女孩求愛被拒，他可以利用曼陀羅尋求報復，只要將女孩的唾液或取自她鹿皮軟靴上的塵土放在曼陀羅上，然後吟唱一段經文，女孩便立刻發瘋。

一般認為曼陀羅(醉心花)原生於美國東部，當地的阿爾貢金族(Algonquins)及其他族的印地安人可能曾利用它作為儀式用的致幻物。維吉尼亞州的印地安人會在初禮儀式，即成年禮上使用一種名為「維索克坎」(wysoccan)的毒藥。這種藥物的有效成分大概就是曼陀羅。年輕人長期被幽禁，「除了服用有毒而會引發幻覺的植物根部所泃成的或煎熬成

右：非洲東北部庫馬(Kuma)的一個巫師，在一場儀式舞蹈中帶領狂喜著迷的婦女。她們服用的藥物是混合許多種不同植物所製成的，這些植物泰半不為人知，但證據顯示曼陀羅是其中一種。這些婦女被神靈附身，神靈就以她們為媒介。

左：西班牙托缽會修士薩阿貢 (Sahagun)在墨西哥被征服後不久即開始他的記述工作。此為早期記述中的插圖，描繪人們使用曼陀羅泡的茶來減緩風濕痛。此一用法仍為現代藥典所推薦。

的飲料之外，不許他們攝取其他東西」，於是「他們變得僵直、目不轉睛地發狂，這種胡言亂語的瘋狂狀態會維持18-20天之久。」在這段飽受煎熬的時期，他們「不再過他們過去的生活」而開始過成人的生活，喪失自己曾經身為男孩的全部記憶。

在墨西哥有一種奇特的曼陀羅，它非常獨特，因而在曼陀羅屬裡自成一個獨立的分類種，它就是角莖曼陀羅(D. ceratocaula)，一種粗大、分岔、長在沼澤或水裡的多肉莖植物，人們稱之為「使人發瘋的植物」(Torna Loco)，這是一種很強的致幻物。在古代墨西哥，它被視為「奧洛留基(Ololiuqui)的姐妹」而受到尊敬。但關於它的致幻用途，則所知甚少。

曼陀羅屬植物具有的效力都很類似，因為它們的成分非常相似。它們引起的生理作用，一開始是感覺有氣無力，然後逐漸進入一段幻覺期，接著陷入沉睡狀態並喪失意識。使用過量可能會致命或發生精神永久失常的情形。曼陀羅屬的所有植物都會對人的心理造成極強大的影響，無怪乎它們在世界各地的原住民文化裡，都被歸類為神祇植物。

通往祖先之路

p113上：乾燥的伊沃加根部。

p113中左：古老的木製偶像，稱為方神(the Fang)，曾經用於伊沃加的膜拜儀式。

p113中右：引人注目的伊沃加黃色果實。

上左：伊沃加樹叢根部為布維蒂人在膜拜儀式中所服用，藉以召喚其祖先。

上右：伊沃加是儀式中不可或缺之物，遍植於布維蒂寺旁。

「最後一位造物之神Zame ye Mebege賜給我們埃沃卡(Eboka)。有一天⋯⋯他瞧見⋯⋯一個俾格米人比塔穆(Bitamu)在阿坦加(Atanga)樹上的高處摘果子。神讓他從樹上掉下摔死。神把自己的靈附在他身上，並且割下那個俾格米死人的小手指與小腳趾，種在樹林內的許多地方。這些指頭就長成伊沃加小樹叢了。」

夾竹桃科的少數幾種植物中，有一種可用作致幻物。此植物高約1.5-2公尺。黃色的根是它主要的部分，含有精神活性成分的生物鹼。使用方式是，用銼刀去除根皮，直接吃下，亦可將根磨成粉，或者泡在水中服用。

伊沃加是布維蒂教(Bwiti cult)與加彭及薩伊的秘密社團的必備之物。服用伊沃加藥材的方式有兩種：一般在宗教儀式之前或開始不久，服用少量，然後在午夜再服用少量，在膜拜儀式初期服用一、兩次，整個儀式的8-24小時期間，用量則會增加到好幾籃的伊沃加以「開啟腦袋」，當全身癱瘓與幻覺纏身時，便可接觸祖先。

伊沃加藥物對社會文化具有深遠的影響力。根據原住民的說法，新入教者，一定要看到布維蒂才能入教，而看到布維蒂的唯一途徑就是服用伊沃加。這些與服用伊沃加有關的複雜儀式與舞蹈，因地區不同而相差甚遠。伊沃加也進到布維蒂掌控的其他層面的活動。巫師會服用伊沃加，尋覓來自神靈世界的訊息；而宗教領袖有時要整天服用，才能求得祖先的忠告。

伊沃加與死亡密不可分：伊沃加植物往往被神化，被視為一種超自然的生命，是「所有人的祖先」，它能夠非常尊重或鄙視一個人，以致於把那個人帶離世界，帶進死亡的國度。在入教儀式舉行期間，用量過多，有時

會出人命，但是麻醉狀態往往會妨礙儀式的進行，因此入教者必須坐著，雙眼專心注視天空，最後不支倒地時，被抬到一個專門備用的屋子內或藏到森林深處。就在這種神智半睡半醒之間，「影子」(靈魂)便離開肉身，在死亡的國度與祖先共遊。「邦茲」(banzie，即眾天使)——入

教者——如此敘述他們的閱歷：「一位死去的親屬在我沉睡之際來到我面前，要我吃它(即伊沃加)」；「我生病了，被建議要吃伊沃加來治病」；「我想認識神——知道死人的事與另外的國度」；「我走過或飛過一條色彩繽紛的長路或許多條河流，到祖先的面前，祖先領我到偉大的神祇所在」。

伊沃加具有強烈的提神作用，讓服用者不但有旺盛的精力而且歷久不衰，還會有肉身變輕和飄浮升空之

伊沃加的化學

伊沃加(*Tabernanthe iboga*)的成分與其他致幻物類似，尤其與裸蓋菇屬(*Psilocybe*)及威瑞亞屬(*Ololiuqui*)的致幻成分相似。其有效成分是吲哚生物鹼類，即伊沃加因(ibogaine)，可用人工合成，是伊沃加的主要成分。其致幻效果來自中樞神經系統受到強力刺激。

伊菠加因戒毒法

伊沃加的根部含有伊菠加因。此物最先在1960年代由智利精神病學家克勞迪奧・納蘭霍(Claudio Naranjo)所引介，作為治療精神病幻想刺激藥物。如今，伊菠加因是神經心理學研究疾的熱門物質，科學家發現伊菠加因生物鹼能緩和某些毒癮(如海洛因與古柯鹼)，為戒除毒癮之先期藥物。伊菠加因有鎮靜作用。脊椎指壓師卡爾・內爾(Karl Naeher)說：「病人一次大量服用伊菠加因時，可徹底降低戒毒過程中產生的症狀【譯按：如盜汗、噁心、痙攣、抽搐等】，並導致幻覺之『旅』，讓人深刻理解吸毒的個人原因，大部分人進行這類治療後，可以幾個月都不復發。但是，需要經過多次的治療，才有持久的穩定效果。」

目前美國邁阿密州的黛博拉・馬許(Deborah Mash)及其研究小組正在研究伊沃加用於治療毒品濫用的可能性。

感。周遭之物會出現七彩光譜與彩虹效應。「邦茲」因此知道自己正在接近祖先與神祇的國度了。伊沃加可改變服用者對時間的感覺，覺得時間變長。「邦茲」會覺得他們的屬靈之旅

P115上:伊沃加灌木的種子只能在特定的條件下發芽。種子本身並不含活性成分。

P115下:布維蒂膜拜儀式中,音樂佔有重要地位。彈豎琴的琴師不但要奏出引人共鳴的音樂,還要唱出禱詞,表達族人的宇宙觀與世界觀。

上左: 伊沃加灌木的典型葉子。

上右:某植物收藏館中的伊沃加標本。

長達數小時,甚至有數天之久。他們看見肉身離開;有一位服用者說:「我在此,我的肉身正經歷此活動。」大量服用伊沃加會引發聽覺、嗅覺、味覺的幻覺,情緒變化大,可以顯得很恐懼,也可以極端快樂。

早在1819年,一位英國人在主題為加彭的文章中提到屬於神祇植物的埃羅加(Eroga),他描述它是「一種受人喜愛的猛藥」。他顯然看到的是粉狀物,而認定它是燒焦的蘑菇。約在一個世紀以前,法國與比利時的探險家接觸到這個凡非之藥,看見它使用於宗教儀式中。他們提到此藥物可大大強化肌肉的力量,使其維持長久,此外它也具有催情特性。1864年初的一篇報告堅信,除非大量服用,

最早有關伊沃加具致幻效果的報告可追溯至1903年,記述一個入教者服用高劑量的藥物後的經歷:「很快地,他的肌腱伸得直直的,比平常長得多。在癲癇的瘋狂狀態下,他無意識地從口裡吐出帶有預言意義的字,已入會者聽到後,就可證明膜拜之神已進入他的體內。」

在伊沃加膜拜儀式中,也使用其他

上左至右: 在布維蒂教的入教儀式中,新會員服用高劑量的伊沃加根,為的是在威力強大的儀式中與祖先接觸。

否則伊沃加是無毒的,「戰士與獵人在夜間守衛時經常服用伊沃加來提神……。」1880年代,德國人在西非的喀麥隆(加彭之北)看到伊沃加。1898年又有報告指出,它的根「對神經系統具有刺激作用,故對長途疲憊行軍、長時間划獨木舟或在夜間辛苦守衛,伊沃加的價值確實非凡」。

馳名的致幻植物,有時單獨使用,有時與伊沃加木(Tabernanthe iboga)混合使用。先服用少量的伊沃加後再吸食大麻(Cannabis sativa),大麻在當地俗稱為「亞馬」(Yama)或「貝亞馬」(Beyama),即「閻王」之意的植物。在加彭,偶爾將大麻樹脂與伊沃加一起服用。在布維蒂膜拜儀式中,有

時會服用大量的大戟科之多花三麻桿(*Alchornea floribunda*)，俗稱「亞蘭」(Alan)的植物，以求得癲瘓的經驗；在南加彭地區，有時三麻桿與伊沃加會混合使用。在布維蒂膜拜儀式中，當三麻桿作用太慢時，往往會使用另外一種大戟科植物核果糠疹(*Elaeophorbia drupifera*)，即俗稱的「阿揚─貝耶姆」(Ayan-beyem)；用鸚鵡羽毛沾「阿揚─貝耶姆」的乳汁，直接塗在眼睛上，可影響視覺神經，進而產生幻象。

　　最近數十年來，皈依布維蒂教的人數逐年增加，它在社會上的力量不減反增。這代表在受到外來文化衝擊的蛻變中社會，它是一個強大的本土因素。他們認為，藥物與相關的宗教儀式，可以讓他們更容易抗拒從傳統部落生活的個人主義轉變到外來入侵的西方文明之集體主義，不致失去他們的個人身分認同。致幻物與宗教儀式可能是抗拒基督教與回教信仰傳播最強的單一力量，因為它可以聯合許多過去曾經敵對的各個部族，一起抗拒歐洲的新勢力。正如一位新入會者所言：「天主教與新教不是我們的信仰，我在這些教會感到難受不自在。」

　　藥物在文化上的重要性隨處可見。「伊沃加」之名用在整個布維蒂教；「恩得及─埃沃卡」(ndzieboka)即「服用伊沃加者」，就是指該宗教的成員；「恩伊加─埃沃卡」(nyiba-eboka)則是指以致幻植物為主的宗教。

　　伊沃加的真正意涵是指「神祇植物」。現今它似乎仍然存在於西非與中非的原始文化中。

埃庫拉神靈之豆

太古之初，太陽創造了各種生物，作為祂與大地之間的仲介。太陽創造了致幻鼻煙粉，使人類能與超自然的生物接觸。太陽一直把這種鼻煙粉存放在自己的肚臍內，但是卻被太陽之女找到。因此，人類便得到它。這是一種植物所產之物，直接來自眾神。

peregrina）。此植物在文獻上也被記為落腺蕊（*Piptadenia peregrina*）。使用此鼻煙的核心地區可能一直是奧里諾科（Orinoco）。西印度部族基本上被視為是來自南美州北部的侵略者。因此，很有可能吸食此藥物及植物的習俗是由奧里諾科地區的入侵者所引進的。

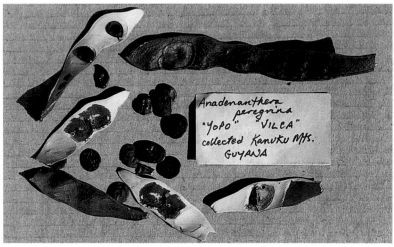

左：許多印地安人用大果柯拉豆樹的豆子製造薩滿巫使用的鼻煙（圖中的標本取自蓋亞那）。

右：洪堡德與共同採集者艾梅·邦普朗（Aimé Bonpland）仔細地調查位於哥倫比亞與委內瑞拉邊界的查奧里諾科河（Orinoco River）的植物群。1801年他們在那裡看到約波鼻煙的調製與使用情形。

早在1496年，西班牙的一則報導提到伊斯帕尼奧拉島的泰諾人（Taino of Hispaniola）曾吸入一種叫做「科奧巴」（Cohoba）的粉末，與靈界溝通。科奧瓦的作用太強烈，吸入者皆出現不省人事的狀態。當昏睡作用逐漸消散及意識逐漸恢復後，手腳會變得軟弱無力，頭往下垂，就在這個時候他們相信自己看到整個房間上下顛倒，所有的人用頭走路。主要是因為西印度群島的原住民消失了，今天在安地列斯群島（Antilles）就再也沒有人服用這種鼻煙科奧巴了。

1916年的民族植物學研究確定了科奧巴的身分。它一直被認為是一種濃烈的菸草類植物，含有奧里諾科人稱為「約波」的致幻鼻煙，該致幻成分來自大果柯拉豆（*Anadenanthera*

目前懷疑在更早以前，約波之使用就已十分普遍。有證據指出，在西班牙殖民時代，哥倫比亞的安地斯地區東方，橫跨南美州的「爾拉諾斯」大草原(llanos)至奧里諾科北部地區的許多「奇夫昌部族」（Chibchan tribes）皆使用約波。

1560年，哥倫比亞拉諾大草原的

左：約波的羽狀細葉是鑑定該種的重要特徵，但葉子本身不含活性物質。

右：在開闊的草生地，即巴西的亞馬遜北部的疏林大草原卡姆波斯(campos)，大果柯拉豆生長旺盛。大果柯拉豆樹的長豆莢，內有6-12枚豆子，這就是致幻鼻煙成分之所在。

下：125年前，英國探險家李查·史普魯斯(Richard Spruce)在奧里諾科地區蒐集到這些工具，用來調製與使用約波鼻煙。這些工具仍然保存在基尤(Kew)的英國皇家植物園的博物館中。

一位傳教士，記下瓜維亞雷河(Rio Guaviare)沿岸印地安人的生活：「他們習慣使用約帕(Yopa)與菸草。約帕是一種樹的種子或果核籽……，服用者變得昏昏欲睡，他們夢到惡魔，惡魔讓他們看到他希望他們看到的一切虛榮與墮落。服用者相信這些都是真

的，即使告知他們將要喪命，也深信不疑。在新大陸服用約帕與菸草是司空見慣的事。」另一位編年史家在1599年寫道：「他們口嚼阿約(Hayo)或霍帕(Jopa)及煙草……，變得神智不清，然後惡魔對他們開口……。霍帕是一種喬木，會長出羽扇豆般的小豆莢，豆莢內的豆子也與羽扇豆的豆子相似，不過顆粒較小。」在哥倫比亞被征服以前，約波便是極為重要的商品，此植物並未分布在高地，而是高地的印地安人遠自熱帶低地買入的：根據早期一位西班牙歷史學家的說法，哥倫比亞安地斯山的穆伊斯卡人(Muisca)使用這類鼻煙：「霍普(Jop)是占卜用之草，為頓哈(Tunja)與博戈塔(Bogotá)的太陽祭司「莫哈斯」(mojas)所使用。至於穆伊斯卡人，

大果柯拉豆的化學

　　大果柯拉豆的有效成分屬於開鏈的(open-chained)與環鏈(ringed)的色胺(tryptamine)衍生物，因此也是重要的吲哚生物鹼種。色氨也是色氨酸(amino acid tryptophane)的基本化合物，廣泛分布在動物界。二甲基色胺(DMT)與蟾毒色胺(bufotenine)代表大果柯拉豆的開鏈色胺，而蟾毒色胺也可見於蟾蜍屬(Bufo sp.)的表皮分泌物內，這也是蟾毒命名的由來。大果柯拉豆內的環鏈衍生物為2-甲基- 與 1,2-二甲基-6-甲氧基四氫-β-咔啉(2-methyl- and 1, 2-dimethyl -6- methoxytetrahydro- β -carboline)。

P118-119手繪圖：在加勒比海與南美洲(如海地、哥斯大黎加、哥倫比亞、巴西)的考古挖掘中出土的無數人工製品，與在儀式中使用的鼻煙有關。

P118-119依照片順序：使用大果柯拉豆調製鼻煙最多的部族是世居南美洲委內瑞拉最南端及其相鄰之巴西最北端的瓦伊卡(Waiká)的一些部族。他們使用大量的致幻粉末，並用古芋竹植物幹莖做成長管，用力將鼻煙吹入對方鼻中。

在吸鼻煙之前，瓦伊卡薩滿巫會聚在一起反覆唱誦，然後在迷醉時祈求埃庫拉神靈(Hekula)出現與他們交談。

鼻煙會快速發生作用，先是流出大量黏稠的鼻涕，時而肌肉明顯顫抖，尤其是雙手抖動，臉部扭曲變形。

此時，許多薩滿巫會開始全場快步遊走，手舞足蹈，大聲喊叫，召喚埃庫拉前來。

他們的精力消耗半個鐘頭到一個鐘頭；最後全身力氣耗盡，陷入昏迷狀態，乃至不省人事，此時幻象就接踵而來。

「在預知事情的結果以前，是不會旅行，也不會發動戰爭或做其他任何重要的事，他們想要確實了解他們所使用的兩種植物，即約普(Yop)與奧斯卡(Osca)……。」

在瓜伊沃人(Guahibo)的生活中，有時約波(Yopo)鼻煙被當作日常使用的提神之物，但是更常被「帕耶」(Payés)，即薩滿巫，用來催眠、追求幻象，與埃庫拉 (Hekula)神靈溝通；預言或占卜；保護族人不受疾病傳染；提高獵人與獵犬的警覺。以大果柯拉豆調製的致幻鼻煙與南美肉豆蔻(Virola)及其他植物的致幻鼻煙，長久以來一直混淆不清，致使人類學文獻資料中的許多分布圖都註明南美洲許多地區使用大果柯拉豆製造的鼻煙，因此使用此類資料者務必小心謹慎。1741年，甘美樂(Gumilla)這位大量著述奧里諾科地區地理資料的耶穌會傳教士，曾寫到奧圖馬克族(Otomac)使用約波的情況：「他們用另外一個令人難受的習慣動作來自我麻醉，就是從鼻孔吸入某種要命的粉末，叫做尤帕(Yupa)。然後他們會失去理性，猛烈地舞動雙臂……。」在描述鼻煙的調製以及習慣上加入由蝸牛殼磨成的

石灰質之後，他報導著：「打仗之前，他們會先用尤帕使自己發狂，弄傷自己，然後滿身是血、充滿敵愾，如兇猛的美洲豹一般上戰場打仗。」

有關約波的第一篇科學報告是探險家洪堡德(Baron von Humboldt)寫的。他確認了約波植物的原產地。他提到，他在1801年曾目睹奧里諾科地區的邁普雷(Maypure)印地安人調製該藥物，他們破開豆莢，弄濕它，讓它發酵；當豆子變黑變軟時，便將之與木薯粉一起揉成餅狀，摻入蝸牛殼粉石灰。只要把餅磨成粉即可做成鼻

118

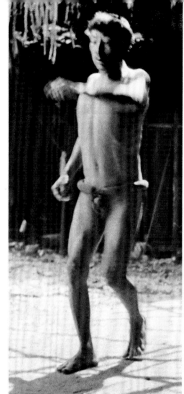

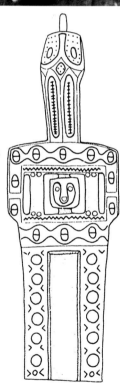

煙。洪堡德相當離譜地認為：「別相信豆莢是促成鼻煙效果的主因……，這些效果乃源自於剛形成的生石灰。」

後來史普魯斯(Spruce)詳細報導奧里諾科的瓜伊沃人調製與使用約波的情形。他曾蒐集了與此物質相關的一套完整研究人種誌的資料，但他在1851年所蒐集擬供化學研究之用的種子，直到1977年才進行化學分析。

「一群流浪的瓜伊沃印地安人……在邁普雷斯地區樹木稀少的大草原紮營。我拜訪他們的營地，看到一個年長的男人正在磨尼奧波(Niopo)種子，我買下他製造與吸食的用具……。種子先經過火烤，再放在木製的淺盤磨成粉末……木盤有一個寬扁的手把，把木盤放在雙膝上，固定住，左手握住手把，右手握著一個小鏟或小槌……，把種子搗碎……。鼻煙放在用一小塊美洲豹腿骨做成的缽內……。為了吸鼻煙，他們用鷺或其他鳥類的一根長腿骨，接成「ㄚ」字狀作菸管……。」

一位和史普魯斯同時代的觀察者描述了吸食約波的效果：「他的雙眼突出、嘴巴縮小緊閉、四肢顫抖，看了

教人害怕。他一定得坐著，否則就會倒下。他會沉醉，不過大約只有五分鐘，然後便開始生龍活虎般地動了起來。」

至於調製約波的方式，因部族及地域不同而有極大的差別。通常都是先用火烤種子，再磨成粉末。一般會加入蝸牛殼製成的石灰或某種植物的木灰，但是有些印地安人使用的鼻煙並不摻入這類鹼性混合物。其他植物的混合物似乎從未與大果柯拉豆鼻煙混用。

大果柯拉豆樹是野生的，有時候被栽培於哥倫比亞與委內瑞拉的奧里諾科流域的大平原或草生地，或分布在英屬蓋亞那南部的疏林地與巴西境內亞馬遜省北部的布羅安科河(Rio Branco)地區，亦零星分布於馬迪拉河(Rio Medeira)地區的疏樹大草原。如果在其他地區發現它，可能是印地安人引進的。有證據顯示，在一個世紀前，在它自然分布的範圍之外的栽培區域，比目前的面積還大。

119

文明的種子

左至右：
馬塔科族的人以新鮮(綠色的)塞維爾豆莢煎熬而成的汁液來洗頭，以治療頭痛。

塞維爾豆即蛇狀柯拉豆(*Anadenanthera colubrina*)，被稱為「文明的種子」，其主要活性成分為蟾毒色胺。

塞維爾豆樹(*Anadenanthera colubrina* var. *cebil*)的成熟豆莢可從樹下拾得。

圖為阿根廷的蛇狀柯拉豆樹之樹皮，有瘤狀突起。

P121：塞維爾樹及其成熟豆莢。

在智利北部的阿塔卡馬(Atacama)沙漠，有一處綠洲，叫做「阿塔卡馬之聖佩德羅」(San Pedro de Atacama)。藝術史學者兼考古學家曼紐爾‧托爾雷斯(C. Manuel Torres)在該處挖掘並研究了六百多座史前時代的墳墓。研究結果令人詫異，幾乎每一個死者人生的最後旅程皆以儀式用的塞維爾鼻煙為伴。

「塞維爾」(Cebíl)一詞是指蛇狀柯拉豆樹(*Anadenanthera colubrina*)，以及該樹的豆子，此豆具有很強的精神活性成分。

阿根廷西北部的普納(Puna)地區有塞維爾豆用於儀式或為薩滿巫所用的最早考古紀錄。該地區吸食塞維爾豆的歷史已超過4500年。在當地的一些

洞穴中可以發現許多陶製吸管。偶爾也能發現吸管的碗內有塞維爾豆子。塞維爾豆具有精神活性的效用，似乎特別對「蒂亞瓦納科」(Tiahuanaco)文化造成影響。蒂亞瓦納科文化是安地斯文明之「母」，其後該地區所有的高度文明都受其影響。

哥倫布抵達美洲以前，許多鼻煙用具(鼻煙片、鼻煙吸管)有蒂亞瓦納文化的圖案，在普納地區與阿塔卡馬(Atacama)沙漠曾發現這些鼻煙用具。它們的製作靈感顯然出自塞維爾豆的啟發。

最早提到安地斯山區南部地區使用塞維爾豆製成的鼻煙粉末，是在1580年西班牙編年史學者克里斯托瓦爾‧德阿爾沃諾斯(Cristobal de Albornoz)的著作《故事》(Relacion)中。殖民時期資料中出現的一種精神活性物質「比利卡」(Villca)，很可能就是塞維爾豆。

阿根廷西北部維奇(Wichi，即馬塔科印地安人(Mataco Indians))的薩滿巫，今日仍然使用塞維爾豆製成的鼻煙。馬塔科的薩滿巫喜歡用煙管或捲煙吸食乾的或烤過的塞維爾豆子。對他們而言，塞維爾豆是用來進入並影響另一個真實世界的工具。在某種程度上來說，塞維爾豆是進入幻想世界

蛇狀柯拉豆的化學

塞維爾豆的若干變種只含有蟾毒色胺(bufotenin)，具精神活性成分，其化學式為$C_{12}H_{16}ON_2$。分析其他的豆子，可發現含有5-甲氧基-甲基色胺(5-MeO-MMT)、二甲基色胺(DMT)，二甲基色胺-氮-氧化物(DMT-N-oxide)、蟾毒色胺與5-羥-二甲基色胺-氮-氧化物(5-OH-DMT-N-Oxide)。早期分析的豆子則有含15mg/g蟾毒色胺。

目前已在取自阿根廷東北部薩爾塔(Salta)地區的乾豆中，發現其主要成分是蟾毒色胺(超過4%)，相關的成分可能是血清素(serotonin)，或稱5-羥色胺，但未含其他的色胺類(tryptamines)或生物鹼。從馬塔科族薩滿巫的園子取得的其他豆子，分析出含12%的蟾毒色胺。成熟的豆莢本身也含有若干蟾毒色胺成分。

下：德國藝術家娜娜‧瑙法特
(Nana Nauwald)於1916年，用
繪畫詮釋她使用塞維爾豆的經
驗。該畫名為「無法與我分開的
東西」，呈現典型「蟲狀」的幻
象。

右：最近的報導指出，阿根廷北部的馬塔科
人吸食或聞蛇狀柯拉豆。此報導可佐證西班
牙人的説法，塞維爾與比利卡鼻煙皆用蛇狀
柯拉豆製成。

比利卡鼻煙

新西班牙【譯按：西班牙在十六世紀殖民新世界時期】的殖民文獻中，有多處提到使用某些種子或果實的精神活性的資料，所用名詞極多，如維爾卡(Huilca)、維利卡(Huillca)、比爾卡(Vilca)、比利卡(Villca)、維爾卡(Wil'ka)、維利卡(Willca 或Willka)等。民族史學家記載的比利卡是一種果實，即今日稱為蛇狀柯拉豆樹的「豆子」。比利卡是祕魯在西班牙人來到之前最具儀式與宗教意義之物，也是印加高位祭司與占卜者烏穆(umu)所指的「比利卡」或「比利卡總管」(villca camayo)。一座神聖的印加『瓦卡』(huaca)遺跡便稱為比利卡或「比利卡科納」(Villcacona)。有一座聖山特別稱之為「比利卡禁區」(Villca Coto)。據説，在太古洪水期，一些人便是靠聖山而存活下來。

對印加人而言，比利卡豆是儀式上很重要的物品，可取代啤酒作為精神活性植物。比利卡「汁」加到發酵的玉米飲料，由預言者飲下，他就具有預見未來的能力。

比利卡豆也稱為灌腸藥，用於醫療及薩滿巫術。

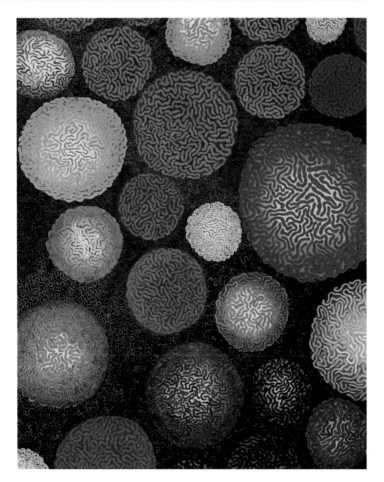

的門戶；這是薩滿巫福爾圖納托‧魯伊斯(Fortunato Ruíz)的描述。他吸食混合著豆子與菸草及阿羅莫(Aromo)豆製成的鼻煙，就和5000年前他祖先所做的一樣。於是阿根廷西北部就成為全世界最久且未曾中斷使用精神活性物質於儀式中的地區，或是薩滿巫使用該物質歷史最悠久的地區。

近來有些馬塔科印地安人改信基督教，他們將塞維爾豆視為聖經上的智慧之樹，但是他們不把塞維爾豆看作「禁果」，反而視它為聖樹的果實，薩滿巫用它來治病。

塞維爾豆引起的幻覺似乎對所謂的「蒂亞瓦納科式」(Tiahuanaco style)圖像有巨大的影響力。藝術家夏文‧德彎塔爾(Chavín de Huantar)的圖作就充滿類似的基調：許多糾纏扭曲的蛇從預言之神的頭部伸出來，這顯然就是塞維爾產生的幻視。

塞維爾鼻煙的致幻作用可維持約20分鐘，包括強烈的迷幻現象，看到的往往只是黑白兩色，鮮少彩色。幻視所見並非(或極少是)自然的幾何圖形，而是具有強烈的流動感與「擴散效果」，令人不由得想起前哥倫布時代蒂亞瓦納科文化的圖象。

吸食塞維爾豆後也會有精神活性作用，效果十分強烈，約30分鐘後才逐漸消退。發作初期覺得身體變得沉重，5-10分鐘後，閉眼，開始產生幻覺，往往看見像蟲又像蛇的東西彼此交纏蠕動。雖然有時候會出現幾何圖形、對稱圖案或立體結晶的幻視，但是幾乎不會有任何真實(如飛行經驗、進入另一個世界、蛻變成另一種動物，與助人神靈接觸等)的強烈幻象發生。

左：前哥倫布時代的鼻煙吸食工具，發現於智利阿塔卡馬的聖佩德羅的一個墳墓。

右：前哥倫布時代以動物骨精雕的鼻煙器，發現於智利阿塔卡馬的聖佩德羅的一個墳墓。

阿根廷西北部的普納地區已被證實為使用薩滿巫致幻植物歷史最悠久的地區，該地區吸食塞維爾豆之治療儀式已有4500年之久。

左：哥倫比亞裔的美國藝術家杜納‧托爾雷斯(Donna Torres)的油畫作品(作於1996年)。畫的是一位正在研究塞維爾豆的民族植物學家的書房。

亞馬遜的神奇飲料

在南美洲的最西北地區有種神奇的麻醉物,當地的印地安人深信此物能釋放桎梏在肉體內的靈魂,使它自由活動,又隨心所欲地回到體內。自由自在的靈魂,將它的主人從日常生活的現實中釋放出來,引導他到達他視為真實的奇妙國度,使他得以與他的祖先交談。南美印地安克丘阿人(Quechua)稱此物為「阿亞瓦斯卡」(Ayahuasca),即「靈魂之藤」,意指它能釋放靈魂。這種植物確實為神祇植物,因為其能力來自住在植物體內的自然力,它是眾神賜給地球上最早的印第安人的神聖禮物。

阿亞瓦斯卡的土名眾多,包括卡皮(Caapi)、達帕(Dápa)、米伊(Mihi)、卡伊(Kahí)、納特馬(Natema)、平德(Pindé)、亞赫(Yajé)等。這種阿亞瓦斯卡飲料可用來預言、占卜、施展法力,並作藥物。阿亞瓦斯卡飲料確實深植於原始社會的神話與哲學裡,無疑地長久以來它已成為原住民生活的一部分。

金虎尾科(Malpighiaceae)中的醉藤屬有兩種近緣的植物,即卡皮藤(B. caapi)與毒藤(B. inebrians),都是調製阿亞瓦斯卡飲料的主要植物。但是,顯然有時當地人也採用其他植物,例如吉特醉藤(B. quitensis)、蝴蝶藤(Mascagnia glandulifera與M. psilophylla var. antifebrilis)、四翅果藤(Tetrapteris methystica)與短尖四翅果藤(T. mucronata)。這些植物皆是金虎尾科中巨大的森林藤蔓植物。人們往往栽植卡皮藤與毒藤,以便隨時取用。

許多不同科的植物往往添加到醉藤飲料內,改變麻醉效果。最常用的添加植物為鱗毛蕨(Diplopterys cabrerana)、茜草科九節屬(Psychotria)的P. carthaginengis或綠九節(P. viridis)。有時也會添加其他已知的精神活性植物,例如曼陀羅木屬的香曼陀羅木(B. suaveolens),番茉莉屬(Brunfelsia)的奇里番茉莉(B. chiricaspi)與大葉番茉莉(B. grandiflora)。其他使用的植物尚有菸草、夾竹桃科的塔馬堅竹桃(Malouetia tamaquarina)與馬蹄花屬(Tabernaemontana)的一種;爵床科的Teliostachya lanceolata var. crispa,即俗稱的「黑托埃」(Toé negra);竹芋科的維奇肖竹芋(Calathea veithiana);莧科的勒氏蓮子草(Alternanthera lehmannii)與血莧屬(Iresine)的一個種別;數種蕨類植物,包括海金沙(Lygodium venustum)與藤蕨(Lomariopsis japurensis)、櫟寄生科植物(Phrygylanthus eugenioides);美國羅勒(Ocimum micranthum);莎草屬(Cyperus)的一個種別;數種仙人掌植物,包括仙人掌屬(Opuntia)與曇花屬(Epiphyllum),與山竹子科及藤黃科的植物。

原住民會給醉藤取不同「種」的名字,但是植物學家往往發現這些全屬同一種植物。要了解原住民的分類法實非易事;有些是根據各生長階段的外型;有些可能是根據藤蔓植物的不同部位;還有一些則根據生長於不同環境(土壤、遮陰、溼度等等條件)的生態。原住民確信這些「種類」具有各種不同的效果,也許它們確實含有不同的化學成分。這種可能性甚少在醉藤研究中被探討,其實它是非常重要的層面之一。

例如,哥倫比亞的圖卡諾族(Tukano)鮑佩斯地區(Vaupés)的醉藤(或稱卡伊Kahi)就有六「種」,而這六「種」還無法作植物學上的鑑定,但是各有其土名。「卡伊—里亞馬」(Kahí-riáma)為作用最強的「種類」,可產生幻聽並宣告未來,據說使用不當會喪命。第二強者為「梅—

上：查克魯納灌木(Chacruna)即
綠九節，是阿亞瓦斯卡飲料第二
重要的成分。

右：阿亞瓦斯卡藤蔓的嫩枝葉。

左：栽植在一個西皮沃印地安人
園子內的阿亞瓦斯卡藤蔓。

P124上：阿亞瓦斯卡藤蔓，即卡
皮藤(*Banisteriopsis caapi*)，是強韌
又生長旺盛的熱帶藤蔓植物。

P124下：枝條碎片是調製阿亞瓦
斯卡致幻物的基本材料。

阿亞瓦斯卡、良藥,使我全然著迷!
幫助我,向我敞開美麗的世界,
造人之神也造了你!向我完全開啟你的醫藥世界,
我將治癒病體:我將治癒這些病童與病婦,只要我盡心盡力!」
──〈西皮沃人的阿亞瓦斯卡之歌〉(Ayahuasca Song of the Shipibo)

左:英國植物學探險家史普魯斯(Spruce)於1851年首次採集到的卡皮藤植物。他從那株卡皮藤取出部分樣本送回英國作化學分析。此植物樣本於1969年收藏於基尤(Kew)的英國皇家植物園內。

中:哥倫比亞與厄瓜多的科凡族(Kofán)巫醫在調製庫拉雷(Curare)與亞赫(Yajé)。這兩種植物的產物有相關性,亞赫是在出發狩獵前使用,因為他們相信這樣可以看得見野獸藏匿之處。

右:調製阿亞瓦斯卡前,新剝下的藤皮必須先用滾水煮過或用冷水徹底捏揉,再用力敲打。

P127左:哥倫比亞與巴西的鮑佩斯河流域的許多圖卡諾部落,會舉行一種男性參與的祭祖儀式。尤魯帕里(Yurupari)舞蹈最主要的項目是備有卡皮藤,讓信眾能與祖先的靈魂溝通。

P127右:發生於皮拉帕拉納(Piraparaná)河流域的巴拉薩納(Barasana)儀式的獨特之處,乃是信眾服用卡皮藤,排成縱隊,唱誦經文,並有複雜的舞步與葫蘆的吱吱聲相伴。

內─卡伊─馬」(Mé-né-kahí-má),以引起綠蛇幻覺而有名;使用的是藤皮部分,據說若沒有謹慎使用,也有喪命之虞。上述這兩「種」可能不是醉藤屬的植物,甚至不是金虎尾科(Malpighiaceae)的植物。

作用第三強的植物是「蘇瓦內爾─卡伊─馬」(Suáner-kahí-má,紅美洲虎的卡伊),會讓人產生紅色幻象。「卡伊─拜─布庫拉─里霍馬」(kahí-vaí-bucura-ríjomá,猴頭的卡伊),可讓猴子產生幻覺並吼叫。作用最弱的種類是「阿朱瑞─卡伊─馬」(Ajúwri-kahí-vaí),幾乎沒有什麼作用,不過用來輔助「梅─內─卡伊─馬」(Méné-kahí-má)。上述的所有「種類」,可能都是指卡皮藤。「卡伊─索莫馬」(Kahí-somomá)或「卡伊─烏科」(Kahí-uco,引起嘔吐的卡伊)是一種灌木,它的葉片加到飲料中,可作催吐劑,毫無疑問它就是鱗毛蕨(Diplopterys cabrerana)。此植物即是哥倫比亞西圖卡諾安(Tukanoan)的西奧納(Siona)所稱的奧科─亞赫(Oco-yajé)。

阿亞瓦斯卡雖然不像佩約特仙人掌或神聖的墨西哥蘑菇那樣有名,但是由於新聞報導稱讚此飲料能予人

心靈感應的能力,而廣受矚目。事實上,卡皮的化學成分研究分離出的第一種生物鹼就稱為「傳心鹼」(Telepathine)。

調製阿亞瓦斯卡飲料的方式有數種。一般是自剛採收的藤莖上刮下藤皮。在西部地區,先沸煮藤皮數小時,然後取少量熬成的黏稠黑汁。在其他地區,先粉碎藤皮,加入水後弄成糊狀。由於它的濃度較稀,須大量服用。

至於此飲料的效果,則視調製方法、服用環境、服用量、添加物的數量與種類、服用目的及薩滿巫主導儀式的方式而定。

服用阿亞瓦斯卡大多會出現噁心、目眩、嘔吐,亢奮或挑釁的情緒。一些印地安人服用後往往會目睹自己受到巨蛇或美洲虎的攻擊。這些動物通常使他羞愧,因為他不過是人。在阿亞瓦斯卡幻象中一再產生的蛇與美洲虎之異象引起心理學家的高度興趣。這些動物會扮演如此重要的角色是可以理解的,因為牠們是居於熱帶森林的印地安人既懼怕又尊崇的動物;牠們的力氣與秘密行徑,讓牠們在印地安人的原始宗教信仰中佔有重要的地位。許多部落的薩滿巫在沉醉期間宛

如美洲虎，會像野貓般張牙舞爪。耶克瓦納族(Yekwana)的巫醫會模仿美洲虎的咆嘯。服用阿亞瓦斯卡的圖卡諾族，會經驗到被美洲虎瓜分吞食或巨蛇游近纏身的惡夢，看見色彩亮麗的巨蛇在屋柱爬上爬下。科尼沃—西皮沃(Conibo-Shipibo)部落掠捕巨蛇，當作個人財物，用以保衛自己能在超自然的戰役中抵禦其他法力高超的薩滿巫。

阿亞瓦斯卡也是薩滿巫的工具，用於診斷病情或趨吉避凶、探測敵人的奸計、預測未來。其實，它不只是薩滿巫的工具，它幾乎已進入服用者生活的各個層面，其程度非其他致幻物可以相比。凡是服用者，不論是不是薩滿巫，皆可目睹神靈、最早的人類、動物，進而了解他們社會秩序的建立。

最重要的是，阿亞瓦斯卡是藥，是最好的藥。祕魯卡姆帕地區(Campa)的阿亞瓦斯卡領袖是一名巫醫，他遵循嚴格的學徒制，靠菸草與阿亞瓦斯卡維繫並增強他的法力。卡姆帕的薩滿巫在阿亞瓦斯卡的作用下，會發出一種令人毛骨悚然、疏離的聲音，他的下巴顫抖不停，表示善神已到，神祇身披華麗衣裳在他面前唱歌跳舞，

醉藤的化學

最先從卡皮藤分離出來的生物鹼叫做「傳心鹼」(telepathine)與醉藤鹼(banisterine)，據信是新近發現的。進一步的化學研究發現這些成分與先前自敘利亞芸香(Syrian Rue)，即駱駝蓬(Peganum harmala)所分離出來的生物鹼駱駝蓬鹼(alkaloid harmine)相同。再者，駱駝蓬(Peganum)的次生物鹼駱駝蓬靈(harmaline)與四氫駱駝蓬鹼(tetrahydroharmine)也存在於醉藤屬(Banisteriopsis)植物。其有效成分吲哚生物鹼，也見於多種其他的致幻植物。

阿亞瓦斯卡製成的飲料是由兩種植物特別混合而成，一為含駱駝蓬靈的卡皮藤與含二甲基色胺(DMT)的駱駝蓬葉。駱駝蓬靈是一種單胺氧化酶(MAO)抑制劑，可降低體內單胺氧化酶的製造與分布。單胺氧化酶一般會分解含有致幻成分的二甲基色胺，以致於二甲基色胺無法穿過血液——大腦的障礙物，進不到中樞神經系統。唯有用上述兩種植物的組合成分，才能讓阿亞瓦斯卡飲料具有意識擴張的效果，得以啟動眼睛看到異象。

含有單胺氧化酶(MAO)-抑制性 β-咔啉生物鹼的植物

醉藤屬 Banisteriopsis spp.	駱駝蓬靈
地膚屬 Kochia scoporia (L.) SCHRAD.	駱駝蓬靈、哈爾滿
百香果屬 Passiflora involucrata	β-咔啉
百香果屬 Passiflora spp.	駱駝蓬靈，哈爾滿等
駱駝蓬 Peganum harmala L.	駱駝蓬鹼，四氫駱駝蓬鹼，二氫駱駝蓬鹼，哈爾滿，異駱駝蓬鹼，四氫哈爾酚，駱駝蓬酚，哈爾酚，去甲駱駝蓬鹼，哈馬靈
馬錢屬 Strychnos usambarensis GILG	哈爾滿
蒺藜 Tribulus terrestris L.	駱駝蓬鹼及其他生物鹼

幾乎所有圖飾的式樣……
都來自幻覺產生
的意象……
其中最特殊的例子是
馬洛卡屋前面牆上
的畫作……
有時候……
代表獵獸之神……
一旦被問到這些畫作，
印地安人只會回應：
「這就是我們喝了亞赫……
看見的光景。」

——吉・雷契爾・朵爾馬多夫
（G. Reiehel Dolmatoff）

薩滿巫不過是用自己的歌聲重複著祂們的歌詞。在歌舞中，薩滿巫的靈魂會四處游走，但這個現象不會妨礙儀式的進行，也不會妨礙薩滿巫向與會者傳達神靈心願的能力。

在圖卡諾人中間，服用阿亞瓦斯卡的人會覺得自己御疾風飛行，帶頭的薩滿巫解釋這是通往天堂的「銀河之旅」的第一站。同樣地，厄瓜多的薩帕羅人(Zaparo)有被提到空中的經驗。祕魯科尼沃─西皮沃的薩滿巫，靈魂可如小鳥般飛翔；或者可坐在一艘由惡魔群駕御的超自然獨木舟到處航行，重新贏回失去或被竊走的眾靈魂。

阿亞瓦斯卡飲料中若加入鱗毛蕨或九節屬的葉片，效果會大為不同。這些葉片含的色胺類生物鹼在口服時並無作用，除非同時有一元胺氧化酶的抑制劑(monoamine oxidase inhibitors)存在，才會有效果。卡皮藤(*B. caapi*)與毒藤(*B. inebrians*)所含的駱駝蓬鹼(harmine)及其衍生物是這類的抑制劑，讓色胺類產生效用。然而，此兩類生物鹼皆具有致幻作用。

當上述添加物皆存在時，眼睛產生幻覺的時間會加長，逼真性也會明顯提升。若是只喝飲料，產生的幻象多為藍、紫或灰色，但加了色胺類添加物後，幻象可能會是紅與黃等明亮的色彩。

飲用阿亞瓦斯卡會有一段時間頭腦暈眩、神經興奮、汗流浹背，有時會噁心想吐，然後隨著眼睛的閉上會產生異常強烈的幻象。在身心俱疲之後，只見五彩繽紛的顏色閃爍。先是白色，然後主要是淡淡的青煙色，之後青煙會逐漸變濃；飲用者最終睡著，不時被夢和間歇的發燒所干擾。之後是嚴重的腹瀉，這是常有的難過經驗。加了色胺類的添加物，除

了強化上述作用外，更會出現顫抖、抽筋、瞳孔放大、脈搏加速的症狀。更進一步的反應往往是出現魯莽的行為，有時甚至會有挑釁的舉動。

在圖卡諾族中，有名的尤魯帕里(Yuruparí)儀式是一種「與祖先溝通的儀式」，這是男性部落社會的根基，也是青少年的成人禮。儀式中用樹皮所做的神聖號角是用來召喚尤魯帕里神靈，不能讓女性看到，這是力量的象徵。在宗教儀式中，這力量是神聖的，有助神靈的繁衍，能治好流行的疾病，提高男性對女性的威望和權力。尤魯帕里儀式如今已式微。下面是最近一次舞蹈的詳細紀錄：

「一陣深沉的鼓聲從馬洛卡屋(maloca)內傳出來，預示著神祕的尤魯帕里號角聲即將出現。一位年長的男性僅僅輕微地暗示，只見所有女性從襁褓到行將就木、牙齒掉光的老嫗，自動走向森林邊緣，僅能從遙遠之處，聽到號角深沉、神祕的旋律，他們相信女性看到號角會招致喪命……帕耶(Paye)薩滿巫與年長男性利用好奇的女性會中毒這種明確的警示來助長儀式的神祕感。」

「四對號角從隱密處取出，然後吹號角者自動圍成一個半圓圈，吹出第一聲深沉哀傷的音符……。」

「許多年長男性同時打開他們裝著儀式用的羽毛束的坦加塔拉(tangatara)盒子，小心翼翼地選取明亮美麗的頸羽，然後綁在長號角的中央部分……。」

「四位年長者，在完美的節奏與高昂激情的時段，炫耀地走到馬洛卡屋，用剛剛裝飾過的號角，吹出音符，時而前進，時而後退地用碎步跳著舞蹈。在此期間，有一對跳著舞蹈，到了屋外，高高舉起他們的號角，在短短繞了一圈後回到屋內，鳥

上：許多種百香果花(*Passiflora*)含有有效成分駱駝蓬鹼與駱駝蓬靈等生物鹼。

右：敘利亞芸香(即駱駝蓬)及其蒴果。

P128上：祕魯庫斯科(Cuzco)機場的畫作，展示了阿亞瓦斯卡的幻象世界。

P128下：西皮沃印地安人的傳統服裝上裝飾著阿亞瓦斯卡的模樣。攝於祕魯的亞里納科(Yarinacocha)地區。

左：科尼沃—西皮沃印地安人的啤酒杯上整個畫了阿亞瓦斯卡的圖案。

右：西皮沃婦女共同在陶瓷上畫阿亞瓦斯卡圖案。

羽的一展一縮，在強光之下，忽明忽滅，刹是美麗非凡。年輕人開始接受第一回的狂鞭，儀式主持人出現了，他拿著奇形怪狀的紅色陶瓶，內盛強烈的致幻物，稱之為「卡皮」(Caapi)。卡皮是一種黏稠、褐色、味苦的液體，裝在成對的小葫蘆瓢內，許多人喝了一口便嘔吐不止……。」

「鞭打過程是兩人一組，第一道抽在小腿與足踝上，鞭打者以相當戲劇化的姿勢從容往後一揮；空中響起手槍般的射擊聲。此時的落點也跟著改

變。很快地，鞭越抽越自由，所有的年輕人全身鞭痕累累，皮裂肉崩，血流不止。不到6或7歲的小男孩會拾起掉在地上的鞭子，興高采烈地學著年長者依樣畫葫蘆。慢慢地，全場逐漸安靜下來，最後只有兩個人待在現場，在屋中央陶醉於他們的揮鞭特技，或彎身、或前進、或後退，身段細緻，舉止優雅。約有12位年長者盛裝出現：穿戴他們最精美的以瓜卡馬約鸚鵡(guacamayo)羽毛裝飾的冠冕、高高的白鷺羽飾、橢圓形黃棕色的吼

猴毛皮、穿山甲鱗盾、猴毛編的絲帶環、稀有的石英岩圓柱，以及美洲虎尖牙腰帶。全身披戴這些耀武揚威的原始社會工藝品，這些男性圍成半圓形搖擺跳舞，每個人將右臂搭在旁人的肩上。全體動作緩慢一致，一邊交換位置，一邊用力踩腳。帶頭的是高齡的帕耶(Paye)，他用一個刻著叉狀的儀式用大菸筒，吹起一陣煙霧祝福同伴，同時不停舞動手中磨得光亮吱吱作響的長矛。全體唱誦莊重的卡奇拉(Cachira)儀式歌曲；他們低沉的歌聲時而上揚，時而下降，混合著神祕的尤魯帕里號角的鳴聲。」

圖卡諾人相信，在世界初創之時，

父用眼睛讓她受孕。她生下的小孩變成卡皮(Caapi)，也就是致幻植物。這個小孩是在電光一閃下誕生的。女人名叫亞赫(Yajé)，她自己割斷臍帶，用神奇的植物搓著小孩的身體，塑造他的體型。這位卡皮小孩，以老人的形貌活著，努力護衛他的致幻能力。從這個高齡的小孩(即卡皮的主人，

許多醉藤屬植物，就像這來自墨西哥南部的粗糙醉藤(*B. muricata*)，含有豐富的單胺氧化酶(MAO)抑制性 β - 咔啉(β -carbolines)。因此，這類植物特別適合用來調製阿亞瓦斯卡的相似物。

人類來到鮑佩斯地區定居繁衍，發生了許多異常之事。人必須篳路藍縷才能在新地方定居下來。河中有駭人的蛇群與危險的魚類；有食人的惡靈；圖卡諾人在驚駭不安中領受他們文化的基本元素。

在這些最早的圖卡諾人中，住著一個女人，她是第一個創造出來的女人，她用視覺「淹沒」男人。圖卡諾人相信在交媾期間，一個男人「淹沒」，就等於眼睛看到幻象。這第一個女人發現自己有了小孩。太陽之

也就是性行為)，圖卡諾男人領受了精液。吉拉多・雷契爾—朵爾馬多夫(Gererdo Reichel-Dolmatoff)提到印地安人時，這樣寫著：「致幻經驗主要是一種性經驗……將其昇華，超越情慾、感官，進到與神話時代子宮時期的神祕結合。這是最終的目的，眾人夢寐以求，但卻只有少許人獲得。」

有人認為，所有的或絕大部分的印地安藝術，是以視覺經驗為基礎。同樣地，顏色具有象徵的意義，黃色或黃白色具有精液的概念，意指太陽

左：一位西皮沃婦女在一件織品上畫傳統阿亞瓦斯卡的圖案。

右：西皮沃印地安人在叢林中的藥鋪。無數的藥用植物可與阿亞瓦斯卡一起服用，加強藥效。

卡希Caji(即阿亞瓦斯卡)
向經驗者展現其
生長 展綠 開花
最後凋落的過程
花朵綻放的時刻
被珍視為經驗的顛峰

——弗羅里安·德爾特簡
(Florian Deltgen, 1993)

的繁殖；紅色代表子宮，「火」和「熱」象徵女性的生殖力；藍色象徵藉菸草之煙而有的思想。這些顏色伴隨著阿亞瓦斯卡而生，各有特定的詮釋。在鮑佩斯地區的河谷裡有許多複雜的岩雕，毫無疑問地它們就是來自這種藥物的經驗。同樣地，圖卡諾群聚的樹皮屋牆的圖案是由阿亞瓦斯卡致幻產生的主題。

出現在壺罐、屋宇、籃子及其他家用物件上的圖案與裝飾，可歸納成兩類：抽象設計與造形裝飾。印地安人知道兩類的不同之處，他們說是卡皮致幻所致。吉·雷契爾—朵爾馬多夫(G. Reichel-Dolmatoff)推測：「有人

史普魯斯(Spruce)在巴西鮑佩斯河谷的圖卡諾部落地區採集植物時，接觸到卡皮木(Caapi)，便將其植物體送往英國分析其化學成分。三年後，他又觀察到奧里諾科河(Orinoco)上游的瓜伊沃(Guahibo)印地安人使用卡皮(Caapi)。後來他在厄瓜多的薩帕羅族(Zaparo)目睹醉藤，將其鑑定為與卡皮木一樣的致幻物。

史普魯斯這樣描寫卡皮：「整個夜晚，年輕人在跳舞的空檔服用卡皮5-6次，但只有少數幾位僅服用1次，更少人是服用2次。持杯者必定是男性，因為女性不准碰也不准嚐卡皮。主人從房屋的另一端開始短跑，雙手各拿一個小葫蘆瓢，內含一匙卡皮，他一面跑，一面『莫-莫-莫-莫-莫』地喃喃自語。當他把其中一杯送到站著等服藥的人身邊時，他的身體越彎越低，最後下巴幾乎碰到雙膝……。服藥後兩分鐘內，效果立即出現。服藥的印地安人臉色變得死白，四肢不聽使喚地顫抖，表情充滿恐懼，突然間反其道的症狀出現；他汗流浹背，似乎被暴怒掌控，狂抓雙臂所及之物……然後衝向門去，他遭受狂烈的鞭打，倒在地上，撞到門柱，一直慘呼哀叫：『我就是要這樣對待我的敵人(叫著對方的名字)！』過了約10分鐘，激動的場面過去，這個印地安人安靜下來，但看起來已精疲力竭。」

一位巴拉薩納(Barasana)的印地安人在他的馬洛卡屋附近沙地上，用圖形記錄他在服用阿亞瓦斯卡過程中看到的圖像。一般認為阿亞瓦斯卡啟示的許多圖案，一方面受制於文化，另一方面受制於植物內活性成分的某種生化作用。

看到一個男人在幹活或看到一幅圖畫，會說：『這便是有人喝了三杯亞赫所目睹的景象』，有時候還能指明是使用了哪種植物，因此而指出在不同情況下痲醉作用的本質。」

這種重要的藥物似乎被認為在很古老的時候就吸引了歐洲人的目光，其實不然。然而，1851年英國植物學家

從史普魯斯的時代起，許多旅行者與探險者常常提到這種阿亞瓦斯卡藥，但是就僅如此，事實上，直到1969年，研究人員才對史普魯斯在1851年採集、準備用於化學試驗的醉藤植物進行化學分析。

對阿亞瓦斯卡、卡皮、亞赫的研究仍然有待努力。時間不多了，必須在所有部族的原始文化被同化甚或滅絕前趕快行動，否則將無法了解它們歷史悠久的理念與用途。

左：哥倫比亞的皮拉帕拉納河下游，恩希(Ngi)地區的一個花崗岩，其上美麗的雕刻顯然存在已久。此段河流的急湍位居地球的赤道，一直被認為是太陽之父與大地之母結婚與創造圖卡諾人之處。印地安人詮釋岩雕上的三角面為陰道，有人形的圖案為有翅的陽具。

上：才華橫溢的祕魯藝術家楊多(Yando)是普卡利帕(Pucallpa)的阿亞瓦斯卡專家(Ayahuasquero)之子，他畫下這幅阿亞瓦斯卡幻象圖。請留意他在意象中很有技巧地混合巨微尺度，來處理複雜的致幻現象。

133

右：經由人工栽種的查克魯納
(Chacruna)即綠九節(*Psychotria
viridis*)的小苗。

醉藤的成分

以下為調製阿亞瓦斯卡飲料，使其有痊癒效力或特性的各種植物：

俗名(中譯名)	植物學名(中文名)	功能
Ai curo(艾庫羅)	*Euphorbia* sp.(大戟屬)	歌聲更好
Aji(阿希)	*Capsicum frutescens*(灌木辣椒)	滋補
Amacisa(阿馬西薩)	*Erythrina* spp.(刺桐屬)	通便
Angel's Trumpet (天使的喇叭)	*Brugmansia* spp.(曼陀羅木屬)	治療精神錯亂，由箭草(magic arrows)引起的疾病，增強法力
Ayahuma(阿亞烏馬)	*Couroupita guianensis*(炮彈樹)	強身
Batsikawa(巴特西卡瓦)	*Psychotria* sp.(九節屬)	使幻覺消退
Cabalonga(卡瓦隆加)	*Thevetia* sp.(黃花夾竹桃屬)	保護不受惡靈之侵犯
Catahua(卡塔瓦)	*Hura crepitans*(沙箱樹)	通便
Cat's claw(貓爪)	*Uncaria tomentosa*(絨毛鉤藤)	強身；治療過敏、腎疾、胃潰瘍、性病
Chiricaspi(奇里卡斯皮)	*Brunfelsia* spp.(番茉莉屬)	治療發燒、肺炎、關節炎
Cuchura-caspi (庫丘拉-卡斯皮)	*Malouetia tamaquarina*(塔馬堅竹桃)	增加診斷力
Cumala(庫馬拉)	*Virola* spp.(肉豆蔻科)	增強視力
Guatillo(瓜蒂略)	*Iochroma fuchsioides*(紫曼陀羅)	增強視力
Guayusa(瓜尤薩)	*Ilex guayusa*(瓜尤薩冬青)	淨化身體、治療嘔吐
Hiporuru(伊波魯魯)	*Alchornea castanaefolia*(栗葉山麻桿)	治療痢疾
Kana(卡納)	*Sabicea amazonensis*(亞馬遜木藤)	增加阿亞瓦斯卡的甜味
Kapok tree(卡波克)	*Ceiba pentandra*(玉蕊吉貝屬)	治療痢疾、其他腸疾
Lupuna(盧普納)	*Chorisia insignis*(特殊醉樹)	治療腸疾
Pfaffia(普法菲亞)	*Pfaffia iresinoides*(普法菲亞)	治療性能力不足
Pichana(皮查納)	*Ocimum micranthum*(美國羅勒)	治療發燒
Piri Piri(皮里-皮里)	*Cyperus* sp.(莎草屬)	壓驚、提振精神、墮胎
Pulma(普爾馬)	*Calathea veitchiana*(維奇肖竹芋)	強化視力
Rami(拉米)	*Lygodium venustum*(海金沙)	強化阿亞瓦斯卡
Remo caspi (雷莫‧卡斯皮)	*Pithecellobium laetum*(猴耳環)	強化阿亞瓦斯卡
Sanango(薩南戈)	*Tabernaemontana sananho* (薩南奧馬蹄花)	治療記憶衰退、有助精神發展、治療關節炎、肺炎
Sucuba(蘇庫瓦)	*Himatanthus sucuuba*(白花夾竹桃)	萃取箭草
Tobacco(多巴科)	*Nicotiana rustica*(黃花菸草)	治療中毒
Toé(托埃)	*Ipomoea carnea*(肉紅薯)	強化視力

上：「農夫的菸草」(*Nicotiana rustica*)是南美洲最重要的薩滿巫植物之一。

下：名為*Cabalonga blanca*的一種黃花夾竹桃屬(*Thevetia*)植物，將其果實摻到阿亞瓦斯卡中，可保護飲用者不受惡靈侵犯。

1

2

1.大花番茉莉(*Brunfelsia grandiflora* spp. *schultesii*)是南美洲北部一種很重要的薩滿巫植物。

2.絨毛鈎藤(*Uncaria tomentosa*)是祕魯印第安人重要的藥用植物,可治療慢性病。

3

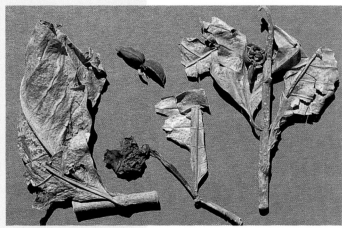

4

5

6

3.對許多印地安人而言,卡波克樹(Kapok tree),即玉蕊吉貝(*Ceiba pentandra*),是世界之樹。

4.肉紅薯(*Ipomoea carnea*)含有多種強勁的精神活性生物鹼,在祕魯亞馬遜盆地被用作阿亞瓦斯卡的成分之一。

5.馬蹄花(*Tabernaemontana sananho*)的葉子可強化記憶。

6.醉樹(*Chorisia insignis*)是薩滿巫宇宙觀中的世界之樹。味澀的樹皮是調製阿亞瓦斯卡的添加物。

7.綠九節的切葉(長於美國加州)。

7

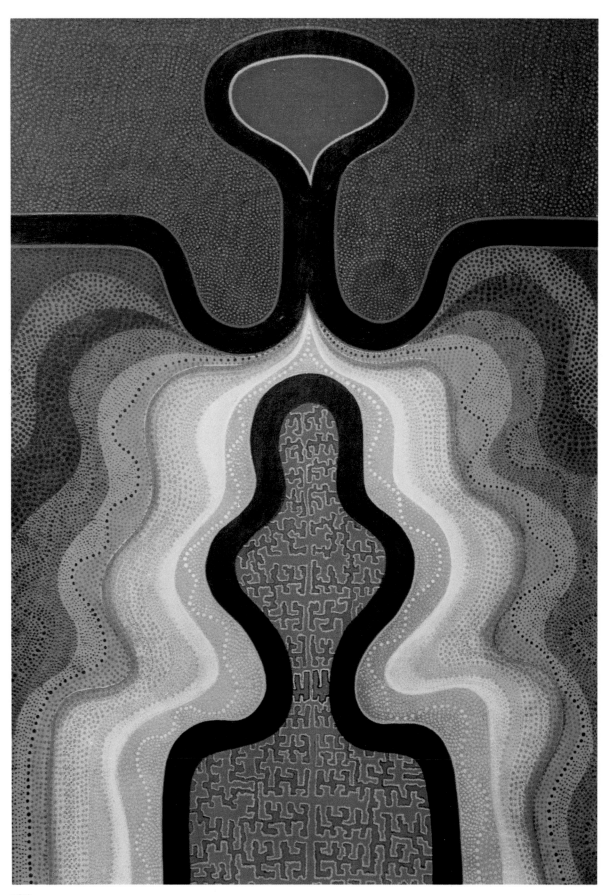

136

類阿亞瓦斯卡

從阿亞瓦斯卡鑑定出的藥理作用，可以在含有類似阿亞瓦斯卡有效成分，如含駱駝蓬靈(harmaline/harmine)、二甲基色胺(DMT)、5-甲氧基-二甲基色胺(5-MeO-DMT)的植物中找到類似之物。凡是不依照傳統方式而將含此類成分的植物組合而成的致幻物，統稱為阿亞瓦斯卡類似物(Ayahusca analog)，簡稱「類瓦斯卡」(Anahuasca)。若由分離的人工合成成分製成的混合物，則稱為「藥瓦斯卡」(pharmahuasca)。

約拿遜・奧特(Jonathan Ott)是一位專門研究天然物成分的化學家，他寫道：「心理航行的阿亞瓦斯卡研究遠離主流科學研究，過去30年來，這類研究幾乎沒有獲得任何補助。或者說，自費研究的科學家在驗證阿亞瓦斯卡的酶理論之前，都處於『地下』研究的階段。最弔詭的是，該研究其實可理直氣壯地宣稱，這研究正居於知覺生物化學與病理腦功能的基因學研究的中心地位……阿亞瓦斯卡的研究不僅是站在神經科學研究的頂點，而且很可能阿亞瓦斯卡的可逆單胺氧化酶(MAO)抑制性功效，可提供一個實用、低毒性的選擇，取代有醫藥用途的有害物質！」

這些阿亞瓦斯卡類似物的價值在於致幻功效，導向一個更深入的精神生態學以及一個全備性的神祕理解。阿亞瓦斯卡及其類似物——但只有在用量適當的情形下——可引發薩滿巫式的幻想。

「薩滿巫式的幻想」是『真正』的古老宗教，現代教會只能模仿它的皮毛。我們的祖先在許多地域、不同的時期發現到，受苦的人類可以在無上喜悅的神祕經驗中，找到使個人與其他生物、甚至其他人類不同的後天智慧與人類皆有的野性、不文明、

健壯的動物性之間的和諧之道。……人類可以沒有信仰，因為極樂經驗的本質及其本身能「賜與」人相信宇宙真正的和諧與整全，並相信我們是整體的一部分。極樂經驗就是向我們顯現宇宙的崇高壯闊，及構成我們日常意識的宇宙動態的、燦爛的、魔幻的神奇。許多神聖的致幻劑，例如阿亞瓦斯卡，可以是新千禧年關鍵時刻超越物質文明的人類的適當藥物，端看人類的作為是否會持續成長與進步，或者人類會在集體生物大崩解中被毀滅，此生物大崩解只有6500萬年前地球發生的那次生物滅絕事件可比擬。……此神聖致幻劑的改革是我們醫治敬愛的大地之母蓋婭 (Mother Gaia)最大的希望，因為此改革會引發真正的宗教復興，幫助我們進入新千禧年。

所有阿亞瓦斯卡類似物都必須含有一種單胺氧化酶(MAO)抑制劑及一種二甲基色胺(DMT)的提供劑。

迄今，大部分的試驗物為卡皮藤(*Banisteriopsis caapi*)等醉藤屬植物與駱駝蓬(*Peganum harmala*)，但自然界尚有其他植物也含有單胺氧化酶抑制劑，例如蒺藜(*Tribulus terrestris*)。在提供二甲基色胺的植物中較受到喜愛的，有綠九節(*Psychotria viridis*)、細花含羞草(*Mimosa tenuiflora*)等植物，不過也有許多其他的可能選擇。(見P138)

P136：德國藝術家娜娜-瑙瓦德(Nana Nauwald)在這張圖中展現她服用阿亞瓦斯卡所產生的幻象，讓觀者一睹「另類真實之境」。

上：許多北美洲山螞蝗屬植物的皮，含有強烈的二甲基色胺，適於調製類似阿亞瓦斯卡的飲料。

糙葉含羞草(*Mimsosa scabrella*)的種子含有二甲基色胺，可用來調製阿亞瓦斯卡類似物。

1.極罕見的顯脈相思樹的葉子，含有豐富的二甲基色胺。此植物只長在澳洲的一座山上。

2.梅氏相思樹是澳洲特有種，其樹皮含有高濃度的二甲基色胺。

3.圖為南美洲樹種*Dictyloma incanescens*的種子。此樹含有大量的5-甲氧基-二甲基色胺。

4.刺毛黧豆的種子深受傳統民族的喜愛，可串成頸鍊，此外，它含有高濃度的二甲基色胺與5-甲氧基-二甲基色胺。

5.一種含有二甲基色胺的山螞蝗屬植物。

6.蘆草的土耳其紅色品種，含有豐富的二甲基色胺。

7.墨西哥的細花含羞草，即*Mimosa hostilis*，其根皮含有豐富的精神活性生物鹼。乾燥的根皮則含有1%的二甲基色胺，極適合用於製造阿亞瓦斯卡類似物。

阿亞瓦斯卡類似物：含二甲基色胺的植物一覽表

科名	藥材	色胺類
Gramineae 禾本科		
Arundo donax L. 蘆竹	地下莖	DMT
Phalaris arundinacea L. 藣草	全株、根	DMT
Phalaris tuberosa L. 藣草(義大利品種)	葉	DMT
Phragmites australis (Cav.) TR. et ST. 澳洲蘆葦	地下莖	DMT, 5-MeO-DMT
Leguminosae豆科		
Acacia madenii F.v. Muell. 梅氏相思樹	樹皮	0.36% DMT
Acacia phlebophylla F.v. Muell. 顯脈相思樹	葉	0.3% DMT
Acacia simplicifolia Druce 單葉相思樹	樹皮	0.81% DMT
Anadenanthera peregrina (L) Spag. 約波豆	皮	DMT, 5-MeO-DMT
Desmanthus illinoensis (Michx.) Macm.	根一皮	可達 0.34% DMT
Desmodium pulchellium Benth. ex Bak. 排錢草	根皮	DMT
Desmodium spp. 山螞蝗屬		DMT
Lespedeza capitata Michx. 頭狀胡枝子		DMT
Mimosa scabrella Benth. 糙葉含羞草	樹皮	DMT
Mimosa tenuiflora (Wild.) Poir. 細花含羞草	根皮部	0.57-1% DMT
Mucuna pruriens DC. 刺毛黧豆	種子	DMT, 5-MeO-DMT
Malpighiaceae金虎尾科		
Diplopterys cabrerana (Cuatr.) Gates 鱗毛蕨	葉	DMT, 5-MeO-DMT
Myristicaceae科		
Virola sebifera Aub. 蠟南美肉豆蔻	樹皮	DMT
Virola theiodora (Spruce ex Benth.) Warb. 神南美肉豆蔻	花	0.44% DMT
Virola spp. 南美肉豆蔻屬	樹皮、樹脂	DMT, 5-MeO-DMT
Rubiaceae 茜草科		
Psychotria poeppigiana MUELL. –ARG.	葉	DMT
Psychotria viridis R. et.P. 綠九節	葉	DMT
Rutaceae 芸香科		
Dictyloma incanescens DC	樹皮	0.04% 5-MeO-DMT

DMT：二甲基色胺；5-MeO-DMT：5-甲氧基-二甲基色胺

2

3

胡雷馬瓦斯卡(Juremahuasca)或米莫瓦斯卡(Mimohuasca)

在熟悉野外植物的人當中,這種阿亞瓦斯卡類似物被當作一種調配劑,最具精神活性,也是讓人最容易忍受的致幻物。

一人份需準備:
- 3克細磨的駱駝蓬(*Peganum harmla*)
- 3克細花含羞草(*Mimosa tenuiflora*)根的外皮
- 檸檬汁或酸橙汁

將磨好的駱駝蓬種子泡在水中,然後吞服,或裝入膠囊中服下。15分鐘後,飲下沸煮過的檸檬汁(或酸橙汁)與含羞草根皮混合過的水。

過了45-60分鐘,往往在一陣噁心或嘔吐之後,出現幻象。幻象的形式通常是煙火或萬花筒的圖案,奪目的色彩,奇幻的佛教曼荼羅(mandalas)圓形圖案,或遠行到另一個國度。此效果與亞馬遜調製的阿亞瓦斯卡相同。

阿亞瓦斯卡教會

除了真正的薩滿巫使用阿亞瓦斯卡外,最近綜合性教會紛紛成立,這些教會在部分宗教儀式中也使用阿亞瓦斯卡。在聖戴姆教(Santo Daime)的崇拜與阿亞瓦斯卡教會——União de Vegetal定期舉行的聚會中,會友(大多數來自社會較低階級的拉丁民族與印地安族的混血)集體飲用阿亞瓦斯卡,虔誠合唱聖歌。在一位牧師帶領下,信眾走向樹之神靈及基督聖靈之處。許多教徒發現生命的新意義,並且使靈魂得到醫治。這些巴西教堂的會友亦曾前往歐洲,對他們而言,服用此靈藥與叢林的薩滿巫的作為均是合法的活動。

聖戴姆(Santo Daime)是宗教儀式的飲料,而奧西斯卡(hoasca)是另一個教會的聖物,二者均依照印地安人的原始調配法製成,用卡皮藤(*Banisteriopsis caapi*)與綠九節(*Psychotria viridis*)混合熬煮,製成一種極強烈的致幻物劑。

聖戴姆教在歐洲也有傳教士活動,這個巴西團體的傳教相當成功(尤其在德國與荷蘭)。他們在阿姆斯特丹建立他們自己的教會,同時也在荷蘭進行阿亞瓦斯卡戒毒試驗。

天使之喇叭

1.薩滿巫對這種金黃色曼陀羅木花朵的利用，主要見於哥倫比亞與祕魯北部。

2.曼陀羅木屬植物的花朵和葉片被許多印地安薩滿巫拿來作為醫藥用途。

3.紅曼陀羅木的成熟果實。此植物又稱為「天使之喇叭」，所結的果實數量比其他種曼陀羅木屬植物多。

4.紅曼陀羅木的花。

哥倫比亞南部的瓜姆比亞諾族(Guambiano)印地安人如此描述「山曼陀羅木」(*Brugmansia vulcanicola*)：「在午後聞著亞斯樹(Yas)長鐘形花散發的香氣是多麼怡人啊……但那樹裡住著一個鵰形樹精，有人曾看見牠飛過空中，然後消失……。那樹精非常邪惡，要是有哪個虛弱的人停駐在樹下，他就會遺忘所有的事，……覺得自己是在空中，彷彿置身於亞斯(Yas)樹精的雙翅之上……要是女孩……坐在樹蔭下休息，她會夢到帕埃斯族

(Paez)印地安的男子，之後會有一個人形留在她的子宮裡，六個月後她會生出像亞斯樹樹籽的東西。」

曼陀羅木屬(*Brugmansia*)的樹種原生於南美洲。過去一般認為曼陀羅木屬植物是曼陀羅屬(*Datura*)的一個分類群，但是這些植物的生物學研究結果顯示，它們應可歸類為一個獨立的屬。此屬植物的表現及其分布地區，足以顯明它與人類早有淵源。

曼陀羅木屬植物的致幻用途，可能源自於與它關係密切的曼陀羅屬植物的知識，這知識是由原始印地安蒙古利亞種人，在舊石器時代晚期與中石器時代帶到新大陸的。他們往南遷徙，特別是在墨西哥時遇到其他種別的曼陀羅屬植物，而將它們帶給薩滿巫醫使用。他們到達南美洲安地斯山時，發現曼陀羅木屬和曼陀羅屬植物外表很相似，精神活性也非常雷同。總之，曼陀羅木屬植物的用途在在說明它是古老的植物。

然而，有關南美洲被征服前印地安人對曼陀羅木屬植物的使用，則所知甚微。不過，倒是有零星的文獻資料提及這些致幻植物。法國科學家龔達曼(de la Condamine)提到，馬拉尼翁河(Marañon)地區的奧馬瓜族 (Omagua)印地安人使用這種植物。探險家洪堡德(von Humboldt)與邦普蘭(Bonpland)注意到，「通加」(Tonga)，即開紅花的紅曼陀羅木，在哥倫比亞索加莫薩(Sogamoza)的太陽廟裡，是祭司使用的神聖植物。

曼陀羅木、金曼陀羅木，及紅曼陀羅木通常分布於海拔6000呎以上。其種子多用作奇查啤酒(chicha)的添加物，壓碎的葉片和花朵可加熱水或冷水沏成茶；葉片也可以加到菸草沏成的茶水裡。有些印地安人會刮掉樹枝的柔軟綠皮，將它浸在水裡備用。

1

2

3

4

曼陀羅木屬植物有不同的致幻效果，但不論是哪一種別，都會有一個劇烈的階段。有關這點，最簡單扼要的描述大概就是霍安恩‧丘迪(Johann J. Tschudi)於1846年所寫的，他在祕魯親眼目睹這些植物的致幻效果。當地土著「陷入嚴重的麻木狀態，雙眼空洞地盯著地面看，嘴巴痙攣且緊閉，鼻孔擴張。如此過了一刻鐘，他的眼球開始轉動，口吐白沫，整個身體因陣陣駭人的抽搐而躁動不安。經過這些劇烈的徵兆之後，會有一段數小時的深沉睡眠，當他清醒後，他會談到他拜訪了哪些祖先。」

根據1589年的一項記錄，在頓哈(Tunja)的穆伊斯卡族 (Muisca)印地安人裡，「一個已逝的酋長由他的女人和奴隸陪伴至他的墳墓內，後者會埋葬在不同的土層裡……每一層都有黃金。因此女人和貧窮的奴隸在看到可怕的墳墓前，應該不會害怕死亡；貴族賜給他們的致幻飲料，是在菸草中摻了一種我們叫作「博爾拉切羅」 (Borrachero)，即「醉人木」的葉片，再和他們的日常飲料混合在一起，這樣他們喝了就不會預知即將降臨在他們身上的傷害。」這裡所使用的植物種別無疑就是金曼陀羅木和紅曼陀羅木。

在希瓦羅(Jívaro) 印地安人當中，要是小孩桀驁不馴，會給他們喝紅曼陀羅木和烤焦玉蜀黍所製成的飲料；當小孩進入醉醺狀態時便訓誨他，因此祖靈可能會對他們提出忠告。喬科人(Chocó)則認為，加到神奇的奇查啤酒裡的曼陀羅木種子會使小孩興奮，這種狀態下他們能夠發現黃金。

祕魯的印地安人仍叫紅曼陀羅木為「瓦卡」(Huaca)或「瓦卡查卡」(Huacachaca)，意為「墳墓之植物」。他們深信：這植物能告訴你古時埋在墳墓裡的寶藏在哪裡。

在較炎熱的亞瑪遜河流域西部地區，用香曼陀羅木(*Brugmansia suaveolens*)、異色曼陀羅木(*B. versicolor*)，以及奇曼陀羅木(*B. x insignis*)作為致幻物，或作為阿亞瓦斯卡的混合劑。

就曼陀羅木的使用來看，大約沒有一個地方堪與哥倫比亞境內安地斯山區的西溫多伊(Sibundoy)谷地相比擬。卡姆薩族(Kamsá) 與因加諾族(Ingano)印地安人使用數種曼陀羅木

上：在祕魯，香曼陀羅木的種子被加在玉米啤酒裡，作為致幻的添加物，薩滿巫會攝取較高的劑量；這種致幻物常會引起長達數日的精神錯亂，伴隨著非常厲害的幻覺。

下：血紅天使之喇叭(即紅曼陀羅木)經常被種在聖地和墓園裡。這是智利南部一座聖母像旁的一株紅曼陀羅木大樹。

曼陀羅木的化學

茄科植物、曼陀羅木屬的曼陀羅木(*Brugmansia arborea*)、金曼陀羅木(*B. aurea*)、紅曼陀羅木(*B. sanguinea*)、香曼陀羅木 (*B. suaveolens*)、及異色曼陀羅木(*B. versicolor*)，與曼陀羅屬的許多植物均含有托烷(tropane)生物鹼類：東莨菪鹼(scopolamine)、莨菪鹼 (hyoscyamine)、顛茄鹼(atropine)，以及托烷類的各種次級生物鹼，包括降東莨菪鹼(norscopolamine)、阿朴東莨菪鹼(aposcopolamine)、曼陀羅鹼(meteloidine)等。其中以東莨菪鹼的含量最高，是引起幻覺的主要化學成分。例如，金曼陀羅木的葉片和莖的生物鹼含量為0.3%，其中80%為東莨菪鹼，它也是曼陀羅木根部的主要生物鹼。

右：哥倫比亞南部的西溫多伊谷地，是曼陀羅木屬植物使用相當頻繁之處。該地卡姆薩部落赫赫有名的巫醫是薩爾瓦多·欽多伊(Salvador Chindoy)。圖中他身著儀式裝束，正要開始一場以占卜為目的、靠曼陀羅木致幻的儀式。

左：在哥倫比亞境內的西溫多伊，一個年輕的卡姆薩印地安男孩拿著蛇曼陀羅木的花朵和葉片，接下來基於追求迷醉的目的，用來沏茶；這是為了讓男孩學習致幻物在巫術與醫藥上之用途的祕訣而做的準備。

植物，以及若干當地栽培種作為致幻物。這地區的印地安人(特別是薩滿巫)對這些植物的藥效頗有掌握，已發展出一套知識，並栽植作為私產。

一般而言，某些栽培種是一些特定薩滿巫的財產，在當地各有通俗的叫法。「布耶斯」(Buyés)，即金曼陀羅木，甘葉含有高濃度的托烷生物鹼，是減緩風濕症的有效藥物。另一種叫「比安甘」(Biangan)的栽培種，過去為獵人所使用：把葉片和花朵混在狗食裡餵獵犬，以便狗能找到更多獵物。「阿馬隆」(Amarón)栽培種的舌狀葉可以化膿，並治療風濕，因而受到珍視。最稀罕的栽培種是「薩拉曼」(Salamán)，具有奇特萎縮的葉子，用來治療風濕痛及作為致幻物。最極端的畸形栽培種，乃是「金德」(Quinde)和蒙奇拉(Munchira)，這兩種植物被用來作為催吐劑、祛風藥、驅蠕蟲藥；蒙奇拉還被用來治療丹毒。在西溫多伊(Sibundoy)，金德是利用最為廣泛的栽培種；蒙奇拉則是毒性最強的栽培種。另外罕見的迪恩特斯(Dientes)和奧奇雷(Ochre)栽培種的最重要用途是治療風濕痛。

「我們祖父母告訴我們，這些有著長鐘形花朵、會在午後散發香氣的樹，裡面住著一個樹精，它非常邪惡，以至於以這些植物為食物的印地安人，一聽到它們的名字——凶悍的皮哈奧斯(Pijaos)，就膽顫心驚。」

蛇曼陀羅木(*Culebra borrachero*)被某些植物學家認為是最怪異的栽培種。它比其他任何曼陀羅木屬的栽培種更有效力，是最棘手的占卜場合使用的致幻物，也是風溼或關節炎疼痛的有效藥方。

由於金德與蒙奇拉具有精神活性作用，成為人們最常用的曼陀羅木栽培種，將其葉片或花朵壓碎取汁，或單獨加水飲用，或混合蔗糖蒸餾酒精(aguardinete)飲用。在西溫多伊，只有薩滿巫慣用曼陀羅木屬植物。大部分薩滿巫會「看到」美洲虎和毒蛇的可怕景象。曼陀羅木屬植物所引起的一些症狀及令人難受的後遺症，或許限制了它們的致幻用途。

希瓦羅族印地安人認為日常的生活是假象，背後有超自然的力量在掌控。薩滿巫能藉由有效力的致幻植物，進入縹緲的非人間世界，對付邪惡的諸般力量。希瓦羅的男孩在六歲時必須獲得一個外在的靈魂，叫「阿魯塔姆·瓦卡尼」(arutam wakani)，這是個會產生幻象的靈魂，能讓男孩和他的祖先溝通。為了得到他的外在靈魂，男孩和他父親有一趟朝聖之旅，要到一座神聖的瀑布，洗澡、禁食、喝菸草茶。喝「邁科亞」(Maikoa)，即曼陀羅木汁飲料，也可以讓男孩和超自然界接觸，屆時男孩的外在靈魂會以美洲虎和森蚺的模樣出現，並進入他的身體。

希瓦羅族印地安人經常服用「納特馬」(Natema)，即「阿亞瓦斯卡」或醉藤，來獲得外在靈魂「阿魯塔姆」(arutam)，因為納特馬是強勁的致幻物；但當它不奏效時，就得改用曼陀羅木。希瓦羅印地安人深信，「邁科亞」(即曼陀羅木)會使人精神錯亂。

整體而言，曼陀羅木雖然極其美麗，卻經歷滄桑的歲月。它們是眾神的植物，但卻不像佩約特、蘑菇、醉藤那樣是怡人的神祇的禮物。曼陀羅木那強勁徹底的作用令人難受，會讓人有一段暴力期，甚至暫時精神錯亂，而且它們會帶來極其難受的宿醉，以致被放在次級的地位。誠然，它們是眾神的植物，但眾神並不總是讓人類有好日子過，因此祂們給了人類曼陀羅木屬的植物，人類必須偶爾到曼陀羅木那裡集會。邪惡的鵰在人的頭頂盤旋，「醉人木」時時刻刻在提醒他：要讓眾神聆聽你的心聲不見得是容易的。

右：天使之喇叭那美麗的花朵為象徵派藝術家帶來靈感。圖為以阿爾普翁塞·穆查(Alphonse Mucha)設計之圖案製成的織品(1896年)；真跡典藏於德國司徒噶市(Stuttgart)的弗騰堡(Württemburg)國家美術館。

左：這幅作品出自哥倫比亞境內安地斯山區南部瓜姆比亞諾族印地安人之手，描繪一名當地婦女置身山曼陀羅木樹下。畫中的鵰讓人聯想到邪惡的鬼靈，點出這種樹具有危險的毒性，能使坐在樹下的人忘記事情，並且覺得自己在飛。

小鹿的足印

P145上：佩約特仙人掌的冠部呈現許多不同的形狀，視年齡與生長條件而定。

P145下：生長於美國德州南部原生棲地的一群大型佩約特仙人掌。

　　自最早的歐洲人抵達美洲新大陸開始，佩約特(Peyote)一直引發爭議、受到壓制和迫害。儘管佩約特因為具有「邪惡的詭計」而受到西班牙征服者的譴責，並一再受到地方政府和宗教團體的抨擊，但它卻仍持續在墨西哥印地安人的聖禮中扮演重要的角色，而且它的使用也在過去數百年來擴展到美國境內的北方部落。佩約特崇拜的綿延與茁長是美洲新大陸歷史

　　要消滅這個習俗的結果卻是使之遁入山區，在那裡，使用佩約特進行聖禮的習俗一直維持到今天。

　　佩約特膜拜的歷史有多悠久？早年一位西班牙編年史家薩阿貢 (Fray Bernardino de Sahagún) 根據記錄於印地安年表裡的若干歷史事件估計，在歐洲人抵達前，佩約特為奇奇梅卡族(Chichimeca)和托爾特克族(Toltec)印地安人所知，至少已有1890年之

左：正在開花的烏羽玉仙人掌。

右：一幅維喬爾族的線紗畫，呈現佩約特仙人掌滋養與多產的恩賜。

上迷人的一章，對持續研究該植物及其與人類相關事務的人類學家、心理學家、植物學家與藥理學家而言，它也是一大挑戰。

　　我們可以合理地稱這種無刺的墨西哥仙人掌為美洲新大陸致幻物的原型。它是歐洲人在新大陸最早發現的致幻物之一，無疑地也是西班牙征服者所遇到最能引發幻象的植物。這些征服者發現，佩約特根深柢固地存在原住民的宗教裡，而他們處心積慮想

久。這項估計使得這種墨西哥的「神祇植物」在經濟利用上擁有超過兩千年的歷史。之後，丹麥民族誌學家卡爾・倫姆荷茲(Carl Lumholtz)在奇瓦瓦(Chihuahua)的印地安人中間率先作調查。他認為，佩約特崇拜有更為久遠的歷史。他指出，塔拉烏馬拉族(Tarahumara)印地安人在佩約特禮儀上所使用的一個象徵符號，出現在中美洲火山岩裡一件遠古儀式雕刻品上。後來，考古人員也在美國德州的

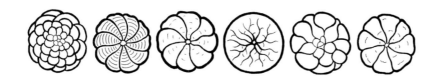

乾燥洞穴和岩穴裡發現佩約特的標本。這些標本的背景說明它們具有禮儀上的用途，也顯示人類使用它們的歷史超過7000年。

歐洲最早有關這種神聖仙人掌的記錄出自薩阿貢，他生於1499年，卒於1590年，大半生都奉獻給墨西哥的印地安人。他準確而第一手的觀察記錄，一直到19世紀才被人發表出來。因此，最早發表有關記述的榮譽便歸給胡安‧卡德納斯(Juan Cardenas)，其有關印地安人奇特秘密的觀察記述，在1591年就發表了。

薩阿貢的著作被列為早期編年史家所寫的最重要記述之一。他描述生活於北方原始沙漠高原的奇奇梅卡族印地安人使用佩約特的情形，為後世留下記錄：「土地上還有像霸王樹(tunas)【譯按：即*Opuntia tuna*，仙人掌屬的一種】的另一種藥草。它叫做「佩奧特爾」(peiotl)，是白色的，分布於北方地區。食用或飲用它的人會看到可怕或可笑的幻象。這種迷幻現象會持續二至三天，然後停止。它在奇奇梅卡族印地安人當中是常見的食物，因為它維繫他們的生命，給予他們勇氣去奮戰而不覺得害怕、飢餓或口渴。而且他們說，它保護他們，使他們遠離任何危險。」

奇奇梅卡人是否為最早發現佩約特具有精神活性特質的印地安人，不得而知。有些學者認為，生活在佩約特分布地區的塔拉烏馬拉族印地安人是最早發現其用途的人，而且佩約特透過他們擴展到科拉族(Cora)、維喬爾族(Huichol)及其他印地安部落。由於這個植物散生在墨西哥境內各地，它的致幻特質有可能是由若干部落各自發現的。

17世紀西班牙耶穌會的幾個教士曾

佩約特的化學

烏羽玉(*Lophophora williamsii*)是第一種接受化學分析的致幻植物，其有效成分在19世紀末就已鑑定出來，是一種結晶形的生物鹼（見P23）。由於萃取出此種生物鹼的乾燥仙人掌叫做mescal button（烏羽玉扣），此種生物鹼遂被稱為mescaline(仙人球毒鹼)。除了具有致幻效果的仙人球毒鹼外，若干相關的生物鹼也已從佩約特及其近緣的仙人掌分離出來。

當仙人球毒鹼的化學結構被解明出來，即可用人工合成方式製造。它的化學成分相當簡單：3, 4, 5, - 三甲氧基-苯乙胺(3, 4, 5, -trimethoxy-phenylethylamine)。有關這個結構的模型圖可參見P186。

仙人球毒鹼的化學成分和神經傳遞質去甲腎上腺素 (nor-epinephrine)有關，去甲腎上腺素是一種腦荷爾蒙，其圖示亦見於P186。仙人球毒鹼的口服有效劑量是0.5至0.8公克。

左：在佩約特儀式中領受幻象後，維喬爾人會帶著裝飾有佩約特圖案的鑲珠「佩約特蛇」到遙遠山區的地母神龕，作為答謝的供物。

右：一株年老碩大的佩約特仙人掌，印地安人稱它為「祖父」，請注意其上有許多幼冠。

作證說，墨西哥印地安人使用佩約特來治療許多疾病，及用於儀式之中。當佩約特的致幻作用出現時，使用者會看到「可怕的幻象」。在西那洛亞州(Sinaloa)待了16年的17世紀耶穌會教士德烈亞‧佩雷斯‧德里維斯(Padre Andréa Pérez de Ribas)提到，人們普遍飲用佩約特，但使用它(即使是為了醫療目的)是受到禁止與處罰的，因為它與透過「魔鬼的幻象」接觸邪靈的「異端宗教儀式與迷信」有關。

第一則有關活體仙人掌的完整描述出自弗朗西斯科‧埃爾南德醫生(Dr. Francisco Hernández)，他以西班牙菲利浦二世私人御醫的身分奉命研究阿茲特克人的醫藥。在埃爾南德有關新西班牙的民族植物學研究中，他這樣描述「佩奧特爾」(peyotl)——即阿茲特克印地安「納瓦特爾」(Nahuatl)語所稱的佩約特：「這根部大小適中，地上沒有長出枝葉，但附有某種

絨毛的東西，因為有這絨毛，我無法貼切地形容它。據說男人和女人都會受到它的傷害。它帶有甜味和中等辣度。將它磨碎敷在受傷的關節，據說可以消除疼痛。關於此點，要是你信得過這些人的話，那麼這根就具有神奇的特性，會使那些吸食佩約特的人預見並預測事情⋯⋯。」

17世紀下半葉，一個西班牙傳教士在納亞里特州(Nayarit)記下了最早有關佩約特儀式的記述。關於科拉族的部落，他如此報導：「樂師旁坐著一個領唱人，他負責原地踏步。每一個領唱人都有助手在他疲憊時接替他。那附近放了一個托盤，上面擺滿佩約特，那是惡魔之根，磨碎之後被人們拿來飲用，以防被這麼耗費精神的冗長儀式拖垮。儀式開始時，男人和女人圍出一個大圓圈，這圓圈盡可能圈住他們為這儀式特別清出的空間。」他們一個接一個地在圈內跳舞或原地踏步，受邀前來的樂師與領唱人在場

子中央，大家唱著他為他們所配的即興旋律。他們徹夜跳舞，從傍晚五點跳到清晨七點，不稍歇息，也不離開圓圈。當舞蹈結束時，凡是能受得了的都站著；而大部分人因為喝了佩約特和酒，雙腿都不聽使喚。」

科拉族、維喬爾族，以及塔拉烏馬拉族印地安人的儀式，其內容大概幾百年來無啥改變：大部分仍然由舞蹈組成。

現代的維喬爾族佩約特儀式最接近哥倫布發現新大陸之前的墨西哥儀式。薩阿貢有關塔拉烏馬拉族儀式的描述，也大可用來形容當今的維喬爾儀式，因為這些印地安人仍然集聚在其位於墨西哥西部馬德雷山(Sierra Madres)的家鄉西北方三百哩的沙漠，仍然日夜吟唱，仍然哭泣不已，仍然崇敬佩約特甚於其他任何具有精神活性的植物，以致神聖蘑菇、牽牛花、曼陀羅，以及其他土生的致幻植物都被交託為巫師所用。

墨西哥所存有的早期紀錄，泰半為反對將佩約特用於宗教習俗上的傳教士所留下的，對他們而言，佩約特因

與異端有關，在基督教裡毫無立足之地。由於西班牙神職人員無法容忍他們自己的宗教以外的任何崇拜，殘酷的迫害於是產生。但是印地安人不願放棄他們已有數百年傳統的佩約特膜拜。

然而，基督教對佩約特的壓制不遺餘力。例如，德州之聖安東尼奧 (San Antonio)附近的一個牧師在1760年發表一份手稿，內含下列針對改信基督教者的問題：「你吃過人肉嗎？你吃過佩約特嗎？」另一位牧師，尼古拉斯・德萊昂(Nicolas de Leon)，也曾盤問有可能皈依基督教的異教徒：「你是預言者嗎？你會藉辨識預兆、解夢，或查看水面的漣漪或圖案等來預言嗎？你會用花環裝飾偶像所在之處嗎？你會吸別人的血嗎？你會在夜裡到處遊蕩，召喚惡魔來幫助你嗎？你曾經自己喝佩約特或給別人喝佩約特，以便發現秘密，或發現被偷走或遺失之物嗎？」

墨西哥已知的仙人掌有佩約特、伊庫里、皮約特羅(Peyotillo)，或假佩約特。這些仙人掌主要含有仙人球毒鹼及其他精神活性的生物鹼。

上左：岩牡丹仙人掌(Ariocarpus retusus)

上右：紫星仙人掌(Astrophyton asterias)

下左：雷氏阿茲特克仙人掌(Aztekium riterii)

下右：龜甲牡丹仙人掌(Ariocarpus fissuratus)

左：已知最早有關烏羽玉的植物圖繪發表於1847年。該種烏羽玉出土於7000多年前的考古遺址。它大概是征服墨西哥的西班牙人最早遇到、也最令他們嘆為觀止的致幻植物。

你明白我們為佩約特奔走時是什麼情形。

我們奔走時，不吃，不喝，意志堅定。

全體一心，這就是我們維喬爾人的作風。

這就是我們的團結。這就是我們必須捍衛的。

——拉蒙·梅迪納·西爾瓦(Ramón Medina Silva)

在維喬爾人的地理觀念中，祖先-神祇所在的維里庫塔是維喬爾部落神聖生命的發源地。佩約特生長於此，每年虔誠的維喬爾人一小群一小群來此朝聖，採集佩約特。前往維里庫塔的路途是遙遠而艱鉅的，朝聖者像先人那樣跋涉。就像眾神一樣，在這趟非比尋常的旅行中，他們克制飲食、性事與睡覺。當他們第一次進入這個樂園國度時，拉蒙·麥地那·西弗(Ramón Medina Silva)薩滿巫對著曾是眾神化身的考卡亞里(Kaukayari，能量聖地)比手劃腳。

19世紀的最後10年，探險家卡爾·倫姆荷茲(Carl Lumholtz)觀察到墨西哥大西洋沿岸馬德雷山脈地區的印地安人(主要是維喬爾族和塔拉烏馬拉族)使用佩約特的情形，他也報導了烏羽玉(*Lophophora williamsii*)儀式，以及與佩約特一起使用或取代它的各種仙人掌。

然而，從來沒有人類學家參與或觀察過尋找佩約特的過程，直到1960年代，維喬爾人才允許人類學家和一個墨西哥作家隨同他們作了若干次的朝

幻象，有時則是間接透過Kauyumari(神聖鹿人暨文化英雄)。塔特瓦里帶領第一次佩約特朝聖之旅，從遠自現在棲居著9000名維喬爾族印地安人之處，進入盛產佩約特的先祖居住地——「維里庫塔」(Wirikuta)地區。在薩滿巫的帶領下，通常有10-15位參與者跟隨塔特瓦里去「尋找他們的生命」，這些人便具有神祇化祖先的身分。

尋找佩約特的過程真的就是在尋找。朝聖者帶著這趟旅行的儀式所需

聖之旅。一年一度，維喬爾族印地安人進行採集「伊庫里」(Hikuri)(這是他們對神聖仙人掌的稱呼)仙人掌的神聖之旅。帶路的是一個有經驗的「阿卡梅」(mara'akame)或薩滿巫，他與「塔特瓦里」(Tatewari)(即我們的祖父—火)有聯繫。塔特瓦里是最老的維喬爾神祇，又稱「伊庫里」(Hikuri)，即佩約特之神。祂化身為人，手腳上有佩約特植株；祂向現代薩滿巫介紹所有的神祇，通常是透過

要的菸草葫蘆。他們往往也帶著水壺，以便將水從維里庫塔運送回家。通常他們停留在維里庫塔時只吃玉米烙餅。不過，朝聖者會在維里庫塔食用佩約特。他們必須長途跋涉。今天，這樣的旅程泰半是以車代步，但在從前，印地安人得步行約兩百哩的路程。

採集佩約特的準備工作包括儀式性的認罪與潔淨。朝聖者必須公開列舉所有的性接觸，但不可顯出羞恥、怨

右：一個佩約特採集者在家中攤開他採集到的佩約特。

左：帶到維里庫塔的籃子只裝若干私人物品和儀式用品。回程時，籃子內則裝滿朝聖時採集到的烏羽玉扣。維喬爾人說，佩約特「非常嬌貴」，因此裝滿佩約特的籃子必須謹慎小心地運回山區，以免碰傷它們。靠在籃子旁的，是一把用來為佩約特舞蹈伴奏的維喬爾小提琴。

下右：從朝聖之旅回來的維喬爾印地安人。

下左：攜帶著一籃子佩約特的採集者。

恨、忌妒，或表達任何敵意。每一樁罪過，薩滿巫都會在繩子上打一個結，儀式結束時會燒毀繩子。在認罪之後，朝聖團便準備出發前往維里庫塔——位於聖・路易斯・波托西(San Luís Potosí)的一個地區——但啟程往

一抵達尋找佩約特的目的地時，薩滿巫就開始禮儀作業，講述古代佩約特的傳統，召喚保護這些活動的力量前來。首次參與朝聖的人蒙著眼睛，所有參與者由薩滿巫帶到只有他看得見的「宇宙入口」。所有的慶祝者

樂園前必須淨身。

當維里庫塔的神聖山脈在望時，朝聖者便接受儀式性的梳洗，並祈求降雨與豐收。在薩滿巫的祈禱與唱誦之中，進入冥界的危險越界之旅揭開序幕。這個旅程有兩個階段：第一是「撞雲之門」，第二個是「雲開」。它們並不代表真實的地點，而只存在於「心理的地圖」；對參與者而言，從一個地點到另一個地點的過程裡，情緒是激動的。

停下來，點亮蠟燭，低聲祈禱，而充滿著超自然力量的薩滿巫則唱誦著。

終於，找到了佩約特。薩滿巫看到了鹿的足跡。他抽箭射向那仙人掌。朝聖者向這第一個被尋獲的伊庫里獻上祭物。越來越多的佩約特被發現，最後採集到好幾籃的佩約特。翌日，採集到更多的佩約特，其中一些要分給留在家中的人享用，剩下的要賣給科拉族和塔拉烏馬拉族的印地安人，他們雖然使用佩約特，但並沒花工夫

P148右：每一個朝聖者都帶了獻給佩約特的供物。在小心翼翼地展示這些禮物之後，朝聖者朝著旭日東昇的方向高舉蠟燭。他們哭求眾神接受他們的供物，在此同時拉蒙(Ramón，右起第二位)熱情地唱誦聖歌。

P151左：維喬爾人的「三位一體」是由鹿、玉蜀黍、佩約特構成，是超象徵的綜合體，這個概念可回溯到創世時期。在神創造天地之前，植物與動物尚未分離，而佩約特代表與超自然界的跨時間連結。在年度的佩約特採集活動中，朝聖者以箭射下所尋獲的第一株佩約特，比作垂死的鹿，並給予特定的頌歌，且獻上玉蜀黍種籽。

P151右上：墨西哥北部亞基族(Yaqui)印地安人以雄鹿象徵佩約特仙人掌，如這木雕所呈現的。

一只裝飾著烏羽玉圖案的維喬爾獻祭用碗。

去找。

接著舉行菸草分配禮。箭矢朝著羅盤的四個方位擺放；在午夜時刻生火。根據維喬爾人的說法，菸草屬火。

薩滿巫開口祈禱，將菸草祭物放在篝火前，以羽毛碰觸，然後將菸草分

的啟示，我就會明白。這世界將會結束，這裡會再度統一。但只為純正的維喬爾人。」

在塔拉烏馬拉人當中，佩約特崇拜較不重要。許多人通常是向維喬爾人購買他們需要的仙人掌。雖然這兩個部落相隔數百哩，彼此也沒有密切的關係，但他們對佩約特的叫法都一樣，都稱它「伊庫里」，兩個部落的佩約特崇拜也有許多相似之處。

塔拉烏馬拉人的佩約特舞蹈可在一年裡的任何時間舉行，基於健康、部落繁榮或單純崇拜的目的。有時它會被納入其他既定的年度節慶活動。儀式主要由舞蹈和祈禱構成，在這之後會有一整天的盛宴。地點在一個打掃得乾乾淨淨的空地。為了生篝火，櫟樹和松樹木頭被拖到會場，依「東—西」方向放置。這個舞蹈的塔拉烏馬拉名稱是「繞著篝火移動」的意思；除了佩約特本身，火是這個儀式最重要的元素。

儀式帶領者有數位女助手，協助準備佩約特植株，在一凹面磨盤上研磨新鮮的仙人掌，小心翼翼地不讓汁液流失一滴。有個助手負責把所有的汁液（甚至包括沖洗凹面磨盤的水）接取到一個葫蘆。帶領者坐在篝火的西側，他的對面可能會豎起一根十字架。在他面前挖有一個小洞，用來讓他可以吐口水。可能會有一個佩約特側擺在他前面，或插到地底下的一個根狀洞裡。他將半個葫蘆倒扣在佩約特上，轉動它，在仙人掌周圍的地面擦刮出一個圓圈。接著他暫時拿開葫蘆，在地面畫一個十字，代表這個凡世，然後再把葫蘆放回去，擺在十字上面。這個葫蘆被當作擦刮佩約特的共鳴器：佩約特就放在共鳴器下，因為它喜歡那個聲音。

「它是一，它是統一，它是我們自己。」維喬爾薩滿巫拉蒙·麥地那·西弗的這些話，描述了佩約特儀式上信眾間的神秘契合，在這些人的生活裡這種契合是非常重要的。在這幅線紗畫裡，6個佩約特採集者和薩滿巫（頂端）在火界裡臻至統一。在佩約特採集者中間的是化為五羽火的塔特瓦里，他是第一個薩滿巫。

配給每一個朝聖者，由朝聖者將菸草放進他的葫蘆裡，象徵菸草的誕生。

維喬爾人的尋找佩約特之旅被視為回歸維里庫塔或樂園，即一個神話歷史典型的開始與結束。一個現代的維喬爾資深薩滿巫作了如下的陳述：「有一天，一切將如你今天在維里庫塔所看到的。最早的人類將回來。田野會是純淨而晶瑩的，這一切我還不是很清楚，不過再過五年，透過更多

右下：維喬爾薩滿巫拉蒙‧梅迪納‧西爾瓦靜靜等待他的佩約特幻象。他裹在自己的毛氈裡，凝視著儀式的篝火，未接收到來自眾神的訊息之前，他可以不動地坐上幾個鐘頭。關於佩約特朝聖之旅，他說：「我們的象徵——鹿、佩約特、五色玉黍蜀——這一切，所有你在我們去尋找佩約特時在維里庫塔所看到的，它們都好美啊。它們美，是因為它們是正確的。」（引自巴爾巴斯‧邁爾霍夫《佩約特採集》(Peyote Hunt, Barbars Myerhoff)

接著，把燃燒珂巴(copal)的香獻給十字架。帶領者的助手面向東邊、下跪、在胸前畫十字，然後在邊跳舞邊搖晃著鹿蹄製的搖棒或搖鈴。

磨好的佩約特被放在靠近十字架的一個缽子或瓦罐裡，由一個助手裝到葫蘆裡端上：當他把葫蘆端到帶領者

從聖伊格納索(San Ignacio)薩塔波料(Satapolio)來，在舞蹈結束之際，當眾人獻上食物開始吃喝時，與塔拉瓦馬拉人一起享受盛宴。」

在美國以及加拿大西部的許多地區，有四十多個美洲印地安部落將佩約特用於宗教的聖禮。由於佩約特被

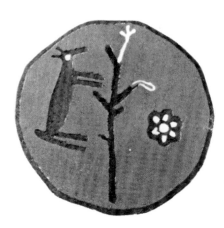

那兒時，會繞火堆三圈，要是把它拿給其他一般的與會者，便只要繞火堆一次。所有的詩歌都在讚美佩約特對他們部落的保護，及其「美麗的致幻力」。

治病儀式通常如同維喬爾人所舉行的方式。

塔拉烏馬拉的帶領者在破曉時分進行醫治儀式。首先帶領者以三次敲擊聲結束舞蹈。他站起來，在一個年輕助手的伴隨下，一面繞著院子，一面用水碰觸每一個人的額頭。他碰觸病人三次，將他的木棒放在病人頭上，敲了三下。敲擊所產生的塵土，即便微小，卻能大大賜予健康與生命，因此會被保存起來作為醫療之用。

最後的儀式是送佩約特回家。帶領者向著東昇的太陽，敲擊三下。「在大清早，伊庫里會乘坐著美麗的綠鴿

上左：在美洲原住民教會裡，主持佩約特集會的「指路人」是大神靈的代表，其職責乃是向參與者指出「佩約特道路」。在史蒂芬‧莫波普(Stephen Mopope)的畫作裡，指路人手執與傳統宗教有關的儀式物件：扇子、手杖與搖棒。他的臉頰畫有佩約特株花的冠冕。中圖亦為莫波普所繪，唱誦聖歌的參與者坐在神聖的帳篷裡，中間是父火與新月形祭壇。帳篷之上是佩約特水鼓。最右邊的照片是蘇族(Sioux)巫醫亨利‧烏鴉‧狗(Henry Crow Dog)在羅薩武德(Rosebud)印第安保留區一個佩約特會上吟唱。

上中：此圖亦為莫波普所作，描繪坐在神聖帳篷內唱歌的信眾，中間是父火和鐮刀形祭壇。

上右：在羅薩武德印第安保留區，佩約特聚會上的蘇族巫醫亨利‧烏鴉‧狗。

廣泛使用，它很早就引起科學家和立法者的注意，也導致人們激烈反對美洲印地安人在儀式上自由使用佩約特，不幸的是，他們的反對往往是不負責任的。

很顯然，是基奧瓦族(Kiowa)和科曼切族(Comanche)印地安人在拜訪墨西哥北部一群原住民時，首次得知這種神聖的美洲植物。美國境內的印地安人在19世紀後半葉時已被限制在保護區內，他們的許多文化遺產逐漸瓦解、消失。面對著這不幸、無可避免的前景，一些印地安人領袖，尤其是被徙置在奧克拉荷馬州部落的領袖，開始積極傳佈一種新的佩約特膜拜，以順應美國較先進的印地安人團體的需求。

基奧瓦族和科曼切族顯然是這個新宗教最活躍的支持者。今天盛行於墨西哥邊界北邊的佩約特儀式，就是稍微修改過的「基奧瓦-科曼奇式」的佩約特儀式。從這種新佩約特膜拜的

快速擴展來判斷，這個儀式必然已強烈吸引美國大平原地區的部落，後來又吸引了其他地區的部落。

新佩約特膜拜的成功擴展，引起基督教傳教士與地方政府對佩約特膜拜的強烈反對。反對之凶猛經常導致當地政府制定壓制性的法律，儘管科學輿論一面倒地指出，應該允許印地安人使用佩約特來進行宗教活動。為了保護他們從事自由宗教活動的權利，美洲印地安人把佩約特膜拜組織成一個合法的宗教團體，即「美洲原住民教會」(Native American Church)。1885年之前，在美國還沒有人知道這個宗教運動，但到1922年它已有13300個會友。1933年，至少有30萬個佩約特教派的會友分布在70個不同的部落裡。

美國境內的印地安人住得離佩約特的自然生長地區很遠，因此他們必須使用乾燥的仙人掌頂部，即所謂的「烏羽玉扣」(mescal button)。它們

左：佩約特搖棒是美洲原住民教會很重要的一項佩約特儀式用道具。

是合法獲得的，透過收集或購買，經由美國郵政分發。有些美洲印地安人仍遵循墨西哥印地安人的習俗，派朝聖者前往田野採集這種仙人掌，但美國境內大部分的部落團體都必須透過購買和郵寄來獲得供應。

該教派會友可能會因重獲健康、旅行平安歸來，或佩約特朝聖之旅成功，心存感激而聚會；他們也可能為慶賀嬰兒誕生、小孩命名、獲得醫治而聚會，甚至只是一般的感恩。

基克卡普族（Kickapoo）印地安人會為逝者舉行佩約特儀式，把逝者遺體搬進儀式帳篷。基奧瓦人可能會在復活節時舉行5個儀式，聖誕節與感恩節時舉行4個，新年時舉行6個。聚會通常只在週六晚上舉行，基奧瓦人尤其如此。凡是佩約特教派的會友，都可能是帶領者，即「指路人」。指路人，有時候是所有的參與者，必須遵守某些禁忌。老年人禁止在聚會前一天或次日吃鹽，在佩約特儀式之後數日都不可沐浴。跟墨西哥部落一樣，他們似乎沒有性禁忌，但禮儀一點也不放蕩。婦女被允許進到會場吃佩約特、祈禱，但她們通常不參與歌唱或擊鼓。小孩在10歲後可以出席聚會觀摩，但要到成年後才能參與。

每個部落的佩約特儀式各不相同。典型的大平原地區印地安人儀式通常在帳篷裡舉行，帳篷搭建在一個用泥土或黏土細心做成的祭壇上；待通宵達旦的儀式結束後，帳篷立刻拆下。有些部落在木製圓屋裡舉行這個儀式，屋裡有用水泥做的永久性祭壇。奧薩赫族（Osage）和夸帕夫族（Quapaw）印地安人經常使用有電燈的圓屋。

「父佩約特」（碩大的「烏羽玉扣」，或乾燥的佩約特植株的頂部）被放到祭壇中央的十字架，或鼠尾草葉做成的玫瑰形圖案上。這個新月形的祭壇是佩約特之靈的象徵，在儀式期間「父佩約特」絕對不能從祭壇拿開。一旦父佩約特擺好了，所有的交

這張照片呈現代表「指路人」權威的羽飾手杖：點燃儀式捲菸的兩支點火棍，其中一支藉雷鳥和十字架的結合表徵基督教與原住民元素的融合；做捲菸用的玉黍蜀殼；鼓棒；幾個葫蘆做的搖棒；兩條偏花槐豆做成的項鍊，是「指路人」服飾的一部分；一束三齒蒿；烏羽玉扣；佩約特的儀式領帶；一塊黑色的「佩約特布」，一支用老鷹翅骨做的笛子和燒香用的一小堆「柏木」針葉。

上左：維喬爾人現代版的「佩約特女神」，即「大地之母」。祂的衣服裝飾著神聖仙人掌的圖案。佩約特是祂給人類的禮物，以便人類與祂聯繫。透過對佩約特女神的認識，人類學習到敬重與尊崇地球，以及明智地利用地球。

上右：一個維喬爾男子與他在村子裡栽種並悉心照顧的佩約特小園圃。

下：一個維喬爾阿卡梅薩滿巫和他的助手們一起在廟前唱誦，佩約特儀式將在此舉行。

P155上：在迷幻儀式上，把磨碎的佩約特與水混合，然後給與會的眾人飲用。

談便停止，所有的眼睛都朝向祭壇。

菸草和玉米包葉或埃默里櫟(black jack oak)【譯按：即Quercus emoryi，是分布在美國東南部的黑櫟】樹葉在圍圈坐著的崇拜者之間傳遞，每個人都做了一根捲菸，以便在帶領者主持的開場祈禱時使用。

接下來的程序包括以柏香潔淨烏羽玉扣的袋子。在這項祈福之後，指路人從袋子裡取出4個烏羽玉扣，再把袋子以順時鐘方向傳下去，每個膜拜者拿4個。儀式進行期間，隨時都有可能需要更多的佩約特，消耗量的多寡由個人自行斟酌決定。有些佩約特食用者一個晚上會吃上36個「扣子」，有的吹噓自己吃掉50個之多。平均數量大概是每人吃一打。

唱歌活動由指路人開始，開頭的歌總是一成不變，用高鼻音調歌唱或唸誦。歌詞翻譯之後的意思是：「願神祇保佑我，助我，賜我力量與理解力。」

有時候，指路人可能會被要求醫治病人。這個程序有不同的形式。醫治儀式幾乎總是很簡單，內容包括祈禱，以及頻繁地使用十字架這個標誌。

在儀式中食用的佩約特具有聖餐的角色，部分是由於它具有精神活性：會讓服用者有安樂感，使耽溺於吸食佩約特的人經驗一些心理作用（主要是色彩繽紛、千變萬化的幻象）。在美洲原住民的心目中，佩約特是神聖的，是神的「使者」，能使個人不靠祭司的媒介，就能與神溝通。對許多佩約特信徒而言，它是神的人間代表。「甚至在神派遣基督到殺祂的白人之前，神便告訴德拉瓦人(Delawares)要行善……」一個印地安人向一個人類學家這樣解釋，「神造了佩約特。它是祂的力量。它是耶穌的力量。耶穌後來才來到世間，在佩約特之後……神（透過佩約特）告訴德拉瓦人的話，就和曾經告訴白人的那些話一樣。」

與佩約特作為聖餐用途有關的是，它在醫藥用途上的價值受到肯定。一些印地安人聲稱，要是佩約特使用得當，所有其他的藥物都將無用武之地。佩約特被認定具有療效，可能是佩約特膜拜能在美國迅速擴展的主要原因。

佩約特膜拜是一種醫藥宗教崇拜。在考量美洲原住民醫藥時，我們必須

時時記住原住民的醫藥概念和現代西方醫藥概念之間的差別。一般而言，原住民社會無法理解人會自然死亡或生病，而相信死亡是超自然力量介入的結果。他們所謂的「醫藥」分為兩種：具有純粹生理效力的醫藥（即減輕牙痛或消化不良）；以及成效卓越的醫藥，它們使巫師能透過各種幻象，來跟造成疾病與死亡的邪靈溝通。

佩約特教之所以能在美國境內快速成長且不屈不撓，因素眾多，並且彼此互有關連。其中最明顯，也是最常被提到的，包括容易合法取得致幻物；聯邦政府未加干涉；部落休兵；保留區的生活方式帶來聯姻及社會與宗教理念的和平交流；運輸與郵政流通便利；對入侵的西方文化抱持順從態度。

1995年，柯林頓政府同意美洲原住民教會對佩約特的使用合法化！

納瓦霍印地安人的佩約特鳥現代版。

左：以孔雀羽毛做成的佩約特扇（納瓦霍族）被印地安人用來引發幻象。

神衹的小花兒

已發現的最大的靛變裸蓋菇(*Psilocybe azurescens*)子實體之一。

「人間之外有一個世界，那個世界既遙遠又近在咫尺，而且是我們看不見的。那是神的居所，是逝者、眾靈與眾聖人所住之地，在那裡萬事早已發生，一切都是已知。那個世界會說話，有自己的語言。我可轉述它所說的。神聖的蘑菇執起我的手，帶我去那個萬物皆為已知的世界。是神聖的蘑菇，它們用我能了解的方式說話。我問他們問題，它們給我答覆。和它們一起旅行回來以後，我便向人訴說它們告訴我、向我呈現的一切。」

這是著名的馬薩特克(Mazatec)印地安的薩滿巫馬里亞‧薩賓納(María Sabina)以崇敬之情描述迷幻蘑菇神賜力量的一段話，這種力量被運用在她所進行承傳已久的儀式裡。

像墨西哥的神聖蘑菇這樣受到人類崇敬的神衹植物少之又少。這些真菌無比神聖，以致阿茲特克印地安人稱之為「特奧納納卡特爾」(Teonanácatl)，意為「神聖之肉」，並且只在他們最神聖的典禮上使用它們。儘管蘑菇是真菌而不會開花，阿茲特克印地安人仍稱它們為「花」，現今仍將它們用在宗教儀式上的印地安人還為它們取了一些暱稱，例如「小花兒」。

當西班牙人征服墨西哥時，他們驚

訝地發現土著借助於有迷醉力的植物來膜拜他們的神，這些植物包括佩約特、奧洛留基(Ololiuqui)，及特奧納納卡特爾等。其中蘑菇尤其令歐洲宗教勢力不快，因此他們著手斷絕其在宗教儀式上的用途。

「他們擁有另一種致幻的方法，那可以加劇他們的殘酷；因為如果他們使用某種小型有毒真菌，他們會看到千百種幻象，特別是蛇。他們用他們的語言稱呼這些蘑菇為『特烏納馬卡特爾特』(teunamacatlth)，意思是『神之肉』或他們所崇拜的魔鬼，他們便是以此方法，領受殘酷之神所賜的苦毒食物聖餐。

1656年，一本供傳教士使用的指南據理反對印地安人的偶像崇拜，包括攝食蘑菇，並且建議要將它連根拔除。不僅有報導譴責「特奧納納卡特爾」，還有人以寫實的插圖斥責它。有一幅插畫描繪惡魔慫恿一個印地安人吃蘑菇；另一幅則畫著魔鬼在一株蘑菇上表演舞蹈。

「但是，在講解這個偶像崇拜之前，」一名神職人員說，「我想要說明我們所談的這種蘑菇的性質：它體型小、顏色微黃。為了採集這種蘑菇，祭司和年長者被任命為騙人的使者，他們幾乎在那裡待一整夜，傳

1. *Psilocybe mexicana*墨西哥裸蓋菇
2. *Psilocybe semperviva*常綠裸蓋菇
3. *Psilocybe yungensis* 容格裸蓋菇

4.*Psilocybe caerulescens* var. *mazatecorum* 馬茲特克藍變裸蓋菇
5.*Psilocybe caerulescens* var. *nigripes* 藍黑變裸蓋菇

2　　　　　　　　　3　　　　4　　　　　　5

裸蓋菇屬中最大型且效力最強的一種蘑菇，在1979年發現於美國奧勒岡州的阿斯托里亞(Astoria)。靛變裸蓋菇也是蘑菇中裸蓋菇鹼濃度最高的一種。

教，迷信地祈禱。清晨，當他們所認識的某種微風開始吹動時，便開始採集蘑菇，賦予它們神性。人吃了或喝了這些蘑菇，便會昏沈迷醉，喪失知覺，這種菇讓服用者相信許許多多荒誕的事。」

西班牙國王的私人御醫費爾南德斯醫生(Dr. Francisco Hernández)寫道，為人膜拜的致幻蘑菇有三種。在描述一個致命的種別之後，他如此敘述：「其他兩種吃了以後不會喪命，而是會發狂，其症狀是大笑不止，有時甚至會長久不癒。這種蘑菇通常被稱為『特伊烏因特利』(teyhuintli)，其色深黃，其味苦澀，具有不難聞的新鮮氣味。也有其他種蘑菇，不會引發大笑，而是會讓人看到種種幻象，諸如戰爭和類似鬼怪的形體。還有別種同樣為王公所喜愛的蘑菇，用於宗教節日或盛宴，價值不貲。為了找到它們，搜尋者必須徹夜守候，且帶著敬畏之心。這種蘑菇是淡褐色的，帶點苦澀味。」

有四世紀之久，蘑菇崇拜絲毫不為人知；甚至有人一度懷疑蘑菇被當成迷幻藥用在典禮上。教堂神父成功地以此種迫害手段將蘑菇崇拜地下化，以致在本世紀以前從來沒有人類學家或植物學家了解蘑菇的宗教用途。

6. *Psilocybe cubensis* 古巴裸蓋菇
7. *Psilocybe wassonii* 沃森氏裸蓋菇
8. *Psilocybe hoogshagenii* 霍氏裸蓋菇
9. *Psilocybe siligineoides* 擬角裸蓋菇
10. *Panaeolus sphinctrinus* 褶環斑褶菇

6
7
8
9
10

右：薄裸蓋菇（*Psilocybe
pelliculosa*)是作用較弱、效力較
溫和的蘑菇，分布於太平洋西北
地區。

左下：具有精神活性作用的蘑菇
分布於世界各地。在許多地方，
喜愛蘑菇的遊客可以買到以蘑菇
為主要圖案的T恤。圖為來自尼泊
爾加德滿都的刺繡。

1916年，一位美國植物學家終於提出一個鑑定「特奧納納卡特爾」的辦法，他斷言：特奧納納卡特爾和佩約特是相同的藥物。他透露，由於對編年史家和印地安人的不信任，促使土著為了保護佩約特而向當局謊報蘑菇就是佩約特。他論稱，乾燥、褐色而呈扁平圓盤狀的佩約特頂部很像乾蘑菇，像到甚至可以瞞過真菌學家。直到1930年代，迷幻蘑菇在墨西哥所扮演的角色，及其植物學身分和化學組成的知識，才為人所知。在1930年代

末期，人們才採集到諸多神聖墨西哥蘑菇中的兩種，並和現代蘑菇典禮聯上關係。接下來的田野研究促成了二十幾種神聖蘑菇的發現，最重要者為裸蓋菇屬（*Psilocybe*)，其中十二種已有記錄，但不包括古巴球蓋菇（*Stropharia cubensis*)，雖然它有時被歸為裸蓋菇屬。最重要的種別似乎是墨西哥裸蓋菇（*Psilocybe mexicana*)、古巴裸蓋菇（*P. cubensis*)和*P. caerulescens*。

這些不同的蘑菇已被下列各族印地安人運用於占卜和宗教儀式上：瓦哈

16世紀的西班牙托缽會士貝爾納爾迪諾·德·薩阿貢 (Bernardino de Sahagún)譴責阿茲特克印地安人在聖禮上使用墨西哥裸蓋菇，即「奇妙蘑菇」。這幅圖畫出自薩阿貢著名的《佛羅倫薩古抄本》(Codex Florentino)，在粗略勾勒的蘑菇上方有個惡魔般的鬼靈。

卡(Oaxaca)的馬薩特克族(Mazatec)、奇南特克族(Chinantec)、查蒂諾族(Chatino)、米塞族(Mixe)、薩波特克族(Zapotec)、米斯特克族(Mixtec)；普埃布拉(Puebla)的納瓦族(Nahua)，可能還有奧托米族(Otomi)；以及米喬安卡(Michoanca)的塔拉斯坎斯族(Tarascans)。目前頻繁使用神聖蘑菇的部族，主要是馬薩特克族印地安人。

蘑菇的產量每年不同，生產的季節也不一樣。有些年會有一種或多種蘑菇特別罕見或絕跡。蘑菇的分布位置也會改變，而且不是隨處可見。再者，每一個薩滿巫都有他最中意的蘑菇與忌諱的種類；例如，馬里亞·薩賓納(María Sabina)就不使用古巴裸蓋菇。還有，使用者對某些蘑菇有其特定目的。也就是說，每一回的民族植物探勘，可能無法如預期找到和某次相同種類的蘑菇，即便是由同一批人到同一地點去找。

據化學研究顯示，裸蓋菇鹼(psilocybine)，其次是裸蓋菇素(psilocine)，存在於和墨西哥儀式有關的數個屬的多種蘑菇裡。事實上，這些化學複合物已經從分布廣泛並散在世界各地的多種裸蓋菇屬和其他屬蘑菇裡離析出來。不過現有證據顯示，含裸蓋菇鹼的蘑菇，目前只有在墨西哥才用於土著的儀式典禮上。

現代蘑菇慶典是徹夜的降神會，有些還包括治病儀式。典禮的主要節目在吟誦中進行。蘑菇引起的迷幻作用主要是看見如萬花筒般變換、五彩繽紛的幻象，有時會出現幻聽，與會者會陷入一波波超自然的幻想裡。

儀式用的蘑菇由一個年輕處女在新月時到森林採得，之後這些蘑菇被拿到教堂，放在祭壇上短暫一段時間。它們從不在市場上販售。馬薩特克印

特奧納納卡特爾的化學

特奧納納卡特爾(Teonanácatl)，即墨西哥的神聖蘑菇，具有的致幻作用來自兩種生物鹼，即裸蓋菇鹼(psilocybine)與裸蓋菇素(psilocine)。

其主要成分裸蓋菇鹼是裸蓋菇素的磷酸酯，通常以微量元素存在。裸蓋菇鹼和裸蓋菇素是色胺衍生物，屬於吲哚生物鹼類。它們的結晶見於第23頁圖示；其化學結構見於第186頁。這些致幻物與精神化合物血清素的關係尤其明顯。血清素之分子模型圖見於第187頁，它是一種神經傳遞介質，因此，在精神功能的生物化學上十分重要。男人的有效劑量是6-12毫克，20-30毫克即可引發強烈的幻視。

地安人稱這些蘑菇為「恩蒂伊-西-特奧」(Nti-si-tho)，其中「恩蒂伊」是表示尊敬與親愛的冠詞；其餘的字義是「萌生的東西」。有個馬薩特克印地安人作這樣詩意的解釋：「小蘑菇自個兒不知從哪兒冒出來，就像風不知從哪裡跑出來，全沒來由的。」

男的或女的薩滿巫會唱誦好幾個小時，配合著吟唱節奏，不時拍掌，或以物敲擊大腿。馬里亞·薩賓納的吟唱已被錄下來並加以研究、翻譯，她的吟唱有一大部分是她謙虛地宣稱自己有資格透過蘑菇來治病和闡釋神力。以下摘錄自她的吟唱，全都以音調優美的馬薩特克語唱誦，可以讓我們看出她的許多「資格」。

上左：墨西哥的天主教堂裡，供奉一個非比尋常的聖者，名為埃爾·寧奧(El Niño，意即聖嬰)。墨西哥的印地安人認為他是神聖蘑菇的化身，他們也稱神聖蘑菇為「埃爾寧奧」。圖為墨西哥奇亞帕斯省(Chiapas)的聖克里托·德拉斯·卡薩斯自治市(San Cristobal de Las Casas)的一座聖壇。

上右：熱帶的魔法蘑菇，即古巴裸蓋菇，又名古巴球蓋菇(Stropharia cubensis)，最初在古巴採集到。它生長於所有熱帶地區，偏好有牛糞的地方。

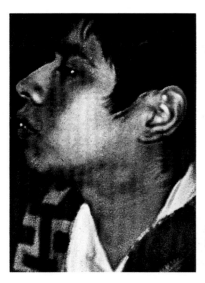

1958年，著名的馬薩特克族薩滿巫馬里亞‧薩賓納為一名病重的十七歲青年佩費克托‧霍塞‧加爾夏(Pefecto Jose Garcia)舉行一場守夜儀式晚會。

(由左至右)：
佩費克托等待守夜儀式的開始。

儀式開始，佩費克托站起來，馬里亞‧薩賓納轉過頭凝視他。

薩滿巫在向幾對神聖蘑菇獻香後，將有迷醉力的植物遞給佩費克托食用。

佩費克托聽到馬里亞‧薩賓納借助蘑菇而得知的不利診斷結果——痊癒無望，驚恐絕望地崩潰了。

儘管診斷結果是不利的，薩滿巫和她的女兒仍繼續吟誦，期望得到更多領悟——即使她已知道佩費克托的靈魂將喪失而不可挽回。

「雷鳴之女是我，聲響之女是我。蜘蛛女是我，蜂鳥女是我。鶌女是我，顯赫鶌女是我。旋風中的旋風女是我，神聖奇幻地之女是我流星女是我。」

戈登‧沃森(R. Gordon Wasson)是第一個目睹馬薩特克族印地安人蘑菇聖禮的非印地安人，他寫了以下有關蘑菇使用的心得：

「讓我在此談談吃蘑菇會引起什麼樣的心神攪動。這種攪動完全不同於酒精的效力，二者有天壤之別。我們即將討論的，遠遠超出英語，或任何歐洲語言的語彙所能表達。」

「沒有適當的英文字眼可以形容一個人，怎麼說，『醉蘑菇』時的情況。幾百年，甚至幾千年來，我們一直從酒精的觀點來思考這些事情，現在我們必須打破我們的酒精迷戀加給我們的束縛。不管願不願意，我們所有人都被監禁在日常語彙所構築的囚室裡。利用挑選字詞的技巧，我們可以擴展人們所接受的字詞意義，以涵蓋稍微新奇的感覺和思想，但是當心境是全然獨特而嶄新時，我們所有既存的字詞便毫無用武之地。你如何告訴生來瞎眼的人『觀看』是怎麼一回事？就我們目前所談的事例而言，這是個特別適切的類比，因為從表面上看，醉蘑菇的人會表現出若干醉酒者有的客觀症狀。而幾乎所有描述醉酒的（英文）字眼，從「中毒」到數十個時下通俗的用語，都帶有鄙視、貶抑、輕蔑之意。現代文明人會從一種他們似乎並不尊重的藥物裡暫時找到安息、忘憂，真是怪哉！假如我們透過類比而使用適用於酒精的詞語，那麼我們便會對磨菇產生偏見，而且，既然我們很少有人曾醉過蘑菇，這種經驗相當有可能不會受到公正的判定。我們需要的是一套用來描述一種神聖致幻劑的所有屬性的辭彙。」

在典禮上得到6對蘑菇後，沃森立刻將它們吃掉。他經驗到靈魂出竅、漂浮在空中的感覺。他看見多角、色彩繽紛的幾何圖案，圖案逐漸變成建築結構，石造部分呈現亮麗的金色、縞瑪瑙、烏黑等顏色，而建築延伸到視野之外，非人類尺度所能衡量。此建築似乎參考自……或是屬於……看見聖經異象者所描述的建築。」在昏暗的月光裡，「桌上的花束，從大小和形狀來看，就像是只有神話裡才找得到的動物拉的那種帝王級馬車或戰車。」

蘑菇在中美洲作為儀式、崇拜之用，顯然已有數百年之久。若干早期原始資料顯示，瓜地馬拉的馬雅語言有多種蘑菇的陰間叫法。2200年前微小的蘑菇石，在瓜地馬拉市附近的考古遺址出土。有人認為，蘑菇石像和一位馬雅顯貴葬在一起的事實，顯示它與《議會誌》(Popol Vuh)聖書所

描述的「戰慄庭」(Xibalba)的九大王(Nine Lords) 有所關聯。事實上，目前已挖掘出兩百多座蘑菇石像，其中最古老的來自西元前1000年。蘑菇石大部分出土於瓜地馬拉，有些出自薩爾瓦多和宏都拉斯，還有的來自北達墨西哥的韋拉克魯斯(Veracruz)與格爾雷羅(Guerrero)。現在我們已經知道，不管這些蘑菇石的用途為何，它們標誌了迷幻蘑菇作為一種複雜的神聖用途的悠久歷史。

來自16世紀初期，一座保存絕佳的「克斯奧皮利」(Xochipilli)，即「花王子」雕像，最近在「波波卡特佩特火山」(Popocatepetl) (見P62圖)的山坡上出土。花王子面露狂喜，彷彿在酩酊之中目睹幻象；他的頭微傾，彷彿在傾聽什麼聲音。他的身體雕刻著花朵的圖案，這些花已被鑑定出是一些神聖、大多令人興奮迷醉的植物。花王子坐的墊座裝飾有代表阿茲特克

小聖人寧奧斯（ninõs santos, 即墨西哥裸蓋菇），

有治癒力，

能退燒、祛寒、止牙痛。

它們將邪靈從身體揪出，

讓病人的靈魂得到自由。

——馬里亞·薩賓納
(María Sabina)

161

16世紀的《馬格利亞維克恰諾古抄本》(Magliabecchiano Codex)，描繪一個儀式主持人在神聖儀式進行期間取食一對迷幻蘑菇。他背後是「米克特蘭特爾庫特利」(Mictlantlcuhtli)，即「冥府之王」。儀式主持人前方有三個塗了翠綠色的蘑菇，塗上這顏色無疑是為了標示它們是神聖之物，價值非凡。

艾伯特·赫夫曼(Albert Hofmann)在1962年造訪馬里亞·薩賓納，為她拍了許多張照片。

P163：馬里亞·薩賓納的這些照片顯示她對有啟示力的蘑菇的虔誠與絕對信任；在徹夜唱誦與拍掌不斷的儀式舉行期間，蘑菇使她得以造訪另一個世界，她覺得自己完全可以和那個世界溝通。

裸蓋菇(Psilocybe aztecorum)菌蓋橫切面的花紋，該種迷幻蘑菇已知僅分布於這座火山。無疑地，「克斯奧皮利」不只代表「花王子」，並且，更明確地，也代表「醉花王子」，包括納瓦特爾族(Nahuatl)詩作裡稱之為「花」與「迷醉花」的蘑菇。

含有裸蓋菇鹼的蘑菇是否曾在新世界用作巫術及宗教性的致幻物？答案大概是肯定的。

有一種裸蓋菇，很可能還有一種斑褶菇，在帕倫克(Palenque)這古典的馬雅儀式中心附近還為人使用，而迷幻蘑菇據悉在墨西哥奇亞帕斯省(Chiapas)與瓜地馬拉的邊界地帶一直有人使用。至於這些蘑菇的現代利用方式是舊時遺風，抑或近代從瓦哈卡(Oaxaca)引進，則還無法確定。

然而，現在有越來越多的證據顯示，在史前時代大約西元前100年到西元300-400年之間，蘑菇崇拜曾盛行於墨西哥西北部的科立馬州(Colima)、哈利斯科州(Jalisco)，及納亞里特州(Nayarit)等地。葬禮用的人俑，頭部突出兩隻「角」，被認為是代表和蘑菇有關的男性與女性「神祇」或祭司。哈利斯科州的維喬爾族印地安人的傳統也透露，這些真菌在「遠古時代」曾具有宗教用途。

那麼，在盛產這些具有精神活性的蘑菇的南美洲，情況如何？今日沒有證據顯示有人這樣使用蘑菇，但有許多證據說明從前有過。根據記述，在17世紀末、18世紀初，祕魯境內亞馬遜河流域的尤里馬瓜族印地安人(Yurimagua Indians)飲用一種以「樹真菌」製造的具強勁迷醉力的飲料。耶穌會的記述說，印地安人「把長在倒木上的蘑菇和一種通常附在腐爛樹幹上的暗紅色薄膜混合。那薄膜的味道非常辣。因為它非常烈，或更精確地說，非常毒，凡是喝了這種飲料的人必定會在三大口之後醉倒。」有人認為，樹真菌可能就是生長在這個地區、能對精神產生作用的容格裸蓋菇(Psilocybe yungensis)。

在哥倫比亞，許多頭上有兩個圓蓋形裝飾物的人形金胸鎧一一出土。它們具有所謂的巴拿馬東部的達里恩(Darien)風格，大多出現於哥倫比亞西北部的西努(Sinú)地區，和太平洋沿岸的科里馬州。由於沒有更好的名稱，姑且稱之為「電話聽筒神」(telephone-bell gods)，因為它中空的半球形裝飾物很像老式電話的聽筒。有人認為它們是蘑菇像。在巴拿馬和哥斯大黎加也發現了類似的手工藝品，猶加敦也發現一個，這些事實可以解釋成：史前時代，從墨西哥到南美洲有連貫性的蘑菇崇拜。

在更南的南美洲，考古證據顯示，蘑菇在宗教上具有重要性。例如，祕魯出土的「馬切」(Moche)人俑馬鎧壺上，有蘑菇狀的頭部裝飾。

儘管來自考古的證據極具說服力，但殖民時期的文獻裡卻幾乎不曾提及有關蘑菇的這種使用方式。而且，在南美洲原住民團體中，亦無已知的有關蘑菇作為致幻物的使用，這使我們在闡釋這些蘑菇時要十分小心，否則，它們很容易被說成是來自巴拿馬以南的古代蘑菇舀像。然而，倘若上述來自南美洲的各種考古文物證明是代表致幻蘑菇，那麼蘑菇在美洲具有重大意義的地區就會擴大不少。

「從地裡蹦出的小東西」
藍變裸蓋菇，我吃下了它
然後我謁見了神
從大地跳出的神

——馬里亞‧薩賓納(María Sabina)

占卜者之草

右：占卜鼠尾草很容易從它的方形莖辨認出來。

下：用占卜鼠尾草新鮮葉片製成的稠膏，要花時間慢慢嚼。

與印地安人的蘑菇崇拜關係密切的是另一種精神活性植物占卜鼠尾草(*Salvia divinorum*)的使用。至於它是否在前西班牙時代就已使用，就不得而知了。很可能的，這植物就是阿茲特克人(Aztecs)所謂的「皮皮爾特辛特辛特利」(Pipiltzintzintli)。

瓦哈卡地區(Oaxaca)的馬薩特克

P165上左：馬薩特克人以彩葉草為占卜鼠尾草的替代品。

P165上右：馬薩特克人認為彩葉草與占卜鼠尾草關係密切。

P165下：墨西哥雨林內的占卜鼠尾草。

人(Mazatecs)的薩滿巫（不論男女）所使用的占卜鼠尾草，又叫做「牧人之草」(hoja de la pastora，簡稱pastora)，在儀式中與占卜或醫治有關，通常作為缺乏更好的精神活性蘑菇時的替代品。馬里亞·薩賓納對它的評論為：「當我要醫治病患，又找不到蘑菇時，我必須回頭去找牧人之葉。當你磨碎葉片後服用，它的功效就像「尼尼奧斯」(niños，即墨西哥裸蓋菇*Psilocybe mexicana*)。但是，當然，牧人之葉的致幻力是萬萬不及蘑菇的。」

在膜拜儀式中牧人之葉的使用方式酷似蘑菇的用法。占卜鼠尾草儀式在漆黑闃靜的夜晚舉行。醫治者與病患

或是獨處，或是與其他病患共處，有時也可能有健康的人在場。在薩滿巫咀嚼與吸食葉片之前，他們會燃一點珂巴脂(Copal)香脂，據說有些祈禱者會獻上牧人之葉。會眾咀嚼完葉片後便靜靜地躺下，盡可能地噤聲。由於此葉的功效遠比蘑菇短暫得多，所以占卜鼠尾草儀式不會超過1-2小時。如果幻視夠強，巫醫便可找到患者的病因或其他病痛，並告知痊癒之方，然後結束儀式。

占卜鼠尾草亦稱為「阿茲特克草」(Aztec sage)，是瓦哈卡的墨西哥州東馬德雷射山(the Sierra Madre Oriental)之馬薩特克地區的原生植物，自然分布於海拔300-1800公尺的熱帶雨林。

由於分布地區狹小，占卜鼠尾草可謂最罕見的精神活性植物，但是受到植物愛好者的青睞，如今它們已遍植全球各地。栽植方式是靠插枝繁殖技術。

阿茲特克人用13對(總共26片) 新鮮葉片，捲成一種雪茄狀菸或長條狀嚼菸，將它放入嘴巴吸汁或咀嚼。葉汁不能吞進去，有效成分乃是透過嘴內的黏膜被吸收。有一種捲菸是用6片新鮮葉片捲成，若要更濃，則可用8或10片。吃嚼菸幾乎10分鐘後就會發生作用，藥效持續約45分鐘。

乾葉亦可吸食。用乾葉備製時，一張相當大的葉片(深吸2-3口的量)，可產生強烈的精神活性反應。一般是吸1-2片葉子。

已知大部分吸食、咀嚼或浸酒飲用占卜鼠尾草者，會有奇特的精神活性反應，其效果與令人心情愉悅的致幻藥截然不同。服用者往往會感覺「空間扭曲變形」；還會有全身晃動或魂魄出竅的典型反應。

依據馬薩特克人對占卜鼠尾草的分類，它可歸屬唇形科(Labiate)的兩型。鼠尾草(*Salvia*)是「母親」(la hembra)，小洋紫蘇(*Coleus pumilus*)是「父親」(el macho)，而彩葉草(*Coleus blumei*)是「小孩」(el nene)、「教子」(el ahiajado)。這些植物的新鮮葉片的使用方式，與占卜鼠尾草如出一轍，就像嚼菸菸一樣。這層關係使得鞘蕊花(Coleus)躋身於精神活性植物之列。

「皮皮爾特辛特辛特利」是什麼？

古代的阿茲克特人認識並使用一種稱為「皮皮爾特辛特辛特利」(Pipitzintzintli，意即「最純真的小王子」)的植物。其使用方式酷似原始社會儀式使用墨西哥裸蓋菇的方式。「最純真的小王子」分成「雄性」(macho)與「雌性」(hembra)。墨西哥市的國家檔案館內有1696、1698、1706年的審訊檔案，上面均提到「皮皮爾特辛特辛特利」及其毒性。許多不同領域的作者認為它就是占卜鼠尾草。

占卜鼠尾草的化學

占卜鼠尾草的葉片含有「新蠟丹—二萜類」(neocerodan-diterpenes)的鼠尾草鹼A與鼠尾草鹼B (salvinorin A、salvinorin B，兩者亦分別稱為占卜鹼A與占卜鹼B〔divinorin A、divinorin B〕)，以及其他化學成分，許多相近的化學物迄今尚未精確地鑑定。鼠尾草鹼A(化學式為$C_{23}H_{28}O_8$)為主要成分，若用150-500mg之微量，便有極為顯著的改變效果。鼠尾草鹼並非生物鹼，為奧爾特加等人(Ortega et al.)於1982年首次命名為鼠尾草鹼。後來於1984年，維爾德斯等人(Valdes et al.)以鼠尾草鹼A之名描述其化學成分。至今鼠尾草鹼的神經化學仍然為未解之謎。在所有受器測驗中，如「新篩選法」(NovaScreen)試驗，均未發現上述這些成分有特定的受器。此外，該植物亦含有強心苷類化合物(loliolid)。

四風之仙人掌

左：成堆的聖佩德羅仙人掌在祕魯北部奇克拉約(Chiclayo)的「巫婆市場」販售。

右：生長快速的聖佩德羅仙人掌栽培種，即使有刺也相當之少。

民俗醫療中的「聖佩德羅」(San Pedro)位居特殊的象徵地位是有其原由的：聖佩德羅的力量永遠與動物同樣威猛。它是大人物，是莊嚴的人物，是具有超自然力量的人物……

聖佩德羅仙人掌，即毛花柱(*Trichocereus pachanoi*)，無疑是南美洲最古老的魔法植物。最古老的考古學證據是北祕魯一座神廟內的一個「查溫」(Chavín)石雕，可追溯至西元前1300年。和上述石雕年代幾乎同樣久遠，亦來自查溫的古老織品上，可見毛花柱仙人掌及美洲虎、蜂鳥等動物的圖像。在西元前1000年到700年間的祕魯陶器上，也有該植物及相伴的鹿；在數百年後的一些陶器上，還出現毛花柱仙人掌、美洲虎及格式化的螺飾，這些圖案都受到毛花柱所引起的幻象的啟發。祕魯南部海岸的納斯卡(Nazca)文化(在西元前100年至西元500年)的巨大陶甕缸上，也畫有聖佩德羅。

當西班牙殖民者抵達祕魯時，毛花柱仙人掌的使用已相當普遍。一份來自基督教人士的報導指出，薩滿巫「飲用一種飲料，他們稱之為『阿丘瑪』(Achuma)，這是從莖粗但表面光滑的仙人掌取汁製成的飲料……」及「這種飲料非常強勁，喝完後會讓人失去判斷力，失去意識，產生幻視，目睹惡魔……」如同面對墨西哥的佩約特(Peyote)一般，羅馬教會也反對聖佩德羅仙人掌：「這是魔鬼用來欺騙印地安人的一種植物。……在他們所信奉的異教裡，編織謊言與迷信……那些人飲用後失去意識，宛如死人；甚至有人因為腦子受寒而喪命。飲料的醉毒讓印地安人有一千種荒謬之夢，並且信以為真……」

沿著祕魯的海岸地區與祕魯及玻利維亞的安地斯山脈，基督教深深地影響當地聖佩德羅仙人掌的使用，甚至影響到該植物的名稱。其原因可能是在基督教的信仰中，聖彼得掌有天

聖佩德羅仙人掌的化學

　　毛花柱屬所含的主要生物鹼仙人球毒鹼(mescallne)，能引起幻視的反應。從乾燥的聖佩德羅仙人掌樣本已分離出2%的仙人掌鹼，此外也分離出大麥芽鹼(hordenlne)。

　　堂之鑰。但整體來看，以月亮為中心的膜拜儀式是異教與基督教的綜合產物。

　　現在聖佩德羅仙人掌被用來醫治疾病，包括治療酗酒與神經失常、用於占卜、解破魔法，反制各種魔法，保證個人冒險成功。聖佩德羅仙人掌雖然只是薩滿巫所知與所用的許許多多「魔法」植物中的一種，不過卻是最主要的一種。薩滿巫在安地斯山脈高地的神聖潟湖附近採集此植物。

　　這些潟湖是薩滿巫每年要去的地方，是去齋戒，也是去拜訪特殊的巫術專家，以及神祇植物的「所有者」，他能使用聖佩德羅仙人掌的喚醒能力。即使有病纏身的人，也會苦撐到這些偏遠聖地去朝聖。他們認為去贖罪的人在這些潟湖可能會脫胎換骨，而且那裡的植物(尤其是聖佩德羅仙人掌)具有非凡的力量，可以治病及增進巫術。

　　薩滿巫以球莖上的縱肋數目為依據，具體指出有四「種」聖佩德羅仙

上：聖佩德羅仙人掌，即毛花柱 (*Trichocereus pachanoi*)。

中：聖佩德羅的花在白晝不開。

右：傍晚時分，聖佩德羅的碩大花朵燦爛綻放。

左：一種未確定種名的毛花柱屬仙人掌，分布在阿根廷西北部，該處亦稱此仙人掌為聖佩德羅，此為精神活性植物。

（Neoraimondia macrostibas）、莧科血莧屬（Iresine）的一種植物、大戟科的紅雀珊瑚（Pedilanthus tithymaloides）與桔梗科的長花同瓣草（Isotoma longiÐora）等。上述所有植物，除了血莧外，可能都含有精神活性成分。而且紅莧是有名的治精神失常植物。至於金曼陀羅木（Brugmansia aurea）與紅曼陀羅木（B. sanguinea）本身便是強勁的致幻物，故往往成為添加物。

聖佩德羅正確的分類地位鑑定也不過是最近的事。在祕魯的早期化學與精神病學研究中，此仙人掌被誤認為是圓柱仙人掌（Opuntia cylindrica）。最近的研究結果才指出，此類添加植物具有極大的重要性，值得進一步深入研究。有時候，還會使用其他添加物以因應法力的需求；碎骨粉與墓灰常被用來提高藥湯的功效。一個觀察者說過，聖佩德羅是「一種催化劑，使一場民俗醫療儀式的所有複雜力量加速整合及運作，此力量特別展現在薩滿巫的幻視與占卜上」，可以讓薩滿巫成為他人的主宰。但是聖佩德羅的魔力遠超過其醫治與占卜的能力，因為它被認為能保護家園，如忠實之

上左：西元1200年的奇穆文化的陶器。此容器上有貓頭鷹臉龐的女性，可能是一位女草藥醫生兼薩滿巫。她手握「瓦丘馬」（Huachuma），即毛花柱仙人掌。時至今日，當地傳統市場上販售致幻仙人掌的女性往往還是女草藥醫生兼薩滿巫。

上右：許多草本植物都叫做「孔杜羅」（conduro），但分屬不同的屬，傳統上用作聖佩德羅飲料之組成部分，例如石松屬（Lycopodium）。

中：祕魯北部的民間醫生稱為「庫蘭德羅」（curandero），他在西姆貝湖（Shimbo Lake）岸旁擺設「方巾」，為聖佩德羅儀式做準備。

下：方巾四周擺了魔棒桶。這些魔棒桶或是取自前哥倫布時代的墓穴，或是來自亞馬遜瓊塔棕櫚（Chonta Palm）的現代複製品。

人掌：凡具有四肋者是罕見的仙人掌，效力最強，具有極其非凡的超自然能力，因為四肋代表「四風」與「四道」。

毛花柱仙人掌在祕魯的北海岸稱為「聖佩德羅」（San Pedro），在安地斯山區的北邊稱為「瓦瓦馬」（Huachuama），在玻利維亞稱為「阿丘馬」（Achuma）；玻利維亞語的「醉」（chumarse）字便源自阿丘馬。厄瓜多爾人則稱它為「阿瓜科利亞」（Aguacolla）與「希甘通」（Gigantón）。

毛花柱仙人掌的莖通常可在市場購得，它像麵包一樣切成片狀，在水中最久可煮7小時。飲了聖佩德羅之後，再喝其他草藥，然後在這些飲料的助興下開始與薩滿巫交談，可加速發揮自身的「內在力量」。聖佩德羅可以單獨服用，亦可加入另鍋熬煮的其他植物，這類混合湯叫做「西莫拉」（Cimora）。這類植物性添加物的種別眾多，如安地斯的一種仙人掌

犬，發出神祕的哨聲，讓入侵者倉皇逃開。

毛花柱的主要效果可由一位薩滿巫的形容略知一二：「……藥效會先出現……出現睡意或夢境，一種瞌睡的感覺……有點頭暈……然後是一陣幻視，全身清醒如明月……身體會有一點麻木，然後又是心情寧靜如鏡。接著會有超脫一切的感覺……一種視覺的力量，包括所有的五官……還包括第六感，及無阻無礙穿越時空的心身感應……有如把人的思想送到遙遠之處。」

「四肋仙人掌……被認為是罕見與幸運之仙人掌……它具有特異的性質，因為四肋相當於『四風』與『四道』，超自然力量與方位基點相結合……」──道格拉斯·沙倫 (Douglas Sharon)

在儀式過程中，會眾會從「物質中解放」出來，在宇宙中飛翔。16世紀祕魯庫斯科(Cuzco)的一位西班牙官員曾為文描述聖佩德羅的使用情形，他寫的可能就是薩滿巫：「在眾多印地安人中，另有一個術士階級，在印加人某種程度的准許下存在，他們類似巫師階級。他們可用他們喜歡的形式，在短時間內穿越時空，進到遙遠之處；他們目睹正在發生的事，與惡魔交談，惡魔會用某些他們崇拜的石頭或物體作答……」令人狂喜的魔術飛翔仍然是當代聖佩德羅儀式的特色：「聖佩德羅是一種輔助工具，人們可以用它來讓靈魂更快樂、更能夠操縱……人們可以在瞬間與安全無虞下迅速穿越時間、物質與距離……」

薩滿巫可以給自己或只給病人藥劑服用，或兩者皆服用。這類薩滿巫醫治儀式的目標是，讓病人在夜晚儀式期間可以臻至「最佳狀態」，讓潛意識如「花朵之綻放」，甚至如毛花柱本身在夜間怒放。病人有時靜思冥想，有時興奮狂舞，甚至在地面翻滾。

正如數不清的許多其他致幻物，此為眾神賜予人的一種植物，讓人得到狂喜的經驗──以一個極曖昧、單純的方式，幾乎在一瞬之間，心靈自肉體釋放的經驗。狂喜是提供聖神飛翔的預備狀態，讓人能夠在現世生活與超自然力中間經驗冥想──一種透過神祇植物進行直接接觸的活動。

上左：收割後儲藏備用的聖佩德羅，仍然具有生命，常常過了數月，甚至數年又開始生長。

上右：紅雀珊瑚(*Pedilanthus tithymaloides*)，又稱為「狼奶」植物，有時被加到聖佩德羅飲料中，增強其效果。曾有傳說指出，紅雀珊瑚是致幻植物，但迄今未獲證實。

下：方巾的擺設讓人對一個現代醫治者自身的統合宇宙觀有深刻的印象。來自不同文化的神祇與女神的雕像分別放置在螺殼、古董與香水瓶旁邊。

蛇之藤

上左：繖房花威瑞亞(奧洛留基藤)。

上右：「飛盤」是迷人的牽牛花屬圓萼天茄兒植物裡最受歡迎的一個栽培品系。

下：一幅有關奧洛留基的早期繪畫，出自16世紀後半葉薩阿貢所著的《新西班牙事務史》(Historia de las Cosas de Nueva España)一書；此植物顯然是牽牛花。

四個世紀以前，墨西哥一位西班牙傳教士寫道：「奧洛留基……讓所有的使用者喪失理性……原住民用這種方式和魔鬼打交道，因為他們被奧洛留基迷醉之後會胡謅，受了各種迷幻現象的欺騙，而把這些迷幻現象歸咎於所謂的住在種子裡的神祇……」

最近的一項記述指出，奧洛留基並未喪失它與瓦哈卡(Oaxaca)之神祇的關聯：「在這些參考文獻裡，我們到處可以看到對決的兩個(西班牙與印地安)文化，其中，印地安人以各種詭計頑強護衛他們所珍惜的奧洛留基。印地安人似乎已經得勝了。今天，幾乎在瓦哈卡的每一個村莊裡，你會發現奧洛留基的種子仍然具有在當地住民發生困難時為他們解危的功能。」在西班牙征服墨西哥之前，具迷幻作用的牽牛花對墨西哥的庶民生活十分重要，一如神聖蘑菇，本世紀前，它的使用一直隱密保存在內地。

西班牙征服墨西哥後不久的一份西班牙文件記載著，阿茲特克人有「一種草本植物叫『科阿特爾─索索─烏基』(coatl-xoxo uhqui，綠蛇)，它結

一種叫『奧洛留基』的種子。」一幅早期的圖畫描繪這種植物為牽牛花，具有累累的果實、心形的葉子，塊狀的根，以及纏繞的習性。1651年，西班牙國王御醫弗倫西斯科‧埃南德斯(Francisco Hernández)鑑定奧洛留基為一種牽牛花，並作了專業的記述：「奧洛留基，有些人叫它『科阿克斯伊維特爾』(Coaxihuitl)或蛇植物，是一種纏繞性草本植物，有著薄薄的綠色心形葉子；細長、綠色、圓筒形的莖；以及長型的白色花朵。種子呈球形，非常像胡荽的種子，因而該植物有奧洛留基之稱。在納瓦特爾(Nahuatl)語裡，『奧洛留基』一詞為『球狀物』之意。根部富纖維，狀修長。這植物的性質是熱的，屬於第四級。」它對梅毒有療效，能減輕風寒所導致的病痛。它也能治療腹脹，消除腫瘤。混合以少許樹脂，它還能驅風寒，對脫臼、骨折，及婦女骨盆病痛等症也有促進療效的驚人功能。種子具有某些醫藥用途。若研磨成粉或煎煮後服用，或混合以牛奶和辣椒濕敷，據說可以治療眼疾。若飲用，則

奧洛留基的化學

　　麥角酸(lysergic acid)生物鹼是奧洛留基所含的致幻化合物。它們是吲哚生物鹼類(indole alkaloids)，已從麥角(Ergot)分離出來。麥角酰胺(lysergic acid amide)，亦稱麥鹼 (ergine)，它和麥角酸羥基乙酰胺(lysergic acid hydroxyethylamide)，兩者皆是奧洛留基裡生物鹼混合物的主要成分。它們的分子配置模型標示於第187頁。麥角酸(lysergic acid)之環狀結構裡的色胺基(tryptamine radical)確立了它和這些麥角靈生物鹼(ergoline alkaloids)，以及裸蓋菇和腦部荷爾蒙血清素 (5-羥色胺)(serotonine)活性成分的關係。

　　麥角二乙胺(LSD, lysergic acid diethylamide)是一種半人工合成的化合物，是現今所知最強勁的迷幻劑。它和麥角酰胺(lysergic acid amide)的差別僅在於兩個氫原子取代了兩個乙基團 (ethyl groups)（見第187頁）。不過，奧洛留基的活性成分（迷幻劑量是2—5mg），大約比麥角二乙胺(LSD)（迷幻劑量0.05mg）弱100倍。

具有壯陽作用。它有強烈的味道，而且非常辣。從前，當教士想和他們的神親密交談並得到來自祂們的訊息時，他們會食用這種植物來引發譫妄。他們會有無數的幻象和恐怖的幻覺。就其作用的方式而言，這種植物可與迪奧斯科里德斯(Dioscorides)所稱的瘋茄(*Solanum maniacum*)相比擬。它長在溫暖的野外。」

　　其他的早期文獻提到：「奧洛留基是產自像長春藤的一種植物……有一種像扁豆的種子……；當作飲料服用時，這種種子會使服用者喪失知覺，因為它非常強勁。」「絕口不提它生長在何處沒有什麼不妥，因為無論這種植物是像這裡所描述的，或是像西班牙人所認識的，都是無關緊要的事。」另一個作者驚訝道：「這些原住民對這種子的信仰之堅定令人吃驚，因為……他們把它當作神諭來請教它，以知曉許多事……特別是那些……人類心智力量所無法了解的事務……原住民透過他們的郎中巫醫來請教它，這些郎中巫醫有的以喝奧洛留基為專業……。要是有哪個不喝奧洛留基的巫醫想替病人袪除某些

上左：徹底木質化的奧洛留基藤的莖幹。

上右：圓萼天茄兒的特徵在蒴果與種子。

下：歐洲三色旋花(*Convolvulus tricolor*)亦含有精神活性之生物鹼，不過尚不知它有任何傳統用途。

在南美洲，旋花科的肉紅薯
(*Ipomoea carnea*)可作為致迷
劑。它也含有精神活性生物鹼麥
角亭(ergotine)。

一幅出自西元500年左右的墨西
哥「特奧蒂瓦坎」(Teotihuacán)
壁畫，描繪古代印地安神大地
之母及其祭司隨從，以及高度風
格化的奧洛留基藤。有致幻力的
蜜汁，看似從該植物花朵流出，
而「脫離軀體的眼睛」和鳥是與
致幻作用有關的風格化特徵。

病痛，他會建議病人自己喝下……該
巫醫指定必須服用奧洛留基飲料的日
子和時辰，並確定病人飲用的理由。
最後，喝奧洛留基飲料的人……必須
關在自己的房間裡，與他人隔離。在
巫醫占卜的期間無人可以進入……
他……相信奧洛留基……正在啟示他
想知道的事情。譫妄期間過了以後，
巫醫結束隔離，詳述許多捏造的事
實…… 使病人蒙在鼓裡。」一個阿
茲特克懺悔者的告解闡明奧洛留基和
巫術的關連：「我一直相信夢，相信
神奇的草本植物，相信佩奧約特，相
信奧洛留基，相信貓頭鷹……」

阿茲特克人如此調配獻祭時所使用
的藥膏：「他們取有毒的昆蟲……加
以燃燒，將其灰與奧科特爾(ocotl)的
突起物、菸草、奧洛留基，以及一些
活昆蟲放在一起攪打。他們把這種可
怕的混合物置於神祇之前，並用它來
敷身，如此塗抹過身體之後，他們便
不怕任何危險。」另一則引文說：
「他們把這種混合物放在他們的神祇
面前，說那是神祇的食物……藉此成
為巫醫，與惡魔親近交談。」

在1916年一位美國植物學家誤認奧
洛留基是曼陀羅屬的一個種別。他這
樣認為是有一些道理的：曼陀羅是著

172

墨西哥南部的野花圓萼天茄兒。

名的致幻物；它的花朵類似牽牛花；未曾聽聞牽牛花植物具有精神活性成分；奧洛留基的迷醉徵兆類似曼陀羅屬植物引起者；以及「阿茲特克人完全不了解向來歸屬於他們的植物相關知識……早期西班牙作者的植物學知識或許不夠廣博。」但當時的人對這個錯誤的鑑定卻深信不疑。

直到1939年才有人在瓦哈卡的奇南特克族(Chinantec)和薩波特克族(Zapotec)印地安人當中蒐集到簷房花威瑞亞(*Turbina corymbosa*) 的可鑑定原料。在瓦哈卡地區，人們因其具有

下右：特潘蒂特拉(Tepantitla)的一幅古老的特奧蒂瓦坎(Teotihuacán)印地安壁畫上的牽牛花和幻象之眼。

下左：人們稱「克斯塔文頓」(Xtabentun)為「甜酒之珍」，是用奧洛留基花的蜜釀成的。

下：聖巴爾托洛‧姚特佩克(San Bartolo Yautepec)是墨西哥薩波特克族的薩滿巫，她正在調配以圓萼天茄兒種子為原料的飲料。

致幻用途而栽植這種植物。齊南特克語的「阿-穆-基亞」(A-mu-kia)，意為「占卜用藥」。通常是13粒種子磨碎後以水混合，或加在酒精飲料裡飲用。迷醉作用會迅速開始而導致視覺迷幻。其間可能有一個階段會頭暈，接著身體乏力、有幸福感、昏昏欲睡，處於夢遊的睡眠狀態等。印地安人可能隱約知道周遭所發生的事而很容易接受暗示。所出現的幻象往往是呈現某人或某事件的醜怪面。原住民說迷醉過程會維持3小時，極少有不快的後果。奧洛留基係在夜晚服用，而且截然不同於佩約特和蘑菇，它是單單為個人在安靜、隱蔽的地方服用而調配的。

撒房花威瑞亞種子的使用已被瓦哈卡的齊南特克族、馬薩特克族及其他族印地安人紀錄下來。在瓦哈卡地區，人們稱之為「皮烏萊」(Piule)，不過每一個部落都有它自己的叫法。

「奧洛留基」這名字似乎被阿茲特克印地安人用來指稱數種植物，但其中只有一種具有精神活性作用。關於此一種，一項記述指出：「有一種草本植物叫奧洛留基或西西卡馬蒂克(Xixicamatic)，它有像茄科酸漿屬 (Physalis sp.)的葉片，以及薄薄的黃色花朵。根部呈圓形，大如甘藍菜。」這種植物不可能是撒房花威瑞亞，但其身分仍是個謎。第三種奧洛留基，亦稱「維伊伊特松特孔」(Hueyytzontecon)，在醫藥上被用作瀉劑，這個特徵使人聯想到旋花科植物，但它並不屬於這一類。

另一種牽牛花，圓萼天茄兒(Ipomoea violacea)，在阿茲特克族印地安人中被用作致幻物而備受珍視，

P174上：左邊是古巴於聖誕節發行的繖房花威瑞亞郵票。繖房花威瑞亞盛產於古巴的西部地區，十二月是開花期。右邊是匈牙利郵票，顯示圓萼天茄兒及其變種在園藝上的重要性。

他們稱這些種子為「特利利爾特辛」(Tlililtzin)，源自納瓦特爾語「黑色」一詞的恭敬詞尾。這種牽牛花的種子是長形的、有稜角、黑色，而繖房花威瑞亞的種子為圓形、褐色。一則古老的記述提及兩者，肯定地說佩約特、奧洛留基，及特利特利爾特辛全都是精神活性劑。特別是在瓦哈卡地區的薩波特克和查廷(Chatin)地區，圓萼天茄兒具有使用價值，在該地被稱為「黑巴多」(Badoh Negro)或薩波特克語的「巴敦加斯」(Badungás)。在薩波特克的某些村莊，繖房花威瑞亞和圓萼天茄兒均為人所知；在其他地區，只有後者為人使用。黑色的種子往往被稱為「雄性」(macho)而為男人所服用；褐色的種子則稱為「雌性」(hembra)，由婦女食用。根據印地安人的斷言，黑色種子的效力比褐色的強，化學研究證實了此一說法。劑量往往是7粒或7的倍數之粒數；在其他時候，常用的劑量是13粒。

一如威瑞亞屬，黑巴多種子磨碎後加水放進葫蘆裡。不能溶解的粗顆粒要濾掉，再喝此液體。在迷幻期間，靈媒會提供神示的病因或預言；靈媒是奇異的巴杜溫 (baduwin)，即在降神集會出現的兩個白衣童女。

最近一項有關圓萼天茄兒種子在薩波特克族印地安人當中使用情形的報導指出，「黑巴多」在這些印地安人的生活裡確實是一項極其重要的元素：「……有關疾病康復的占卜，亦藉由一種被描述為毒物的植物來進行。這種植物……生長在某一戶人家……的院子裡，他們出售它的葉片和種子……來調配給病人……。病人必須隔離，或單獨和治病者一起，在一個連公雞的叫聲也聽不見的地方，陷入

沉睡，其間小傢伙，雄的、雌的，植物的小孩，即「巴多爾」(bador)都前來說話。這些植物精靈也會提供有關遺失物件的訊息。」牽牛花種子的現代儀式已加入基督教的元素。有些名稱「聖母之籽」(Semilla de la Virgen)與「瑪麗亞的藥草」(Hierba María)顯示了基督徒與異教徒的結合，同時也清楚地標示：繖房花威瑞亞和圓萼天茄兒被視為眾神所賜的禮物。

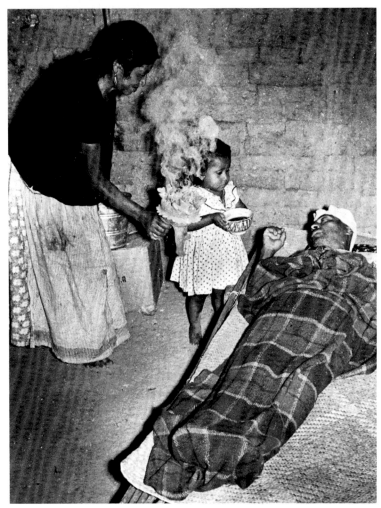

上：左為赭紅色、有點圓的繖房花威瑞亞種子；右為圓萼天茄兒的黑色、有稜角的種子。

下：薩滿巫正在為病人調製飲料，一名年幼的女孩在旁協助。這飲料必須於夜間在隔離且安靜的地方服用。病人的問題將由薩滿巫根據他在該植物影響下所說的話，作詮釋後再加以診斷。

太陽之精液

在太古之初，太陽父親與女兒有亂倫之舉，女兒抓搔父親的陰莖而得到了「比奧」(Viho)。圖卡諾族(Tukano)因此從太陽的精液得到了這神聖的鼻煙。由於它是神聖之物，被裝在一個名為「穆伊布─努里」(muhipu-nuri)，即「太陽的陰莖」的容器裡。這個致幻物使圖卡諾族能夠請教於鬼靈世界，特別是請教「比奧-馬賽」(Viho-mahse)，即「鼻煙人」。鼻煙人從銀河的住處照管所有的人間事務。薩滿巫不可直接和其他鬼靈接觸，唯有透過鼻煙人才行。自然而然地，這鼻煙成了「帕耶」最重要的工具之一。

雖然南美肉豆蔻屬的60個種別遍佈於新世界的熱帶林各處，而且至少有12個種別已知含有精神活性成分，但這個屬別的植物卻只有在亞馬遜河流域西部以及奧里諾科河流域一帶，曾被用來作為神聖致醉劑的原料。

南美肉豆蔻屬的數種植物，如美葉南美肉豆蔻(V. calophylla)、擬美葉南美肉豆蔻(V. calophylloidea)、長南美肉豆蔻(V. elongata)，以及神南美肉豆蔻(V. theiodora)，是致幻鼻煙最重要的來源，其中南美肉豆蔻無疑是使用得最頻繁的一種。不過，就當地的使用情況來看，紅棕南美肉豆蔻(V. rufula)與硬尖南美肉豆蔻(V. cuspidata)等，也符合需求。有一些印地安人，例如哥倫比亞境內「比拉帕拉納」(Piraparaná)河流域的原始游牧民族馬庫人(Makú)，使用長南美肉豆蔻，他們直接取食紅色的「樹皮樹脂」，未經任何處理。其他部落，特別是博拉族(Bora)和維托托族(Witoto)，吞食由「樹脂」膏製成的丸子。基於這個目的，他們很重視祕魯肉豆蔻(V. peruviana)、蘇利南肉豆蔻(V. surinamensis)、神南美肉豆蔻(V. theiodora)，可能還有洛倫南美肉豆蔻(V. lorentensia)。不明確的證據指出，委內瑞拉的薩滿巫可能在治療熱病手舞足蹈時，吸入蠟南美肉豆蔻(V. sebifera)的樹皮燃煙，或者可能將樹皮熬煮成汁飲用「以驅逐邪靈」。

「有時候，他們會在遠行或狩獵時說：『我必須帶埃佩納來對付那些鬼靈，使他們不迫害我們。』假如聽見森林鬼靈的聲響，他們會在夜裡服用埃佩納，以便趕走邪靈……」──埃特托雷‧比奧克卡(Ettore Biocca)

儘管「埃佩納」在神話上的重要性及其法術宗教用途，顯示其年代的久遠，但這迷醉之藥卻到晚近才為人所知。史普魯斯(Spruce)是個很有洞察力的樹木探索者，但他卻未能發現南美肉豆蔻基本的精神活性劑用途，儘管他對這個植物群的特別研究，導致一些尚不為科學界所知的新物種的發現。有關這個致幻物的最早文獻記載日期，是20世紀初一位德國民族誌學

上：蘇利南肉豆蔻的種子，稱之為「烏庫瓦」(Ucuba)，具有民族醫藥上的用途。

右：神南美肉豆蔻是用來調製致幻物的南美肉豆蔻屬中最重要的一種，產於亞馬遜河流域西北部。美洲的南美肉豆蔻和舊大陸洲的肉豆蔻屬有親緣關係。南美肉豆蔻的花朵細小，具有強烈刺鼻的香氣。

者作了有關奧林諾科北部地區之耶克瓦納(Yekwana)族的記述。

　　然而，要到1938和1939年，南美肉豆蔻和鼻煙的關聯為人所知後，巴西植物學家杜克(Ducke)才記述道：神南美肉豆蔻和硬尖南美肉豆蔻是鼻煙來源的代表。當然這兩種的葉片未曾被使用過，但是這個記述最早把焦點擺在南美肉豆蔻屬，在那之前專家從未想到它會是致幻植物。

　　不過，這種藥物的明確鑑定報告發表於1954年，記錄哥倫比亞印地安巫醫對這種植物的調製與使用。主要是巴拉薩納(Barasana)、馬庫納(Makuna)、圖卡諾(Tukano)、卡武亞雷(Kabuyaré)、庫里帕科(Kuripako)、普伊納維(Puinave)，及其他棲居於哥倫比亞東部的部落的薩滿巫所服用，用於儀式，或疾病的診斷與治療、預言、占卜及其他巫教禮儀等。在當時，美葉南美肉豆蔻與擬美葉南美肉豆蔻被認為是最有價值的肉豆蔻，但是後來巴西及其他地區的文獻記載神南美肉豆蔻才是最重要的一種。

　　最近的田野研究顯示，使用具精神活性鼻煙的印地安族群，包括棲居於哥倫比亞境內亞馬遜河流域、哥倫比亞與委內瑞拉境內奧里諾科河盆地最北部地區、內格羅河流域，及其他棲居於巴西西部亞馬遜河流域等地的許多部落。已知使用上的分布，最南可

達巴西西南部普魯斯河(Rio Purús)的保馬雷(Paumaré)印地安人。

　　最重視這種鼻煙的原住民，顯然是分布於委內瑞拉北部與巴西內格羅河北部支流，統稱瓦伊卡(Waiká)的一些印地安人部落，而它也最深入這些印地安人的生活。這些印地安團體有各種不同的名稱，但最常為人類學家所知的是基里薩納(Kirishaná)、西拉納(Shiraná)、卡勞埃塔雷(Karauetaré)、卡里梅(Karimé)、帕拉烏雷(Parahuré)、蘇拉拉(Surará)、帕基代(Pakidái)，及亞諾馬莫(Yanomamo)。他們一般以埃佩納(Epená)、埃維納(Ebena)、尼亞克瓦納(Nyakwana)，或這些名稱的某種變異名來指稱這種鼻煙。在巴西西北部，鼻煙常統稱為帕里卡(Paricá)。

　　他們與哥倫比亞境內的印地安人不同。哥倫比亞的印地安人通常只有薩滿巫才使用這種鼻煙，但上述這些部落在日常生活中經常使用這種藥物，他們的男性凡是13或14歲以上都可以使用。通常這種致幻物的消耗量多得驚人，而且每年至少有一個年度典禮上任人不停吸食1至2天之久。

　　調製這種粉末的方法很多。以哥倫比亞印地安人而言，在清晨剝下樹皮，刮下柔軟的內層，在冷水中像揉麵般揉20分鐘，然後濾出淡褐色的液體、煮沸至成為濃漿，乾燥後磨成粉

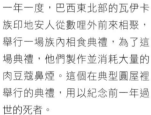

一年一度，巴西東北部的瓦伊卡族印地安人從數哩外前來相聚，舉行一場族內相食典禮，為了這場典禮，他們製作並消耗大量的肉豆蔻鼻煙。這個在典型圓屋裡舉行的典禮，用以紀念前一年過世的死者。

狀，再混合野生可可樹皮燒成的灰。

瓦伊卡族的各個族群各有若干種製作方法。居住在奧里諾科地區的族群經常刮下樹皮與樹幹的形成層，將此薄片放在火上烤乾、貯存，留待來日使用。需要用這種藥物時，便弄濕這些薄片，以沸水至少煮上半小時，煮好的液體再濃縮成漿，經乾燥後磨成粉狀，再仔細篩過。接著再將如此製成的粉末混合以等量的另一種粉末。該種粉末是由乾燥、具有香氣的窄葉爵床(*Justicia pectoralis* var. *stenophylla*)小型植物的葉片製成；此一植物即是為了這個目的而栽植。最後，再加入第三種成分：一種名為「阿馬」(Ama)或「阿馬西塔」(Amasita)的植物。此樹為美麗而罕見的豆科喬木「伊莉莎白豆」(*Elizabetha princeps*)。先把堅硬的外層樹皮切成小片，放進灼熱的餘燼中悶燒，再取出，讓它慢慢燃成灰。

在更東部的巴西境內瓦伊卡人居住地區，主要在森林裡調製這種鼻煙。砍下樹木後，剝下樹幹上長條的樹皮。此時樹皮內側表面匯積著迅速轉變成血紅色的大量液體。將樹皮條徐火加熱後，薩滿巫便將這「樹脂」裝在一個置於火上的陶罐裡。等到罐裡的紅色液體縮成濃漿時，再晒乾，接著小心翼翼地將美麗結晶的紅琥珀固體，磨成細灰般的黏稠物。這個粉末叫尼亞克瓦納(Nyakwana)鼻煙，它可直接使用，但通常會加入磨成粉的爵床屬植物葉片，「讓它更加好聞」。

哥倫比亞境內的亞馬遜河流域及其毗鄰的祕魯境內的博拉族(Bora)、穆伊納內族(Muinane)，及維托托族(Witoto)印地安人，並不把南美肉豆蔻製成鼻煙，而是以口服方式加以利用。他們服用以樹脂製成的小丸子來引發一種迷醉狀態，在藥效發作期間，巫醫和「小人兒」打交道。這些印地安人利用以下數個種別：神南美肉豆蔻、扇尾南美肉豆蔻(*V. pavonis*)、長南美肉豆蔻，可能還有蘇利南肉豆蔻與洛倫南美肉豆蔻(*V. loretnensis*)。祕魯的博拉族指出，他們一直使用一種與肉豆蔻科

瓦伊卡族(Waiká)印地安人使用竹芋科(Maranthaceae)植物的莖做成的大鼻煙管，消耗掉非常多的南美肉豆蔻粉末。每次吸食，煙管裡裝著3-6茶匙的鼻煙。

在一個活動亢進而刺激的階段，吸鼻煙的會眾會與「埃庫拉」(hekula)鬼靈交戰，接著是一段不安穩的嗜睡期，在這段期間噩夢般的幻視不斷出現。

瓦伊卡薩滿巫經常在治病儀式上使用南美肉

豆蔻鼻煙，即「埃佩納」（下左）。這些族群的巫教習俗與「醫療」行為之間的關係錯綜複雜，使得超自然與實用間的界線甚難分辨。事實上，印地安人自己並不區分這兩個領域。

使用鼻煙的過程動作頻繁，鼻煙粉末直接吹抵鼻孔與鼻竇後，淚水和鼻水立即汨汨地流出。

(Myristicace) 近緣的植物，即大葉熱美肉豆蔻(*Iryanthera macrophylla*)，作為製作這種藥丸之毒膏的原料。

哥倫比亞的維托托人將南美肉豆蔻樹幹的整個皮剝下利用，他們以大砍刀的刀背刮下樹皮的內側，及黏在光裸樹幹上發亮的形成層，小心收集在一個葫蘆裡。這個原料的顏色逐漸變深而成為褐紅色。接著將這仍然潮濕的刮下物，放在細篩子上，反覆地揉、捏、擠、壓。這樣慢慢流出的液體，主要是形成層的樹液，有淡淡的「咖啡牛奶」的色調。不再多作處理，很快地煮沸這個液體，很可能是為了防止會破壞活性成分的酶產生作用，然後一面慢慢地煨著，一面頻頻地攪動，俟其容積減小。當液體終於成為稠膏時，挪開容器。把稠膏搓成小丸子，以供即時服用。根據原住民的說法，這些小丸子的藥力可以保存約兩個月。

這些藥丸若不是馬上就要用，通常要包上一層原住民所謂的「鹽」。它是以多種可以製鹽的植物製成的。

「鹽」的製作過程都相同。先燒植物體，再把燒成的灰放到一個由樹葉或樹皮做成的簡陋漏斗裡。接著用水緩緩地滲透過灰，經過底部的一個洞流滴出來，並在洞的下方收集液體。接著將這過濾水煮到只剩灰白色的殘餘，即成為「鹽」；再把有粘性的樹脂丸子放在灰裡滾動。顯然有非常多種植物可用來製作這種「鹽」，即維托托人的「萊薩」(Le-sa)。玉蕊科的古斯塔(*Gustavia poeppigiana*)是製作這灰常見的原料。同科的巨大喬木伊

一個正在力抗死亡的薩滿巫「馬埃科托滕」(Mahekototen)（上）。死亡是個終身逃不掉的威脅。瓦伊卡人相信，在南美肉豆蔻引起的迷醉期間，薩滿巫能藉由和靈界打交道而擊退死亡，他們將死亡解釋成是惡魔邪靈作怪的結果。

埃佩納的化學

多種不同的南美肉豆蔻鼻煙的化學分析顯示，它們含約有6種關係密切的吲哚生物鹼類，後者屬於帶有「四氫-β-咔啉」(tetrahydro-β-carboline)系統之單純的開鏈(open-chained)或閉環(closed-ring)的色胺衍生物。這些鼻煙的主要成分是5-甲氧基, N-N二甲基色胺(5-methoxy-N,N-dimethyltryptamine)及二甲基色胺(Dimethyltryptamine)。6-甲氧基-N, N-二甲基色(6-methoxyl-N,N-dithyltryptamine)、單甲基色胺(monomethyltryptamine)，以及通常含量極微的2-甲基- (2-methyl-) 與1,2 –二甲基-6-甲氧基四氫-β-吲哚 (1,2-dimelthyl-6-methoxy-tetrahydro-β-carboline)。其生物鹼混合物幾乎與那些從南美豆屬鼻煙粉末分離出來者相同。

這是……某種樹皮調製的神奇鼻煙……

巫師……透過蘆葦……吹一點點到空氣裡。

接著他吸鼻煙,當……他成功地

將粉末吸進每一個鼻孔時……

巫醫立刻開始狂放地唱歌、喊叫,

上身不停地前彎後仰。

——特奧多爾・科奇—格倫貝格(Theodor Koch-Grunberg, 1923)

塔玉蕊木 (*Eschweilera itayensis*)的樹皮也很受珍視。這個科的一種未鑑定樹種,即原住民所稱的「查—佩—納」(Cha-pe-na),亦為他們所使用。環花草科巴拿馬草屬(*Carludovica*)或球腺草屬(*Sphaeradenia*)的一個種別,其木質化的樹幹也可製成灰。天南星科的白鶴芋的葉片和芳香的花序所製造出的灰,能濾取出高品質的「鹽」。可可樹屬的一個野生種別,或若干種小型棕櫚——大概是低地櫚屬(*Geonoma*)與刺棕屬(*Bactris*)的植物——其樹皮也作同樣的用途。

祕魯的博拉族只剝下樹幹離地4-8呎 (1.5-2.5公尺) 處的樹皮。只削除其堅硬、脆弱的樹幹外層,留下柔軟的韌皮部。這一層很快地因凝結的氧化「樹脂」而轉變成褐色。把它放在原

木上,用大頭錘搥打成碎片為止。再將這些碎塊放在水裡浸泡,偶爾搓揉之,至少浸泡半個小時。丟掉撐乾的樹皮,將剩下的液體煮沸,不斷攪動到只剩一層濃膏為止。這膏便可製成供攝食的小丸子。

博拉人用來製作包覆丸子的「灰」的植物較少,只使用巴拿馬草屬的一個種別及一種棕櫚屬的葉和樹幹。

致幻的化學成分看來主要存在於幾乎無色的樹皮內側表面的汁液,樹皮剛被剝離樹木時,汁液立即出現。這個樹脂般的物質,會在典型的氧化酶類型的反應下迅速轉變成淡紅色,然後乾燥成堅硬、光滑的團塊而顏色轉暗。從為化學研究而加以乾燥的樣本來看,它是一種有黏性的紅褐色膠狀物質。許多樹種具有這個物質,含有

P180由上至下：瓦伊卡人仔細挑揀爵床屬植物的葉子，乾燥後作為南美肉豆蔻鼻煙的添加物。調製的一個方法是，先收集樹皮內側紅色、樹脂般的液體，將它加熱固化。一個瓦伊卡族印地安人正在攪打南美肉豆蔻樹脂熬成的漿狀物。

P180手繪圖左：爵床屬植物的葉子乾燥後芳香宜人，偶爾會被加到南美肉豆蔻鼻煙裡。它們亦可作為致幻鼻煙的原料。
右：在瓦伊卡人之中，加到南美肉豆蔻粉末裡的灰，始終是以焚燒一種美麗而罕見的樹木，即伊莉莎白豆的樹皮所製成。

色胺類及其他吲哚類致幻物。觀察這個過程可知，刮樹皮(內側)表面的目的，在於獲得貼附在形成層上所有的極微量物質。這藥物是以形成層樹液製成的。樹液必須馬上煮沸，以便凝固蛋白質及其他可能的多（聚）醣類物質，慢慢以小火燉煮到幾乎乾涸。

整個方式類似從其他樹木的形成層分離出天然產物的過程，例如，從裸子植物分離出松柏苷(coniferine)，只是如今我們改用乙醇或丙酮，而不是用加熱來破壞酶的活性（酶可能會破壞我們想要得到的東西）。

南美肉豆蔻的「樹脂」在原住民日常生活的醫療上扮演重要的角色：數個樹種因為能作抗真菌藥物而受到重視。把樹脂塗抹在皮膚的患部，可治療流行於潮濕熱帶雨林的癬或類似真菌引起的皮膚病。只有精選某些種別來作為這種治療之用，而獲青睞者似乎和樹種的致幻特性沒有任何關係。

印地安人對其熟悉的南美肉豆蔻樹之致幻力，有極廣的知識。他們知道不同樹種的差異之處，而植物學家卻難以分辨。其實在剝下樹幹的樹皮之前，他們已知樹汁多久會變紅，也知道嚐起來是淡味還是辛辣的；製作成的鼻煙，其效力會維持多久；以及其他許多隱而不見的特性。這些微妙的差異究竟是出自樹木的年齡、季節、生態狀況、開花或結果的條件，或是其他環境或生理因素，目前仍不得而知，但印地安人對辨識這些差異無疑非常內行，往往有一套術語來指稱這些差異，這套知識在他們對這些樹的迷幻醫藥性使用上具有重大意義。

上左：在南美肉豆蔻迷幻作用下的印地安人，特有的反應是露出一種恍惚、作夢般的表情，這當然是藥物活性成分所導致的，但是原住民認為這與薩滿巫的靈魂暫時出竅，遠赴他方有關。薩滿巫在未曾稍止的舞蹈中所作的歌誦，有時候可能反映其與鬼靈的交談。對瓦伊卡人而言，鬼靈能前往其他國度，是這種致幻物功效最有價值的地方。

上右：窄葉爵床(*Justicia pectoralis* var. *stenophylla*)植物的葉片是製作南美肉豆蔻鼻煙的重要成分。

進入夢幻時光

此圖中的灰點代表皮圖里叢，是原住民藝術家瓦蘭加里‧卡爾恩塔瓦爾拉‧哈卡馬爾拉(Walangari Karntawarra Jakamarra)1994年的油畫創作。

「皮圖里」(Pituri)成為精神活性之致幻物在人類史上可能從未間斷過，它是使用時間最久的精神活性致幻物。其中，澳洲原住民具有世界上最久與未曾間斷的皮圖里文化。今日澳洲原住民的祖先咀嚼皮圖里的歷史，可追溯至40,000年到60,000年以前。

澳洲原住民所謂的皮圖里泛指具有特別成分，能令人快樂或具有巫術法力的植物或植物體。一般而言，皮圖里是指茄科的皮圖里茄(*Duboisia hopwoodii*)。

通常用帶鹼性的植物灰與皮圖里葉相混，如嚼菸草般食用。皮圖里可以阻飢解渴，引發強勁的幻視，這或許就是原住民利用它的目的。原住民的核心概念是人之巫術進入夢境以及超

下：皮圖里茄的樹幹。

皮圖里的化學

皮圖里茄含有多種強勁、刺激且有毒性的生物鹼,如皮圖里鹼(piturin),D-去甲菸鹼(D-nor-nicotine)與菸鹼(nicotine)。其中D-去甲菸鹼似為主要的活性物質,而該植物亦含多種其他生物鹼,如米喔斯明(myosmin)、N-甲醛去甲菸鹼(N-formylnornicotine)、可替寧(cotinin)、N-乙 去甲菸鹼(N-acetylnornicotine)、毒藜鹼(anabasine)、毒藜丁(anabatin)、新菸草鹼(anatalline)、聯吡啶(bipyridyl)等。

在其根部曾發現具有致幻效果的托烷類生物鹼的莨若鹼(hyoscyamine),此外尚發現具有微量的東莨若鹼(scopalamine)、菸鹼(nicotine)、去甲菸鹼(nornicotine)、間菸鹼(metanicotine)、米喔斯明、N-甲醛去甲菸鹼等,另一種軟木茄(*Duboisia myoporoides*)也含有大量的東莨若鹼。

可添加到皮圖里的植物灰之植物

Proteaceae (山龍眼科)

   Grevillea striata R. BR. (Ijinja) (條紋山龍眼)

Mimosaceae (含羞草科),Leguminosae (豆科)

   Acacia aneura F. Muell. Ex. Benth. (Mulga)

   Acacia coriacea DC. (Awintha) (華質相思樹)

   Acacia kempeana F. Muell. (Witchitty bush) (相思樹屬植物)

   Acacia lingulata A. Cunn. ex. Benth. (舌狀相思樹)

   Acacia pruinocarpa (相思樹屬植物)

   Acacia salicina Lindley (相思樹屬植物)

Caesalpiniaceae (蘇木科),Leguminosae (豆科)

   Cassia spp. 決明屬植物

Rhamnaceae (鼠李科)

   Ventilago viminalis Hook. (Atnyira) (翼核果屬)

Myrtaceae (桃金孃科)

   Eucalyptus microtheca F. Muell. (Angkirra) 小鞘桉

   Eucalyptus spp. (Gums) (桉樹屬植物)

   Eucalyptus sp. (Red gum) (紅桉樹)

   Melaleuca sp. 白千層屬植物

越現實的最原始環境。這類夢境是一種意識的轉換境界。

夢境中,所有巫術作法與作為均會影響人的正常意識。可靠的說法認為皮圖里有許多類型,各有其用途,而且各別的變種也都有其歌謠、圖騰與相稱的「夢之歌」或「歌之調」。有些歌稱為「皮圖里歌」。皮圖里與其生長的地方也有關聯。甚至有「皮圖里部落」存在。皮圖里本身帶有「發夢之鄉」的意涵,即皮圖里生長之處的夢。此可溶入人類的感情與思想。

德裔澳洲籍植物學家費迪南德·馮米勒(Ferdinand J.H. von Müller, 1825)曾描述過皮圖里茄。該植株及其乾燥或發酵過的葉片,在該國深具經濟重要性,是以物易物的高價貨品。

雖然皮圖里茄普遍分布在澳洲各地,不過有些地方在採集或收成上比他處更佳。在該植物生長之處,其葉片在當地很有威力。原住民未接觸歐洲之前,在中央沙漠地區,皮圖里具有影響深遠的交易體系,因而有所謂的「皮圖里之路」或「皮圖里之徑」。

有許多種添加物可混入皮圖里的乾葉或已發酵葉中,然後嚼食。有人用植物之灰,有人用動物之毛,來黏住皮圖里,使之不致於鬆散。這些東西有植物之纖維、黃泥土、桉樹(尤加利)的樹脂,最近多用糖等物。皮圖里的調製方法不同,其效果也各異。有些令人興奮,有些作用溫和;有些令人產生莫名的快感,有些則可引起幻視效果。

P183上:皮圖里叢。

P183中:發酵後的皮圖里茄葉片。

P183下:草海桐屬(*Goodenia*)是皮圖里茄的替代品。此屬植物在植物人類學上有其重要性,是澳洲原住民的醫用植物及保健植物。

致幻物的化學結構

　　鑑定神聖植物的致幻成分之分子結構，其結果令人驚異。幾乎所有的致幻物皆含有氮元素，故屬於化學化合物的大宗，稱之為「生物鹼類」。植物製造的含氮代謝物，因具有鹼性，類似鹼，故化學家稱之為生物鹼。主要有精神活性的植物中，只有大麻與占卜鼠尾草為不含氮的著名例子。大麻屬植物的主要活性成分是四氫大麻酚(tetrahydrocannabinol, THC)，而占卜鼠尾草的主要活性成分是鼠尾草鹼(salvinorin)。

　　植物主要的致幻物與人類腦激素(賀爾蒙)，在化學結構上有關聯，也就是說，致幻物在腦功能的生物化學上具有精神作用的角色。

　　佩約特仙人掌的有效成分是仙人球毒鹼，是一種生物鹼，是一種與腦激素，即「去甲腎上腺素」(horepinephrine)有關的化學物。該激素屬於生理劑，稱為「精神遞質」(neurotransmitters)，因為這類精神遞質具有在神經元(即神經細胞)之間脈動的化學傳遞功能。去甲腎上腺素與仙人球毒鹼均具備相同的基本化學結構。兩者均為化學

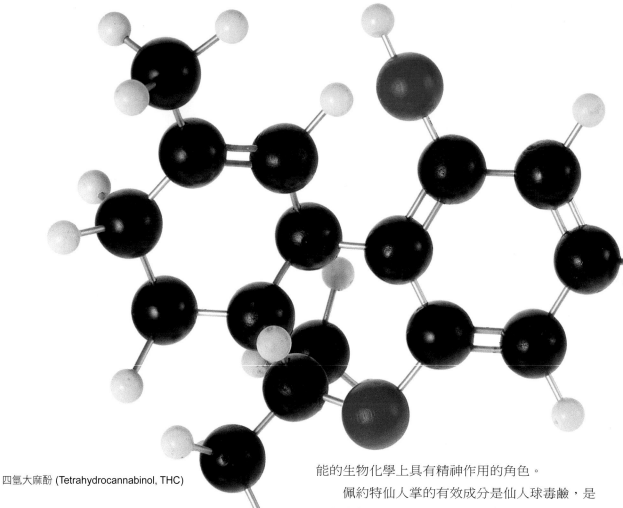

四氫大麻酚 (Tetrahydrocannabinol, THC)

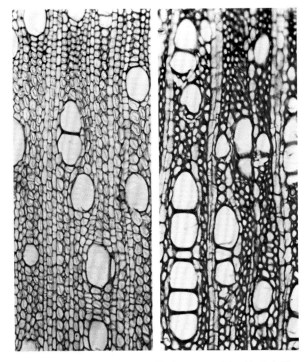

最近進行的關於大麻(左圖)與印度大麻(右圖)的內在木質部結構之研究,已發現兩者有諸多不同之處,如左圖大麻的橫剖面之顯微結構,其中顯著的區別之一為大麻的導管往往是各自單獨分布,而印度大麻是成團分布。大麻屬植物的四氫大麻酚(THC)集中分布在樹脂,而不在木質部組織,這便是美國的大麻立法不管制大麻的原由。

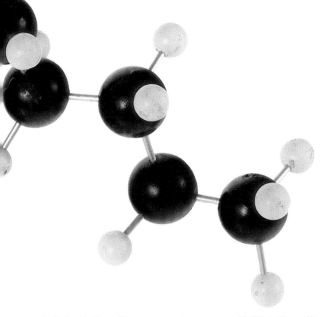

P186-187的致幻物的分子模型,顯示了此類致幻物化學元素之組成,同時也顯示這些元素在分子內相互的關係。黑球為碳(C)原子,白球為氫(H)原子,紅球為氧(O)原子,綠球為氮(N)原子,黃球是光蓋傘素中的磷(P)原子。事實上,相互連結的原子之間沒有空隙,而是互碰在一起的。還有,不同元素的原子大小也不同。這些模式中只特別用小球表示氫原子。我們很難想像原子與分子的真正大小。例如0.1毫克(是1公克的一萬分之一)的致幻物已經很難用肉眼看得見,卻約含2×10^{17}(即等於200,000,000,000,000,000)個分子。

家熟知的苯乙胺(phenylethylamine)的衍生物。苯乙胺尚有另一種衍生物為主要的胺基酸苯乙胺,此成分普遍存在於人體器官內。

　　從仙人掌毒鹼與去甲腎上腺素的化學結構模

型(見P186),可明顯看到兩者的化學結構具相關性。

　　致幻性的墨西哥蘑菇,被當地人稱為「特奧納納卡特爾」(Teonanácatl),其有效成分為光蓋傘素(psilocybine)與光蓋傘辛(psilocine),兩者均衍生自相同的基本化合物。與腦激素「血清素」(serotonine)一樣均有基本的化合物。此基本化合物即色胺(tryptamine)。色胺也是一種主要的胺基酸,即白胺酸(tryptophane)的基本化合物。色胺與白胺酸的關係在兩者的分子模型(P186)中一覽無遺。

　　墨西哥尚有另一種神聖植物,稱之為「奧洛留基」(Ololuqui),是一種牽牛花,其致幻成分即為色胺的衍生物。以此為例,色胺連上一個複雜環狀結構,此結構稱為「麥角靈」(ergolin)。從麥角靈的分子模型(見P187)可看出麥角乙胺與麥角乙醇胺在結構上的關係,而兩者均為組成奧洛留基的有效成分。

　　該重要植物的致幻成分與腦激素具有相同的基本化學結構,這不可能僅是巧合的結果。此不可思議的關係可能可以用來詮釋此類致幻物精神活性之威力。這些致幻物具有相同的基本化學結構,可能在神經系統(如上述的腦激素)上位於相同的位置,有如相似的鑰適用於同一個鎖。其結果可改變、抑制、刺激、或者修改與那些腦位置相關的精神生理功能。

　　致幻物之所以能讓腦功能的運作有所改變,不只是因為致幻物具有特殊的化學組成,還在於致幻物分子的原子有特殊的空間配置。這可從當前最強勁的致幻物麥角二乙胺之化學性質中清楚看到。麥角二乙胺可視為奧洛留基中一種有效成分的一個化學修改類型。半人工合成的麥角二乙胺藥物與天然的奧洛留基致幻物的麥角二乙胺之

佩約特，即烏羽玉仙人掌(*Lophophora williamsii*)。

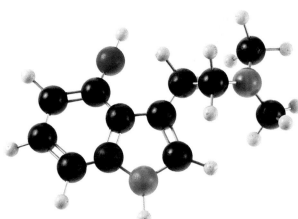

光蓋傘辛
(Psilocine，特奧納納卡特爾的主要致幻成分)

間的僅有的差異，仍是醯胺(amide)的二個氫原子被在二乙胺的兩個乙基取代。服用0.05mg的麥角二乙胺可產生致幻性中毒一小時，而「異構麥角二乙胺」(iso-LSD)與「麥角二乙胺」的原子連結皆相同，惟僅在原子的空間配置上有差異，但若服用異構麥角二乙胺的量是麥角二乙胺的10倍劑量，卻毫無致幻作用。

　　若參見P187的麥角二乙胺與異構麥角二乙胺(iso-LSD)的分子模型，可看見每一個分子的原子連結方式相同，而原子的空間配置迥異。

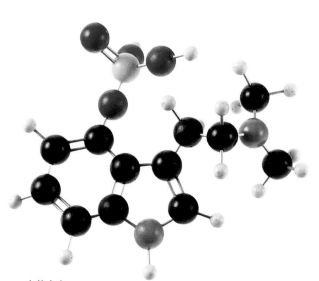

光蓋傘素
(Psilocybine，特奧納納卡特爾的主要致幻成分)

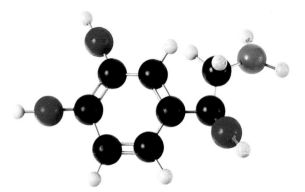

去甲腎上腺素
(Noradrenaline，是一種腦激素)

　　當分子之間只有空間配置不同時，稱之為立體異構物(steroisomers)。立體異構物只存在於不對稱結構的分子，而理論上，一般是其中一個空間配置的分子比較有活性。除了化學組成重要外，空間配置不但主導了致幻活性，而且也決定了一般的藥物活性。

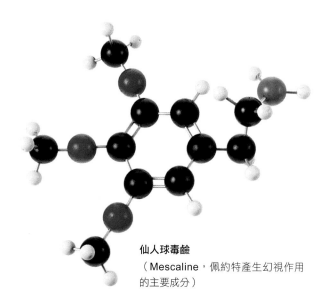

仙人球毒鹼
（Mescaline，佩約特產生幻視作用的主要成分）

艾伯特‧赫夫曼(Albert Hofmann)生於1906年,是麥角二乙胺(LSD)與特奧納納卡特爾及奧洛留基致幻成分之發現者。此麥角二乙胺之分子結構模型,於1943年置放在瑞士的巴塞爾州(Basel)桑朵茲(Sandoz)的藥化學研究實驗室內。

P186:仙人球毒鹼與去甲腎上腺素,以及光蓋傘素與光蓋傘辛,各自與血清素的化學結構之比較,可顯示致幻物與腦激素之間化學結構的關係。

奧洛留基與麥角二乙胺的緊密化學關係,可從比較麥角酰胺(Lysergic Acid Amide)及麥角乙醇胺(Lysergic Acid Hydroxyethylamide)與麥角酸二乙胺(Lysergic Acid Diethylamide)的分子模型差異窺知。

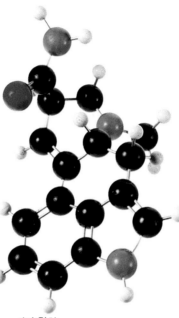

麥角酰胺
(Lysergic acid amide,奧洛留基的致幻成分)

麥角二乙胺
(LSD,半人工合成的致幻物)

麥角乙醇胺
(Lysergic Acid Hydroxyethylamide,奧洛留基的致幻成分)

異構麥角二乙胺
(iso-LSD,是半人工合成的化合物)

血清素
(Serotonine,一種腦激素)

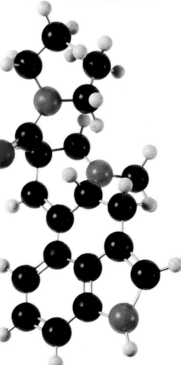

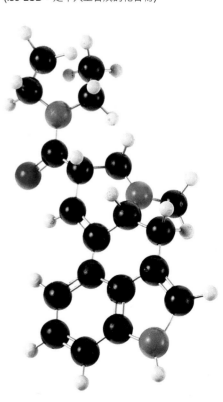

致幻物的活性成分,不僅取決於其原子的結構;分子內原子的空間配置也同等重要。例如:麥角二乙胺(LSD)與異構麥角二乙胺(iso-LSD,見右圖)的元素組成相同,但是其二乙胺團之空間配置卻不同。若將異構麥角二乙胺與麥角二乙胺作比較,前者實際上並無致幻的效果。

致幻物的醫學用途

醫藥上使用純粹致幻化合物和「巫術—宗教」儀式上使用致幻性植物體，有共同的基本原理。這兩種情況之藥效都涉及現實經驗上有深度的精神改變；服用致幻物不僅影響人對外在世界

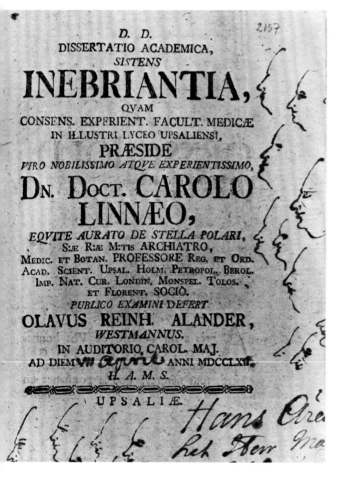

的認知，也改變對主體自身人格的認識。改變對外在世界的感官經驗是出於轉移感官之敏感度，即感官知覺(尤其是視覺和聽覺)受到致幻物的刺激。這些自我知覺上的改變，說明了藥物的深度作用，它影響了我們存在的核心——意識。

我們的現實經驗要是沒有「自我」(ego) 這主體，便無法理解現實經驗。所謂的客觀現實的

主觀經驗是外在感官信號(經由感官的傳遞)和自我(將這訊息帶到有意識知覺的層次)之間互動的結果。在這情況下，我們可以把外在世界想成訊息或信號的發送者，而深層的「自體」(self)是接收者。在這事例裡，訊息的譯者就是「自我」。要是沒有發送者或接收者之任何一方，現實就不存在。有如，收音機不會播放音樂，而螢幕是空無畫面的。假如我們堅持「現實是發送者與接收者之間互動的產物」這個概念，那麼在致幻物作用下的不同現實感知，可以用大腦(即意識之所在)經歷極大生物化學變化的事實來解釋。如此接收者就設定成只接收非關正常、日常現實以外的波長。從這個角度來看，現實的主觀經驗是無限的，視接收者的能力而定，它可能經由腦域之生物化學改變而迴變。

一般而言，我們是從一個頗為有限的角度來經驗生活。這是所謂的正常情況。然而，透過致幻物，現實的感知可以強烈地改變並擴大。這個單一而相同的現實之不同面向或層次，並不彼此排斥。它們形成一個包羅萬象、不受時間限制、超驗的現實。

有可能性改變「自我接收者」之波長設定，產生現實知覺的改變，構成了致幻物的真正重要性。這個創造新奇又特異的世界形象，就是致幻植物在過去以及今天被視為神聖的原故。

每日的現實與致幻物迷醉下看到的意象，二者之間有什麼根本的、特有的差異呢？在意識的正常情況(即在日常的現實)裡，自我和外在世界是分開的；我們和外在世界面對面；外在世界是客體。在致幻物的作用下，經驗事物的自我和外在世界之間的界線視迷醉程度而會消失或變得模糊。一個回饋機制在接收者與發送者之間建立起來。部分的自我伸到外在世界，進入我們周遭

P188：有關迷醉物的第一篇專著，顯然是阿蘭德(Alander)的博士論文，阿氏是林奈的學生，林奈是現代植物學之父。這篇論文於1762年在瑞典烏普薩拉(Uppsala)進行博士論文答辯，該文混合了科學與偽科學的資訊。出席這場論文答辯的某位觀察員在論文封面上，信手塗鴉了這些側面像，也許畫的是那些學術考試委員。

下：由致幻物產生的視覺經驗是畫家的靈感來源。這兩幅水彩畫是克里斯蒂安‧拉奇(Christian Rätsch)服用麥角二乙胺(LSD)後的創作，它們呈現出他所經歷的幻視經驗的神祕特徵。

的客體裡。客體開始活了起來，有了較玄妙與不尋常的意義。這會是個愉快的經驗，或是可怕的經驗，意謂著被信任的自我之喪失。新的自我覺得和外在客體，以及與其他的人類之間，以一種

實裡，天地萬物與自我、發送者與接收者乃是一體。

利用致幻物之試驗，可產生意識與感知上的改變，此在藥物已有數種不同的用途。在醫學領

特別的方式狂喜地相連接。玄妙溝通的經驗甚至可能達到與整個天地萬物合而為一的境界。

這種在適合的情況下，能藉致幻物達到宇宙意識的境界，此境界與不自主的宗教狂喜(即所謂的與神祕融合)聯結，或與東方宗教生活經驗裡的三昧或開悟有關聯。在這兩種境界裡，所經驗的現實都靠超越實體來闡釋，而在後一現

域裡，最常使用的純粹物質是仙人球毒鹼、光蓋傘素與麥角二乙胺。最晚近的研究主要關注於已知的最強勁的致幻物麥角二乙胺，這是用化學方式將奧洛留基 (Ololiuqui)的精神活性成分改造而成的一種物質。

在精神分析上，打破世界積習已深的經驗，能幫助困在自我中心問題循環裡的病人，逃離他

們的固執與孤立。在致幻物作用之下「我—汝」界線會鬆解，甚至撤除，可讓病人和精神分析師之間有較好的接觸，而病人或許會更容易接受精神分析的暗示。

致幻物的刺激也往往可以讓人清晰地記起遺忘或壓抑的過去經驗。它使有意識的知覺重新記起導致心理擾動的事件，而在心理分析上具有關鍵的重要性。無數已發表的報導記述了心理分析期間所使用的致幻物，如何重新喚起往事的回憶，即便是發生於非常早期童年的事件。這並不是「回憶」(réminiscence)，而是「再經歷」

(réviviscence)，正如法國心理分析家讓·德萊(Jean Delay)所說的。

致幻物本身並沒有治療的效力，較正確的說，它扮演一個藥物輔助品的角色，使用在心理分析或心理治療的全脈絡裡，以使分析或治療更為有效，並減少治療所需的時間。使用致幻物有兩個不同的方式可以達到這個目的。

其中之一是由歐洲醫院發展出來的，即我們所說的「心理鬆綁」(psycholysis)。它（的過程）包括在幾個連續的時刻，每隔特定的時段便給予中等劑量的致幻物。在接下來的會診裡，討論

病人在致幻物作用下產生的經驗，此經驗也可透過繪畫、素描等方式表達出來。「心理鬆綁」一詞是容格學派(Jungian school)的英國心理治療師羅納德·A·桑迪森 (Ronald A. Sandison)發明的。這個字的「-lysis」標示心理緊張與衝突的解除。

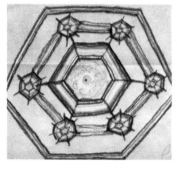

第二個方式是在美國較受偏好的一種。在讓每一個病人做好適切的心理準備以後,給予病人一次非常高劑量的致幻物。這種「致幻藥治療」是為了讓被治療者產生一種神祕的、宗教式的狂喜狀態,如此應該能提供病人重建人格的起點。「引起幻覺」(psychedelic)意為「心靈表露」(mind manifesting),這個詞是精神分析學家漢弗萊‧奧斯蒙(Humphrey Osmond)所創。

以致幻物為精神分析與精神治療之輔助品,

致幻藥物作為精神分析與精神治療之輔助物,在醫界至今仍是爭論的問題。不過,這情形也見於其他治療技術,諸如電擊法、胰島素療法,以及精神病外科等,這些技術的危險性都比採用致幻物大得多,致幻物在專家的手裡可說幾乎沒有風險。

有些精神分析學家的看法是:經常可以看到使用這些藥物的人能較快重拾遺忘或被壓抑的創傷性經驗,所需的治療時間也較短,兩者對病情的改善並非有利。他們認為,這個方法不能提供充足的時間來進行完全的精神治療,也不能整合

其根據與那些通稱為鎮靜劑的精神藥物相反。那些具鎮靜效果的精神藥物,確切地說是為了壓抑病人的問題和衝突,使它們表面看起來較不嚴重而不再重要,但致幻物是把衝突提升到表面,並使之更加強烈,因而可以清晰地辨認問題與衝突之所在,使病人容易接受心理治療。

藥物,讓患者意識清醒,而且,如果喚起的創傷性經驗的意識,是逐漸性與分段式的,這種方法導致有益效果產生的期間較短。

從事心理鬆綁和致幻藥治療時,在提供病人致幻物之前,需要非常小心地為病人做好心理建設。若想要從這個經驗得到真正正面的收穫,病

P192：在1960年代，美國和歐洲的許多藝術家為了提高創作過程，以致幻物作實驗。左邊的這幅畫便是其中一例。

只有少數藝術家能在致幻物直接影響下表達幻視的世界。這兩幅弗雷德‧韋德曼(Fred Weidmann)的畫作是在藍變裸蓋菇(*Psilocybe cyanescens*)的作用下畫的。兩幅都是作於大理石紋理紙的壓克力畫。

左：《滑動與滑行》(Slipping and Sliding)是同一天的另一幅畫作。

右:《潘的庭院》(The Garden of Pan)。

人一定不能被藥物所產生的非比尋常的驚嚇給嚇住。慎選接受治療的病人也很重要，因為並不是每一種精神疾病對這種治療形式有同樣好的反應。因此，為了成功，用致幻物輔助的心理分析

常的精神狀態，類似精神分裂症及其他精神病的症狀。過去人們甚至認為致幻物所引起的迷醉，可以視為一種「精神病的原型」，但我們已發現精神病的症狀和致幻物迷醉有顯著的差異。不

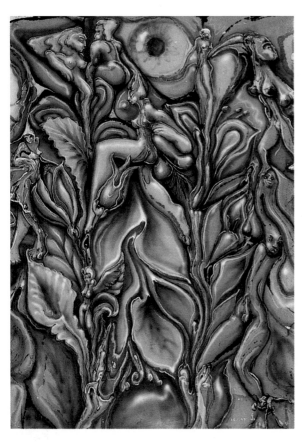

或精神治療，需要專業的知識與經驗。

　　使用致幻藥的精神分析師，其臨床訓練的最重要面向之一，是利用這些物質做親身的實驗。經由這些經驗，治療師可以得到他們的病人所進入之世界的第一手知識，因而對動態性質的潛意識有更多的了解。

　　致幻物也可以用在判定精神失調的本質之實驗研究。致幻物在正常人身上所引起的某些不正

過，致幻物迷醉可作為研究異常心智狀態下生物化學與電生理變化的一種原型。

　　有關致幻物(特別是LSD)的醫藥用途，有個方面觸及嚴肅的倫理問題，那就是臨終病人的照護。美國醫院的醫生觀察到，癌症病人所遭受的疼痛，無法用傳統藥劑止痛，但可以用麥角二乙胺(LSD)局部或全部止痛。這種作法並不是使用普通的止痛劑。我們認為事情是這樣的：病人對

在幻視經驗中，許多人看見螺旋、漩渦，以及銀河系。藝術家娜納・瑙瓦德(Nana Nauwald)在她的畫作《漂泊》(The Middle Is Everywhere)描繪此一經驗。

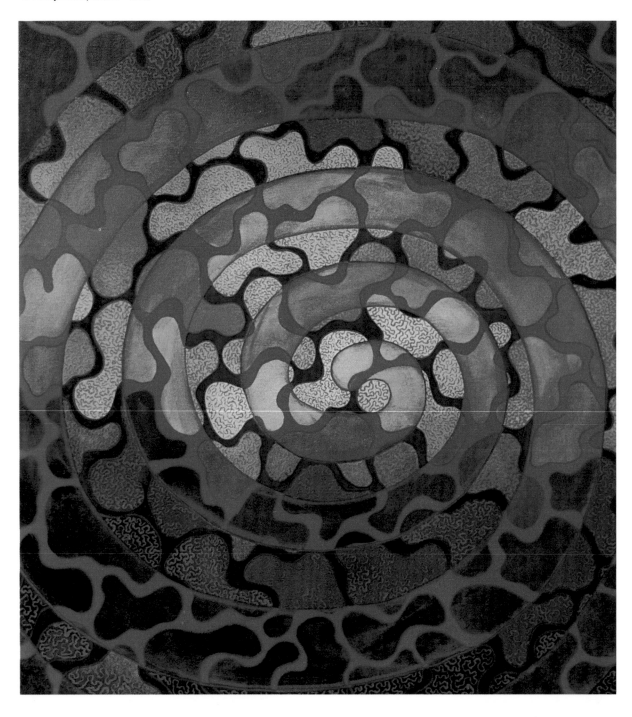

《精神與物質是不可分割的》(Spirit and Matter Are Indivisible)
這幅畫作記錄一個受到致幻物影響而重複出現的經驗。

許多人在嚐到神祇植物以後，認識「生存的意志」(the Will to Live)。娜納·瑙瓦德(Nana Nauwald)藉藝術作品表達這點。

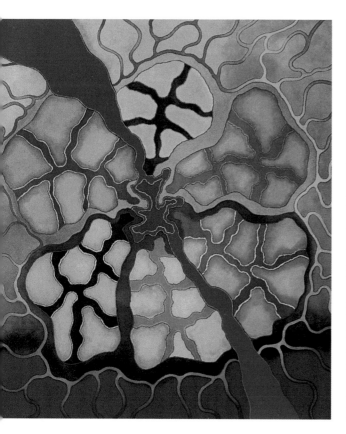

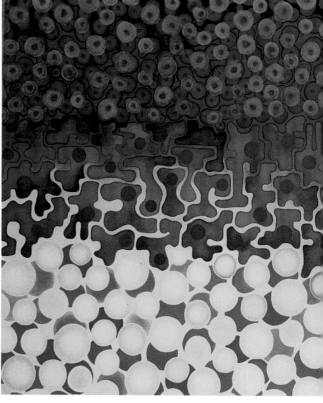

痛苦的感受消失了；在藥物的作用下，病人的心智和肉體分開，使得軀體的疼痛不再觸及心智。假如要將致幻物朝這種型態利用並達到效果，絕對要讓病患做好心智上的準備，向病患說明可能會經歷哪一種的經驗和改變。將病患的思想引導到宗教方面也會收到很大的助益，這可以由神職人員或精神治療師來做。不少報導記述臨終病人如何在麥角二乙胺狂喜中脫離痛苦，體認生與死的意義，安於命運而無所懼，並在安寧中過世。

致幻物在醫藥上的使用，不同於薩滿教裡巫醫之利用神祇植物的致幻力，後者通常是由巫醫

和治療術士食用有關植物或服用其煎劑；在傳統醫學裡，致幻物是只給病人的。然而，這兩種情況同樣都是利用致幻植物所引起的心理反應，因為輔助精神分析和精神治療的藥物作用，同樣也提供薩滿巫非比尋常的力量來占卜和治病。這些藥物作用包括鬆解甚至消除「我—汝」之界線，最後客觀的日常意識融入「合一」(One-ness)的神祕經驗裡。

跋

致幻物的研究領域最重要的觀點人物是路易斯‧萊溫(Louis Lewin)。他是有名的柏林毒物學家，在半個多世紀前，撰寫《麻醉學》(Phantastica)，掌握了致幻物在人類文化演變上具有全面重要性之精髓。

「自從我們開始去了解人類，發現人類已會使用非關營養價值的物質，使用此物質的唯一目的，就是為了在某個特定時間內產生的滿足、鬆懈與舒適感。」

「這些物質的潛在能量遍及整個世界，不被崇山峻嶺與汪洋大海阻隔，建立了各族間的聯繫。分居南半球與北半球的、或者已開化與野蠻的人類，靠著致幻物的吸引力，聯結在一起。致幻物造就了古代部族的特性，此特性不曾間斷地綿延持續到今日。此現象驗證了不同人群之間有密切的來往，正如化學家從物質間的反應判斷兩種物質的關係。以這種方式建立兩個民族間的接觸，非要數百年或數千年的歲月不行。

「不論是偶然的或習以為常的使用這類致幻物，追究其原動力比收錄相關的事實更令人著迷。所有差異懸殊(如野蠻與文明)的人或物，在致幻物的領域相聚。這領域包括與致幻物有不等相關程度的財產、社會地位、知識、信仰、年齡，以及身體、心智與靈魂的恩賜。

「各種人在這個平面上相聚，包括平民工匠與安逸奢靡者、君主與庶民、來自遠方群島或非洲喀拉哈里沙漠的未開化者、詩人、哲人、科學家、離群索居者與博愛為善者、酷愛和平者與戰端開啟者、虔誠教友與無神論者。」

「致幻物在各種階段的人體內造成一陣陣衝擊的效果，必定異常劇烈與影響深遠廣泛。對此許多人已經表示了諸般看法，為的是調查追究與了解致幻物的性質，有少數人仍然意識到它們最

在維喬爾族中，「涅里卡」(nierika)指的是進出所謂「平常現實」與「超常現實」之間的門戶。它是兩個世界之間的通道，也是障礙。涅里卡是一個裝飾性的儀式花盤，亦具有「鏡子」與「神之面孔」的意含。這張涅里卡上有四個重要的方位與一個神聖的中心點。其調和軸放在「火之地」內。

內在深層的重要性，與利用具有內在能量之致幻物的動機。」

早期的幾位科學家有功於致幻性植物與精神活性物質的跨領域研究。1855年，恩斯特‧馮比布拉男爵(Ernst Freiherr von Bibra)出版了《致幻物與人類》(Die narkotischen Genussmittel und der Mensch)。在該書中，他提到17種精神活性植物，並呼籲化學家努力去研究這個如此有潛力與深奧的知識領域。英國的真菌學家莫迪凱‧庫克(Mordecai Cooke)發表了許多真菌方面的專業論文。他唯一的一本大眾化與非科學專論是《長眠七修女》(The Seven Sisters of Sleep)，這是一

本綜合各個領域研究精神活性植物的巨著,出版於1860年。

　　半世紀後,另外一本毫無疑問受到馮比布拉(von Bibra)之研究所啟發的專書付梓了。卡爾·哈特維希(Carl Hartwich)的巨著《令人迷幻的麻醉品》(Die menschlichen Genussmittel)於1911年出版,以大篇幅且跨領域地介紹了30種精神活性植物,書中並提到其他數種致幻性植物。該書指出馮比布拉(von Bibra)的開創性著作已經過時,而化學與植物學研究在1855年尚未開展,作者還樂觀地認為,到了1911年,這方面的研究若非如火如荼的進行著,就是已經完成了。

　　1924年,即《令人迷幻的麻醉品》一書出版13年以後,影響精神病藥物學界最著者,非路易斯·萊溫 莫屬。他的《麻醉學》是一本絕無僅有的綜合性、具深度之書。全書完整描述28種植物,以及若干人工合成的化合物。該書介紹了全世界通用、具興奮性或麻醉性作用的植物,強調其在科學(尤其是植物學、民族植物學、化學、藥理學、醫學、心理學、精神病學,以及民族學、歷史學與社會學)研究的重要性。萊溫寫道:「本書的內容將提供一個火種,或許能讓上述科學的各門領域有所依循。」

　　從1930年代到今日,精神藥理學、植物學、人類學之間的整合活動已越來越緊密地進行。過時的知識獲得擴增與澄清,緊接著眾多的領域接二連三有新的發現。儘管過去150年來,在製藥學、植物化學、民族植物學有許多進展,但是神祇植物這方面仍有極龐大的工作待完成。

恩斯特·馮比布拉男爵
(Ernst Freiherr von Bibra, 1806-1878)

莫迪凱·庫克
(Mordecai Cooke, 1825-1913)

卡爾·哈特維希
(Carl Hartwich, 1851-1917)

路易斯·萊溫
(Louis Lewin, 1850-1929)

圖片來源

Arnau, F., *Rauschgift,* Lucerne 1967: 101 below right

A-Z Botanical Coll., London: 17 above left

Biblioteca Apostolica Vaticana, Vatican City (Codex Barberini Lat. 241 fol. 29r): 111 left

Biblioteca Medicea Laurenziana, Florence: 159 above (Photo: Dr. G. B. Pineider)

Biblioteca Nazionale Centrale di Firenze, Florence: 162 above (Photo: G. Sansoni)

Biedermann, H., *Lexikon der Felsbildkunst,* Graz 1976: 83 above

Bildarchiv Bucher, Lucerne: 17 below right

Biocca, E., Yanoàma, Bari 1965 (Photo: Padre L. Cocco): 178 middle, 178/179, 179 middle, right, 181 left

Black Star, New York: 96 middle, left and right (Photo C. Henning)

Bouvier, N., Cologny-Genève: 82

Brill, D., College Park, Georgia: 168 above left

Carroll, L., *Alice's Adventures in Wonderland,* New York 1946: 101 below left

Coleman Collection, Uxbridge: 17 above, center left

Curtis Botanical Magazine, vol. III, third series, London 1847: 147 below

Editions Delcourt, Paris: 89 above left

EMB Archives, Lucerne: 5. 13 above, centerright, 28/29, 36 (9, 10), 38 (14,15), 40 (22, 25 below), 43 (35), 44 (38, 39), 46 (46) and below, 48 (52, 53) and below, 49 (55, 56), 53 (70, 72) and below, 56 (84) and below, 58 (89, 90), 59 (93), 60 (96), 62, 88, 118, 119, 122 above, 132, 133 right, 145 above, 177, 187 above

Emboden, W., California State University, Northridge: 95 right

Erdoes, R., New York and Santa Fe: 152 right

ETH-Bibliothek, Zurich: 197 center left

Forman, W., Archive, London: 62 right

Fröhlich, A., Lucerne: 186 above

Fuchs, L., *New Kreuterbuch,* Basel 1543: 31 left

Furst, P. T., New York State University, Albany, New York: 172 below

Goodman, Mill Valley, California: 96 center left

Halifax Collection, Ojai, California: 150 below, 190/191 middle, 191 above, 196

Harvard Botanical Museum, Cambridge, Mass.: 31 center left, 98 above, 152 left, 153 above right, 170 below, 185 above, 197 above

Hernández de Alba, G., Nuestra Gente Namuy Misag, Bogotá: 143 left

Hofmann, Dr. A., Burg i. L.: 23, 162 left

Holford, M., Loughton: 105 below

Holmstedt, B., Karolinska Institute, Stockholm: 197 below

Hunt Institute for Botanical Documentation, Carnegie-Mellon University, Pittsburgh: 188

Kaufmann, P. B., Department of Botany, University of Michigan, Ann Arbor: 99

Kobel, H., Sandoz Research Laboratories, Basel: 103 below right

Koch-Grünberg, T., *Zwei Jahre unter den Indianern,* Berlin, 1910: 127 left

Köhler, *Medizinal-Pflanzenatlas,* vol. I, Gera-Untermhaus 1887: 21 below, 31 center left

Krippner, S., San Francisco: 192

Leuenberger, H., Yverdon: 111 right

Lyckner, K.-Ch., Hamburg: 110 above left

Moreau de Tours, J., *Du Hachisch et de l'alimentation Mentale,* Paris 1845: 100 below

Museo del Oro, Bogotá: 64

Museum of Fine Arts, Boston, Gift of Mrs. W. Scott Fritz: 108 left

Museum of the American Indian, Heye Foundation, New York: 152 middle

Museum Rietberg, Zurich: 2 (Photo: Kammerer/Wolfsberger), 10/11 Sammlung von der Heydt (Photo: Wettstein & Kauf)

Myerhoff, B., Los Angeles: 148, 149 above left, 151 below

Nauwald, N., Südergellersen: 194, 195

Negrin, J., Mexico: 63 (Photo: L. P. Baker))

New Yorker, New York: 100 top

Österreichische Nationalbibliothek, Vienna (Codex Vindobonensis S. N. 2644—*Tacuinum Sanitatis in Medicina*—Folio 40): 87 below

Ott, J., Xalapa: 56 (82)

Parker, A.: Yale University, New Haven: 97 below left

Pelt, J. M., *Drogues et plantes magiques,* Paris 1971: 151 above left

Perret, J., Lucerne: 184—187 (models by Dr. A. Hofmann)

Petersen, W.: Mecki bei den 7 Zwergen, Köln (© for the Mecki-character: Diehl-Film, Munich): 84 center right

Photoarchiv Emil Schulthess Erben, Zurich: 24

Radio Times Hulton Picture Library, London: 4

Rätsch, C., Hamburg: 7, 8, 13 center, right, 17 below, center left, 18, 19, 21 above, 22, 24/25, 27, 30, 34, 35, 36, 37 (8), 38 (16, 17), 39, 40, (23, 24), 42, 43 (34, 36, 37), 44 (40, 41), 45, 46 (45, 47, 48), 47, 48 (53), 49 (57), 50, 51, 52, 53, (69, 71), 54, 55 (77, 78, 80), 56 (81, 83), 57, 58 (91), 59 (92, 94), 60 (95, 97), 83 below, 84 above, center left, below, 85 above right, below, 86, 97 above left, above right, 89 below, 90 below, 91, 92, 93, 94, 95 above, 96 above, below, 97, above left, above right, 101 above, 102, 103 above right, below right, 104, 105 right, 106, 107 above, below left, below right, 108 above right, below, 109, 110 below left, right, 112, 113 above below left, 114 above, 115 above, 117

left, above left, 120, 121, 122 below, 123, 124, 125, 128, 129, 130, 131, 134, 135, 136, 137, 138, 139, 140, 141, 142 right, 144, 145 below, 146, 147 above, 150 above, 151 above right, 152 above, 153 above left, 154 above left, 155 below, 156 above, 157 above, 158, 159 below, 164, 165, 166, 167, 168 above right, middle, below, 169, 170 above left, below, 172 above, 173, 175 above, 176 left, 181 right, 182, 189, 190 left

Rauh, Prof., Dr. W., Institut für Systematische Botanik und Pflanzengeographie der Universität Heidelberg: 16 above right, middle, below, 17 middle, 60

Roger Viollet, Paris: 116 right

Royal Botanical Gardens, Kew. 117 below right, 126 left, 197 center right

Sahagún, B. de, *Historia General de las Cosas de Nueva España,* Mexico 1829: 107 below middle

Salzman, E.: Denver, Colorado: 85 above left

Samorini, G.: Dozza: 112 right, 113 below right, 114 below, 115 below

Scala, Florence: 105 left

Schaefer, S. B.: McAllen, Texas: 6, 149 above right, middle, 154 above right, below, 155 above

Schmid, X.: Wetzikon: 55 (79)

Schultes, R. E., Harvard Botanical Museum, Cambridge, Mass.: 98 below, 117 above right, 126 middle, right, 127 right, 133 left, 142, 178

Schuster, M., Basel: 118 above left, 119 above middle

Science Photo Library, London (Long Ashton Research Station, University of Bristol): 31 right

Sharma, G., University of Tennessee, Martin: 98 center right

Sinsemilla: *Marijuana Flowers* © Copyright 1976, Richardson, Woods and Bogart. Permission granted by: And/Or Press, Inc., PO Box 2246, Berkeley, CA 94702: 97 below right

Smith, E. W., Cambridge, Mass.: 156/157 below, 171 above right, 176 right

Starnets, P. Olympia: 158 right

Tobler, R., Lucerne: 16 above left, 81

Topham, J., Picture Library, Edenbridge: 17 above right, 90 above

Valentini, M. B., *Viridarium reformatum, seu regnum vegetabile,* Frankfurt a. Main 1719: 80

Wasson, R. G., Harvard Botanical Museum, Cambridge, Mass.: 14, 15 (Photo A. B. Richardson), 174 below, 175 below (Photo: C. Bartolo)

Weidmann, F., Munich: 193

Zentralbibliothek Zurich (Ms. F23, p. 399): 89 above right

Zerries, O., Munich: 118 below right, 118/119, 119 above right

致謝

　　如果本書能讓讀者更了解數百年來致幻植物在人類文化發展上的角色，我們必須感謝薩滿巫和其他一些原住民的耐心及友善，提供我們快樂共事的機會。感謝許多研究伙伴這些年來忠實地與我們合作並鼓勵我們，雖然言語很難也不足以表達我們的感激，但還是要在這裡表達我們的謝忱。

　　對於本書規畫和撰寫期間，在許多方面給予我們充分協助的各個科學機構和圖書館，要在此表達衷心的感謝。沒有這些協助，這本書無法以現在這樣的面貌呈現。

　　感謝許多個人和機構提供的慷慨協助，他們為本書提供了豐富的圖說資料，這些材料通常是他們花了許多時間和精力才得到的——其中有一些到目前還沒發表。在我們努力要完成一本對人類文化和致幻物的基本元素有嶄新和前瞻性綜覽的過程中，常常遇到挫折，他們的慷慨讓我們感到很溫馨。

　　克里斯汀‧拉奇感謝以下諸位為此修訂版提供寶貴的意見：Claudia Müller-Ebeling、Nana Nauwald、Stacy Schaefer、Arno Adelaars、Felix Hasler、Jonathan Ott、Giorgio Samorini和Paul Stamets。

參考文獻

Aaronson, Bernard & Humphrey Osmond (ed.)
　1970 *Psychedelics.* New York: Anchor Books.
Adovasio, J. M. & G. F. Fry
　1976 "Prehistoric Psychotropic Drug Use in Northeastern Mexico and Trans-Pecos Texas" *Economic Botany* 30: 94–96.
Agurell, S.
　1969 "Cactaceae Alkaloids. I." *Lloydia* 32: 206–216.
Aiston, Georg
　1937 "The Aboriginal Narcotic Pitcheri" *Oceania* 7(3): 372–377.
Aliotta, Giovanni, Danielle Piomelli, & Antonio Pollio
　1994 "Le piante narcotiche e psicotrope in Plinio e Dioscoride" *Annali dei Musei Civici de Revereto* 9(1993): 99–114.
Alvear, Silvio Luis Haro
　1971 *Shamanismo y farmacopea en el reino de Quito.* Quito, Instituto Ecuatoriana de Ciencias Naturales (Contribución 75).
Andritzky, Walter
　1989 *Schamanismus und rituelles Heilen im Alten Peru* (2 volumes). Berlin: Clemens Zerling.
　1989 "Ethnopsychologische Betrachtung des Heilrituals mit Ayahuasca *(Banisteriopsis caapi)* unter besonderer Berücksichtigung der Piros (Ostperu)" *Anthropos* 84: 177–201.
　1989 "Sociopsychotherapeutic Functions of Ayahuasca Healing in Amazonia" *Journal of Psychoactive Drugs* 21(1): 77–89.
　1995 "Sakrale Heilpflanze, Kreativität und Kultur: indigene Malerei, Gold- und Keramikkunst in Peru und Kolumbien" *Curare* 18(2): 373–393.
Arenas, Pastor
　1992 "El 'cebil' o el 'árbol de la ciencia del bien y del mal'" *Parodiana* 7(1–2): 101–114.
Arévalo Valera, Guillermo
　1994 *Medicina indígena Shipibo-Conibo: Las plantas medicinales y su beneficio en la salud.* Lima: Edición Aidesep.
Baer, Gerhard
　1969 "Eine Ayahuasca-Sitzung unter den Piro (Ostperu)" *Bulletin de la Société Suisse des Americanistes* 33: 5–8.
　1987 "Peruanische ayahuasca-Sitzungen" in: A. Dittrich & Ch. Scharfetter (ed.), *Ethnopsychotherapie*, S. 70–80, Stuttgart: Enke.
Barrau, Jacques
　1958 "Nouvelles observations au sujet des plantes hallucinŭgenes autochtone en Nouvelle-Guinée" *Journal d'Agriculture Tropicale et de Botanique Appliquée* 5: 377–378.
　1962 "Observations et travaux récents sur les vé-

gétaux hallucinogènes de la Nouvelle-Guinée" *Journal d'Agriculture Tropicale et de Botanique Appliquée* 9: 245–249.
Bauer, Wolfgang, Edzard Klapp & Alexandra Rosenbohm
　1991 *Der Fliegenpilz: Ein kulturhistorisches Museum.* Cologne: Wienand-Verlag.
Beringer, Kurt
　1927 *Der Meskalinrausch.* Berlin: Springer (reprint 1969).
Bianchi, Antonio & Giorgio Samorini
　1993 "Plants in Association with Ayahuasca" *Jahrbuch für Ethnomedizin und Bewußtseinsforschung* 2: 21–42, Berlin: VWB.
Bibra, Baron Ernst von
　1995 *Plant Intoxicants: A Classic Text on the Use of Mind-Altering Plants.* Technical notes by Jonathan Ott. Healing Arts Press: Rochester, VT. Originally published as *Die Narcotische Genußmittel und der Mensch.* Verlag von Wilhelm Schmid, 1885.
Bisset, N. G.
　1985a "Phytochemistry and Pharmacology of *Voacanga* Species" *Agricultural University Wageningen Papers* 85(3): 81–114.
　1985b "Uses of *Voacanga* Species" *Agricultural University Wageningen Papers* 85(3): 115–122.
Blätter, Andrea
　1995 "Die Funktionen des Drogengebrauchs und ihre kulturspezifische Nutzung" *Curare* 18(2): 279–290.
　1996 "Drogen im präkolumbischen Nordamerika" *Jahrbuch für Ethnomedizin und Bewußtseinsforschung* 4 (1995): 163–183.
Bogers, Hans, Stephen Snelders & Hans Plomp
　1994 *De Psychedelische (R)evolutie.* Amsterdam: Bres.
Bové, Frank James
　1970 *The Story of Ergot.* Basel, New York: S. Karger.
Boyd, Carolyn E. & J. Philip Dering
　1996 "Medicinal and Hallucinogenic Plants Identified in the Sediments and Pictographs of the Lower Pecos, Texas Archaic" *Antiquity* 70 (268): 256–275
Braga, D. L. & J. L. McLaughlin
　1969 "Cactus Alkaloids. V: Isolation of Hordenine and *N*-Methyltyramine from *Ariocarpus retusus*" *Planta Medica* 17: 87.
Brau, Jean-Louis
　1969 *Vom Haschisch zum LSD.* Frankfurt/M.: Insel.
Bunge, A.
　1847 "Beiträge zur Kenntnis der Flora Rußlands

und der Steppen Zentral-Asiens" *Mem. Sav. Etr. Petersb.* 7: 438.
Bye, Robert A.
　1979 "Hallucinogenic Plants of the Tarahumara" *Journal of Ethnopharmacology* 1: 23–48.
Callaway, James
　1995 "Some Chemistry and Pharmacology of Ayahuasca" *Jahrbuch für Ethnomedizin und Bewußtseinsforschung* 3(1994): 295–298, Berlin: VWB.
　1995 "Pharmahuasca and Contemporary Ethnopharmacology" *Curare* 18(2): 395–398.
Campbell, T. N.
　1958 "Origin of the Mescal Bean Cult" *American Anthropologist* 60: 156–160.
Camporesi, Piero
　1990 *Das Brot der Träume.* Frankfurt/New York: Campus.
Carstairs, G. M.
　1954 "Daru and Bhang: Cultural Factors in the Choice of Intoxicants" *Quarterly Journal for the Study of Alcohol* 15: 220–237.
Chao, Jew-Ming & Ara H. Der Marderosian
　1973 "Ergoline Alkaloidal Constituents of Hawaiian Baby Wood Rose, *Argyreia nervosa* (Burm.f.) Bojer" *Journal of Pharmaceutical Sciences* 62(4): 588–591.
Cooke, Mordecai C.
　1989 *The Seven Sisters of Sleep.* Lincoln, MA: Quarterman Publ. (reprint 1860).
Cooper, J. M.
　1949 "Stimulants and Narcotics" in: J. H. Stewart (ed.), *Handbook of South American Indians, Bur. Am. Ethnol. Bull.* 143(5): 525–558.
Cordy-Collins, Alana
　1982 "Psychoactive Painted Peruvian Plants: The Shamanism Textile" *Journal of Ethnobiology* 2(2): 144–153.
Davis, Wade
　1996 *One River: Explorations and Discoveries in the Amazon Rain Forest.* New York: Simon & Schuster.
De Smet, Peter A. G. M. & Laurent Rivier
　1987 "Intoxicating Paricá Seeds of the Brazilian Maué Indians" *Economic Botany* 41(1): 12–16.
DeKorne, Jim
　1995 *Psychedelischer Neo-Schamanismus.* Löhrbach: Werner Pieper's MedienXperimente (Edition Rauschkunde).
Deltgen, Florian
　1993 *Gelenkte Ekstase: Die halluzinogene Droge Cají der Yebámasa-Indianer.* Stuttgart: Franz Steiner Verlag (Acta Humboldtiana 14).

Descola, Philippe
 1996 *The Spears of Twilight: Life and Death in the Amazon Jungle*. London: HarperCollins.
Devereux, Paul
 1992 *Shamanism and the Mystery Lines: Ley Lines, Spirit Paths, Shape-Shifting & Out-of-Body Travel*. London, New York, Toronto, Sydney: Quantum.
 1997 *The Long Trip: A Prehistory of Psychedelia*. New York: Penguin/Arkana.
Diaz, José Luis
 1979 "Ethnopharmacology and Taxonomy of Mexican Psychodysleptic Plants" *Journal of Psychedelic Drugs* 11(1–2): 71–101.
Dieckhöfer, K., Th. Vogel, & J. Meyer-Lindenberg
 1971 "*Datura Stramonium* als Rauschmittel" *Der Nervenarzt* 42(8): 431–437.
Dittrich, Adolf
 1996 *Ätiologie-unabhängige Strukturen veränderter Wachbewußtseinszustände*. Second edition, Berlin: VWB.
Dobkin de Rios, Marlene
 1972 *Visionary Vine: Hallucinogenic Healing in the Peruvian Amazon*. San Francisco: Chandler.
 1984 *Hallucinogens: Cross-Cultural Perspectives*. Albuquerque: University of New Mexico Press.
 1992 *Amazon Healer: The Life and Times of an Urban Shaman*. Bridport, Dorset: Prism Press.
Drury, Nevill
 1989 *Vision Quest*. Bridport, Dorset: Prism Press.
 1991 *The Visionary Human*. Shaftesbury, Dorset: Element Books.
 1996 *Shamanism*. Shaftesbury, Dorset: Element.
Duke, James A. & Rodolfo Vasquez
 1994 *Amazonian Ethnobotanical Dictionary*. Boca Raton, FL: CRC Press.
DuToit, Brian M.
 1977 *Drugs, Rituals and Altered States of Consciousness*. Rotterdam: Balkema.
Efron, Daniel H., Bo Holmstedt, & Nathan S. Kline (ed.)
 1967 *Ethnopharmacologic Search for Psychoactive Drugs*. Washington, DC: U.S. Department of Health, Education, and Welfare.
Emboden, William A.
 1976 "Plant Hypnotics Among the North American Indians" in: Wayland D. Hand (ed.), *American Folk Medicine: A Symposium*, S. 159–167, Berkeley: University of California Press.
 1979 *Narcotic Plants* (revised edition). New York: Macmillan.
Escohotado, Antonio
 1990 *Historia de las drogas* (3 vols.). Madrid: Alianza Editorial.
Eugster, Conrad Hans
 1967 *Über den Fliegenpilz*. Zürich: Naturforschende Gesellschaft (Neujahrsblatt).
 1968 "Wirkstoffe aus dem Fliegenpilz" *Die Naturwissenschaften* 55(7): 305–313.
Fadiman, James
 1965 "*Genista canariensis*: A Minor Psychedelic" *Economic Botany* 19: 383–384.
Farnsworth, Norman R.
 1968 "Hallucinogenic Plants" *Science* 162: 1086–1092.
 1972 "Psychotomimetic and Related Higher Plants" *Journal of Psychedelic Drugs* 5(1): 67–74.
 1974 "Psychotomimetic Plants. II" *Journal of Psychedelic Drugs* 6(1): 83–84.
Fericgla, Josep M.
 1994 (ed.), *Plantas, Chamanismo y Estados de Consciencia*. Barcelona: Los Libros de la Liebre de Marzo (Collección Cogniciones).
Fernández Distel, Alicia A.
 1980 "Hallazgo de pipas en complejos precerámicos del borde de la Puna Jujeña (Republica Argentina) y el empleo de alucinógenos por parte de las mismas cultura" *Estudios Arqueológicos* 5: 55–79, Universidad de Chile.
Festi, Francesco
 1985 *Funghi allucinogeni: Aspetti psichofisiologici e storici*. Rovereto: Musei Civici di Rovereto (LXXXVI Pubblicazione).
 1995 "Le erbe del diavolo. 2: Botanica, chimica e farmacologia" *Altrove* 2: 117–145.
 1996 "*Scopolia carniolica* Jacq." *Eleusis* 5: 34–45.

Festi, Franceso & Giovanni Aliotta
 1990 "Piante psicotrope spontanee o coltivate in Italia" *Annali dei Musei Civici di Rovereto* 5 (1989): 135–166.
Festi, Francesco & Giorgio Samorini
 1994 "Alcaloidi indolici psicoattivi nei generi *Phalaris* e *Arundo (Graminaceae):* Una rassegna" *Annali dei Musei Civici di Rovereto* 9 (1993): 239–288.
Fields, F. Herbert
 1968 "*Rivea corymbosa:* Notes on Some Zapotecan Customs" *Economic Botany* 23: 206–209.
Fitzgerald, J. S. & A. A. Sioumis
 1965 "Alkaloids of the Australian Leguminosae V: The Occurrence of Methylated Tryptamines in *Acacia maidenii* F. Muell." *Australian Journal of Chemistry* 18: 433–434.
Flury, Lázaro
 1958 "El Caá-pí y el Hataj, dos poderosos ilusiógenos indígenas" *América Indigena* 18(4): 293–298.
Forte, Robert (ed.)
 1997 *Entheogens and the Future of Religion*. San Francisco: Council on Spiritual Practices/Promind Services (Sebastopol).
Friedberg, C.
 1965 "Des Banisteriopsis utilisés comme drogue en Amerique du Sud" *Journal d'Agriculture Tropicale et de Botanique Appliquée* 12: 1–139.
Fühner, Hermann
 1919 "Scopoliawurzel als Gift und Heilmittel bei Litauen und Letten" *Therapeutische Monatshefte* 33: 221–227.
 1925 "Solanazeen als Berauschungsmittel: Eine historisch-ethnologische Studie" *Archiv für experimentelle Pathologie und Pharmakologie* 111: 281–294.
 1943 *Medizinische Toxikologie*. Leipzig: Georg Thieme.
Furst, Peter T.
 1971 "*Ariocarpus retusus,* the 'False Peyote' of Huichol Tradition" *Economic Botany* 25: 182–187.
 1972 (ed.), *Flesh of the Gods*. New York: Praeger.
 1974 "Hallucinogens in Pre-Columbian Art" in Mary Elizabeth King & Idris R. Traylor Jr. (ed.), *Art and Environment in Native America,* The Museum of Texas Tech, Texas Tech University (Lubbock), Special Publication no. 7.
 1976 *Hallucinogens and Culture*. Novato, CA: Chandler & Sharp.
 1986 *Mushrooms: Psychedelic Fungi*. New York: Chelsea House Publishers. [updated edition 1992]
 1990 "Schamanische Ekstase und botanische Halluzinogene: Phantasie und Realität" in: G. Guntern (ed.), *Der Gesang des Schamanen,* S. 211–243, Brig: ISO-Stiftung.
 1996 "Shamanism, Transformation, and Olmec Art" in: *The Olmec World: Ritual and Rulership,* S. 69–81, The Art Museum, Princeton University/New York: Harry N. Abrams.
Garcia, L. L., L. L. Cosme, H. R. Peralta, et al.
 1973 "Phytochemical Investigation of *Coleus Blumei.* I. Preliminary Studies of the Leaves" *Philippine Journal of Science* 102: 1.
Gartz, Jochen
 1986 "Quantitative Bestimmung der Indolderivate von *Psilocybe semilanceata* (Fr.) Kumm." *Biochem. Physiol. Pflanzen* 181: 117–124.
 1989 "Analyse der Indolderivate in Fruchtkörpern und Mycelien von *Panaeolus subbalteatus* (Berk. & Br.) Sacc." *Biochemie und Physiologie der Pflanzen* 184: 171–178.
 1993 *Narrenschwämme: Psychotrope Pilze in Europa*. Genf/Neu-Allschwil: Editions Heuwinkel.
 1996 *Magic Mushrooms Around the World*. Los Angeles: Lis Publications.
Garza, Mercedes de la
 1990 *Sueños y alucinación en el mundo náhuatl y maya*. México, D.F.: UNAM.
Gelpke, Rudolf
 1995 *Vom Rausch im Orient und Okzident* (Second edition). With a new epilogue by Michael Klett. Stuttgart: Klett-Cotta.
Geschwinde, Thomas
 1990 *Rauschdrogen: Marktformen und Wirkungsweisen*. Berlin etc.: Springer.

Giese, Claudius Cristobal
 1989 "Curanderos": *Traditionelle Heiler in Nord Peru (Küste und Hochland)*. Hohenschäftlarn: Klaus Renner Verlag.
Golowin, Sergius
 1971 "Psychedelische Volkskunde" *Antaios* 12: 590–604.
 1973 *Die Magie der verbotenen Märchen*. Gifkendorf: Merlin.
Gonçalves de Lima, Oswaldo
 1946 "Observações sôbre o 'vinho da Jurema' utilizado pelos índios Pancurú de Tacaratú (Pernambuco)" *Arquivos do Instituto de Pesquisas Agronomicas* 4: 45–80.
Grinspoon, Lester & James B. Bakalar
 1981 *Psychedelic Drugs Reconsidered*. New York: Basic Books.
 1983 (eds.), *Psychedelic Reflections*. New York: Human Sciences Press.
Grob, Charles S. et al.
 1996 "Human Psychopharmacology of Hoasca, a Plant Hallucinogen in Ritual Context in Brazil" *The Journal of Nervous and Mental Disease* 181(2): 86–94.
Grof, Stanislav
 1975 *Realms of the Human Unconscious: Observations from LSD Research*. New York: Viking Press.
Grof, Stanislav and Joan Halifax.
 1977 *The Human Encounter with Death*. New York: E. P. Dutton.
Guerra, Francisco
 1967 "Mexican Phantastica: A Study of the Early Ethnobotanical Sources on Hallucinogenic Drugs" *British Journal of Addiction* 62: 171–187.
 1971 *The Pre-Columbian Mind*. London: Seminar Press.
Guzmán, Gastón
 1983 *The Genus Psilocybe*. Vaduz, Liechtenstein: Beihefte zur Nova Hedwigia, Nr. 74
Halifax, Joan (ed.)
 1979 *Shamanic Voices: A Survey of Visionary Narratives*. New York: E. P. Dutton
 1981 *Die andere Wirklichkeit der Schamanen*. Bern, Munich: O. W. Barth/Scherz.
Hansen, Harold A.
 1978 *The Witch's Garden*. Foreword by Richard Evans Schultes. Santa Cruz: Unity Press-Michael Kesend. Originally published as *Heksens Urtegard*. Laurens Bogtrykkeri, Tønder, Denmark, 1976.
Harner, Michael (ed.)
 1973 *Hallucinogens and Shamanism*. London: Oxford University Press.
Hartwich, Carl
 1911 *Die menschlichen Genußmittel*. Leipzig: Tauchnitz.
Heffern, Richard
 1974 *Secrets of Mind-Altering Plants of Mexico*. New York: Pyramid.
Heim, Roger
 1963 *Les champignons toxiques et hallucinogènes*. Paris: N. Boubée & Cie.
 1966 (et al.) "Nouvelles investigations sur les champignons hallucinogènes" *Archives du Muséum National d'Histoire Naturelle*, (1965–1966).
Heim, Roger & R. Gordon Wasson
 1958 "Les champignons hallucinogènes du Mexique" *Archives du Muséum National d'Histoire Naturelle*, Septième Série, Tome VI, Paris.
Heinrich, Clark
 1998 *Die Magie der Pilze*. Munich: Diederichs.
Heiser, Charles B.
 1987 *The Fascinating World of the Nightshades*. New York: Dover.
Höhle, Sigi, Claudia Müller-Ebeling, Christian Rätsch, & Ossi Urchs
 1986 *Rausch und Erkenntnis*. Munich: Knaur.
Hoffer, Abraham & Humphry Osmond
 1967 *The Hallucinogens*. New York and London: Academic Press.
Hofmann, Albert
 1960 "Die psychotropen Wirkstoffe der mexikanischen Zauberpilze" *Chimia* 14: 309–318.
 1961 "Die Wirkstoffe der mexikanischen Zauberdroge Ololiuqui" *Planta Medica* 9: 354–367.
 1964 *Die Mutterkorn-Alkaloide*. Stuttgart: Enke.

1968 "Psychotomimetic Agents" in: A. Burger (ed.), *Chemical Constitution and Pharmacodynamic Action*, S. 169–235, New York: M. Dekker.
1980 *LSD, My Problem Child*. Translated by Jonathan Ott. New York: McGraw-Hill. Originally published as *LSD: mein Sorgenkind*. Stuttgart: Klett-Cotta, 1979.
1987 "Pilzliche Halluzinogene vom Mutterkorn bis zu den mexikanischen Zauberpilzen" *Der Champignon* 310: 22–28.
1989 *Insight, Outlook*. Atlanta: Humanics New Age. Originally published as *Einsichten/Ausblicken*. Basel: Sphinx Verlag, 1986.
1996 *Lob des Schauens*. Privately printed (limited edition of 150 copies).
Hofmann, Albert, Roger Heim, & Hans Tscherter
1963 "Présence de la psilocybine dans une espèce européenne d'Agaric, le *Psilocybe semilanceata* Fr. Note (*) de MM." in: *Comptes rendus des séances de l'Académie des Sciences* (Paris), t. 257: 10–12.
Huxley, Aldous
1954 *The Doors of Perception*. New York: Harper & Bros.
1956 *Heaven and Hell*. New York: Harper & Bros.
1999 *Moksha*. Preface by Albert Hofmann. Edited by Michael Horowitz and Cynthia Palmer. Introduction by Alexander Shulgin. Rochester, VT: Park Street Press.
Illius, Bruno
1991 *Ani Shinan: Schamanismus bei den Shipibo-Conibo (Ost-Peru)*. Münster, Hamburg: Lit Verlag (Ethnologische Studien Vol. 12).
Jain, S. K., V. Ranjan, E. L. S. Sikarwar, & A. Saklani
1994 "Botanical Distribution of Psychoactive Plants in India" *Ethnobotany* 6: 65–75.
Jansen, Karl L. R. & Colin J. Prast
1988 "Ethnopharmacology of Kratom and the *Mitragyna* Alkaloids" *Journal of Ethnopharmacology* 23: 115–119.
Johnston, James F.
1855 *The Chemistry of Common Life. Vol. II: The Narcotics We Indulge In*. New York: D. Appleton & Co.
1869 *Die Chemie des täglichen Lebens* (2 Bde.). Berlin.
Johnston, T. H. & J. B. Clelland
1933 "The History of the Aborigine Narcotic, Pituri" *Oceania* 4(2): 201–223, 268, 289.
Joralemon, Donald & Douglas Sharon
1993 *Sorcery and Shamanism: Curanderos and Clients in Northern Peru*. Salt Lake City: University of Utah Press.
Joyce, C. R. B. & S. H. Curry
1970 *The Botany and Chemistry of Cannabis*. London: Churchill.
Jünger, Ernst
1980 *Annäherungen-Drogen und Rausch*. Frankfurt/usw.: Ullstein.
Kalweit, Holger
1984 *Traumzeit und innerer Raum: Die Welt der Schamanen*. Bern etc.: Scherz.
Klüver, Heinrich
1969 *Mescal and Mechanisms of Hallucinations*. Chicago: The University of Chicago Press.
Koch-Grünberg, Theodor
1921 *Zwei Jahre bei den Indianern Nordwest-Brasiliens*. Stuttgart: Strecker & Schröder
1923 *Vom Roraima zum Orinoco*. Stuttgart:
Kotschenreuther, Hellmut
1978 *Das Reich der Drogen und Gifte*. Frankfurt/M. etc.: Ullstein.
Kraepelin, Emil
1882 *Über die Beeinflussung einfacher psychologischer Vorgänge durch einige Arzneimittel*. Jena.
La Barre, Weston
1970 "Old and New World Narcotics" *Economic Botany* 24(1): 73–80.
1979 "Shamanic Origins of Religion and Medicine" *Journal of Psychedelic Drugs* 11(1–2): 7–11.
1979 *The Peyote Cult* (5th edition). Norman: University of Oklahoma Press.
Langdon, E. Jean Matteson & Gerhard Baer (ed.)
1992 *Portals of Power: Shamanism in South America*. Albuquerque: University of New Mexico Press.

Larris, S.
1980 *Forbyde Hallucinogener? Forbyd Naturen at Gro!* Nimtoffe: Forlaget Indkøbstryk.
Leuenberger, Hans
1969 *Zauberdrogen: Reisen ins Weltall der Seele*. Stuttgart: Henry Goverts Verlag.
Leuner, Hanscarl
1981 *Halluzinogene*. Bern etc.: Huber.
1996 *Psychotherapie und religiöses Erleben*. Berlin: VWB.
Lewin, Louis
1997 *Banisteria caapi, ein neues Rauschgift und Heilmittel*. Berlin: VWB (reprint from 1929).
1998 *Phantastica: A Classic Survey on the Use and Abuse of Mind-Altering Plants*. Rochester, VT: Park Street Press. Originally published as *Phantastica-Die Betäubenden und erregenden Genußmittel. Für Ärtzte und Nichtärzte*. Berlin: Georg Stilke Verlag, 1924.
Lewis-Williams, J. D. & T. A. Dowson
1988 "The Signs of All Times: Entoptic Phenomena in Upper Paleolithic Art" *Current Anthropology* 29(2): 201–245.
1993 "On Vision and Power in the Neolithic: Evidence from the Decorated Monuments" *Current Anthropology* 34(1): 55–65.
Liggenstorfer, Roger & Christian Rätsch (eds.)
1996 *María Sabina-Botin der heiligen Pilze: Vom traditionellen Schamanentum zur weltweiten Pilzkultur*. Solothurn: Nachtschatten Verlag.
Li, Hui-Lin
1975 "Hallucinogenic Plants in Chinese Herbals" *Botanical Museum Leaflets* 25(6): 161–181.
Lin, Geraline C. & Richard A. Glennon (ed.)
1994 *Hallucinogens: An Update*. Rockville, MD: National Institute on Drug Abuse.
Lipp, Frank J.
1991 *The Mixe of Oaxaca: Religion, Ritual, and Healing*. Austin: University of Texas Press.
Lockwood, Thomas E.
1979 "The Ethnobotany of *Brugmansia*" *Journal of Ethnopharmacology* 1: 147–164.
Luna, Luis Eduardo
1984 "The Concept of Plants as Teachers Among Four Mestizo Shamans of Iquitos, Northeast Peru" *Journal of Ethnopharmacology* 11(2): 135–156.
1986 *Vegetalismo: Shamanism Among the Mestizo Population of the Peruvian Amazon*. Stockholm: Almqvist & Wiskell International (Acta Universitatis Stockholmiensis, Stockholm Studies in Comparative Religion 27).
1991 "Plant Spirits in Ayahuasca Visions by Peruvian Painter Pablo Amaringo: An Iconographic Analysis" *Integration* 1: 18–29.
Luna, Luis Eduardo & Pablo Amaringo
1991 *Ayahuasca Visions*. Berkeley: North Atlantic Books.
McKenna, Dennis J. & G. H. N. Towers
1985 "On the Comparative Ethnopharmacology of Malpighiaceous and Myristicaceous Hallucinogens" *Journal of Psychoactive Drugs* 17(1): 35–39.
McKenna, Dennis J., G. H. N. Towers, & F. Abbott
1994 "Monoamine Oxydase Inhibitors in South American Hallucinogenic Plants: Tryptamine and β-Carboline Constituents of *Ayahuasca*" *Journal of Ethnopharmacology* 10: 195–223 and 12: 179–211.
McKenna, Terence
1991 *The Archaic Revival*. San Francisco: Harper.
1992 "Tryptamine Hallucinogens and Consciousness" *Jahrbuch für Ethnomedizin und Bewußtseinsforschung* 1: 133–148, Berlin: VWB.
1992 *Food of the Gods: The Search for the Original Tree of Knowledge: A Radical History of Plants, Drugs and Human Evolution*. New York: Bantam Books.
1994 *True Hallucinations: Being an Account of the Author's Extraordinary Adventures in the Devil's Paradise*. London: Rider.
Mantegazza, Paolo
1871 *Quadri della natura umana: Feste ed ebbrezze* (2 volumes). Mailand: Brigola.
1887 *Le estasi umane*. Mailand: Dumolard.
Marzahn, Christian
1994 *Bene Tibi-Über Genuß und Geist*. Bremen: Edition Temmen.

Marzell, Heinrich
1964 *Zauberpflanzen-Hexentränke*. Stuttgart: Kosmos.
Mata, Rachel & Jerry L. McLaughlin
1982 "Cactus Alkaloids. 50: A Comprehensive Tabular Summary" *Revista Latinoamerica de Quimica* 12: 95–117.
Metzner, Ralph
1994 *The Well of Remembrance: Rediscovering the Earth Wisdom Myths of Northern Europe*. Appendix "The Mead of Inspiration and Magical Plants of the Ancient Germans" by Christian Rätsch. Boston: Shambhala.
Møller, Knud O.
1951 *Rauschgifte und Genußmittel*. Basel: Benno Schwabe.
Moreau de Tours, J. J.
1973 *Hashish and Mental Illness*. New York: Raven Press.
Müller, G. K. & Jochen Gartz
1986 "*Psilocybe cyanescens*-eine weitere halluzinogene Kahlkopfart in der DDR" *Mykologisches Mitteilungsblatt* 29: 33–35.
Müller-Eberling, Claudia & Christian Rätsch
1986 *Isoldens Liebestrank*. Munich: Kindler.
Müller-Ebeling, Claudia, Christian Rätsch, & Wolf-Dieter Storl
1998 *Hexenmedizin*. Aarau: AT Verlag.
Munizaga A., Carlos
1960 "Uso actual de *miyaya (Datura stramonium)* por los araucanos de Chiles" *Journal de la Société des Américanistes* 52: 4–43.
Myerhoff, Barbara G.
1974 *Peyote Hunt: The Sacred Journey of the Huichol Indians*. Ithaca: Cornell, University Press.
Nadler, Kurt H.
1991 *Drogen: Rauschgift und Medizin*. Munich: Quintessenz.
Naranjo, Plutarco
1969 "Etnofarmacología de las plantas psicotrópicas de América" *Terapía* 24: 5–63.
1983 *Ayahuasca: Etnomedicina y mitología*. Quito: Ediciones Libri Mundi.
Negrin, J.
1975 *The Huichol Creation of the World*. Sacramento, CA: Crocker Art Gallery.
Neuwinger, Hans Dieter
1994 *Afrikanische Arzneipflanzen und Jagdgifte*. Stuttgart: WVG.
Ortega, A., J. F. Blount, & P. S. Merchant
1982 "Salvinorin, a New Trans-Neoclerodane Diterpene from *Salvia divinorum* (Labiatae)" *J. Chem. Soc.*, Perkin Trans. I: 2505–2508.
Ortiz de Montellano, Bernard R.
1981 "Entheogens: The Interaction of Biology and Culture" *Reviews of Anthropology* 8(4): 339–365.
Osmond, Humphrey
1955 "Ololiuhqui: The Ancient Aztec Narcotic" *Journal of Mental Science* 101: 526–537.
Ott, Jonathan
1979 *Hallucinogenic Plants of North America*. (revised edition) Berkeley: Wingbow press.
1985 *Chocolate Addict*. Vashon, WA: Natural Products Co.
1993 *Pharmacotheon: Entheogenic Drugs, Their Plant Sources and History*. Kennewick, WA: Natural Products Co.
1995 *Ayahuasca Analogues: Pangoean Entheogens*. Kennewick, WA: Natural Products Co.
1995 "*Ayahuasca* and Ayahuasca Analogues: Pan-Gaean Entheogens for the New Millennium" *Jahrbuch für Ethnomedizin und Bewußtseinsforschung* 3(1994): 285–293.
1995 "Ayahuasca-Ethnobotany, Phytochemistry and Human Pharmacology" *Integration* 5: 73–97.
1995 "Ethnopharmacognosy and Human Pharmacology of *Salvia divinorum* and Salvinorin A" *Curare* 18(1): 103–129.
1995 *The Age of Entheogens & The Angels' Dictionary*. Kennewick, WA: Natural Products Co.
1996 "*Salvia divinorum* Epling et Játiva (Foglie della Pastora/Leaves of the Shepherdess)" *Eleusis* 4: 31–39.
1996 "Entheogens II: On Entheology and Entheobotany" *Journal of Psychoactive Drugs* 28(2): 205–209.

Ott, Jonathan & Jeremy Bigwood (ed.)
1978 *Teonanácatl: Hallucinogenic Mushrooms of North America.* Seattle: Madrona.

Pagani, Silvio
1993 *Funghetti.* Torino: Nautilus.

Pelletier, S. W.
1970 *Chemistry of Alkaloids.* New York: Van Nostrand Reinhold.

Pelt, Jean-Marie
1983 *Drogues et plantes magiques.* Paris: Fayard.

Pendell, Dale
1995 *Pharmak/Poeia: Plant Powers, Poisons, and Herbcraft.* San Francisco: Mercury House.

Perez de Barradas, José
1957 *Plantas magicas americanas.* Madrid: Inst. 'Bernardino de Sahagún.'

Perrine, Daniel M.
1996 *The Chemistry of Mind-Altering Drugs: History, Pharmacology, and Cultural Context.* Washington, DC: American Chemical Society.

Peterson, Nicolas
1979 "Aboriginal Uses of Australian Solanaceae" in: J. G. Hawkes et al. (eds.), *The Biology and Taxonomy of the Solanaceae,* 171–189, London etc.: Academic Press.

Pinkley, Homer V.
1969 "Etymology of *Psychotria* in View of a New Use of the Genus" *Rhodora* 71: 535–540.

Plotkin, Mark J.
1994 *Der Schatz der Wayana: Abenteuer bei den Schamanen im Amazonas–Regenwald.* Bern, Munich, Vienna: Scherz Verlag.

Plowman, Timothy, Lars Olof Gyllenhaal, & Jan Erik Lindgren
1971 "*Latua pubiflora*-Magic Plant from Southern Chile" *Botanical Museum Leaflets* 23(2): 61–92.

Polia Meconi, Mario
1988 *Las lagunas de los encantos: medicina tradicional andina del Perú septentrional.* Piura: Central Peruana de Servicios-CEPESER/Club Grau de Piura.

Pope, Harrison G., Jr.
1969 "*Tabernanthe iboga*: An African Narcotic Plant of Social Importance" *Economic Botany* 23: 174–184.

Prance, Ghillian T.
1970 "Notes on the Use of Plant Hallucinogens in Amazonian Brazil" *Economic Botany* 24: 62–68.
1972 "Ethnobotanical Notes from Amazonian Brazil" *Economic Botany* 26: 221–237.

Prance, Ghillian T., David G. Campbell, & Bruce W. Nelson
1977 "The Ethnobotany of the Paumarí Indians" *Economic Botany* 31: 129–139.

Prance, G. T. & A. E. Prance
1970 "Hallucinations in Amazonia" *Garden Journal* 20: 102–107.

Preussel, Ulrike & Hans-Georg
1997 *Engelstrompeten: Brugmansia und Datura.* Stuttgart: Ulmer.

Quezada, Noemí
1989 *Amor y magia amorosa entre los aztecas.* Mexico: UNAM.

Rätsch, Christian
1988 *Lexikon der Zauberpflanzen aus ethnologischer Sicht.* Graz: ADEVA.
1991 *Von den Wurzeln der Kultur: Die Pflanzen der Propheten.* Basel: Sphinx.
1991 *Indianische Heilkräuter* (2 revised edition). Munich: Diederichs.
1992 *The Dictionary of Sacred and Magical Plants.* Santa Barbara etc.: ABC-Clio.
1992 *The Dictionary of Sacred and Magical Plants.* Bridport, England: Prism Press. Originally published as *Lexikon der Zauberpflanzen aus ethnologischer Sicht.* Graz: ADEVA, 1988.
1994 "Die Pflanzen der blühenden Träume: Trancedrogen mexikanischer Schamanen" *Curare* 17(2): 277–314.
1995 *Heilkräuter der Antike in Ägypten, Griechenland und Rom.* Munich: Diederichs Verlag (DG).
1996 *Urbock-Bier jenseits von Hopfen und Malz: Von den Zaubertränken der Götter zu den psychedelischen Bieren der Zukunft.* Aarau, Stuttgart: AT Verlag.
1997 *Enzyklopädie der psychoaktiven Pflanzen.* Aarau: AT Verlag.
1997 *Plants of Love: Aphrodisiacs in History and a Guide to Their Identification.* Foreword by Albert Hofmann, Berkeley: Ten Speed Press. Originally published as *Pflanzen der Liebe.* Bern: Hallwag, 1990. Second and subsequent editions published by AT Verlag, Aarau, Switzerland.
1998 *Enzyklopädie der psychoaktiven Pflanzen.* Aarau: AT Verlag . English-language edition, *Encyclopedia of Psychoactive Plants,* to be published in 2003 by Inner Traditions, Rochester, Vermont.

Raffauf, Robert F.
1970 *A Handbook of Alkaloids and Alkaloid-containing Plants.* New York: Wiley-Interscience.

Reichel-Dolmatoff, Gerardo
1971 *Amazonian Cosmos: The Sexual and Religious Symbolism of the Tukano Indians.* Chicago and London: The University of Chicago Press.
1975 *The Shaman and the Jaguar: A Study of Narcotic Drugs Among the Indians of Colombia.* Philadelphia: Temple University Press.
1978 *Beyond the Milky Way: Hallucinatory Imagery of the Tukano Indians.* Los Angeles: UCLA Latin American Center Publications.
1985 *Basketry as Metaphor: Arts and Crafts of the Desana Indians of the Northwest Amazon.* Los Angeles Museum of Cultural History.
1987 *Shamanism and Art of the Eastern Tukanoan Indians.* Leiden: Brill.
1996 *The Forest Within: The World-View of the Tukano Amazonian Indians.* Totnes, Devon: Green Books.
1996 *Das schamanische Universum: Schamanismus, Bewußtseins und Ökologie in Südamerika.* Munich: Diederichs.

Reko, Blas Pablo
1996 *On Aztec Botanical Names.* Translated, edited and commented by Jonathan Ott. Berlin: VWB.

Reko, Victor A.
1938 *Magische Gifte: Rausch- und Betäubungsmittel der neuen Welt* (second edition). Stuttgart: Enke (Reprint Berlin: EXpress Edition 1987, VWB 1996).

Richardson, P. Mick
1992 *Flowering Plants: Magic in Bloom* (updated edition). New York, Philadelphia: Chelsea House Publ.

Ripinsky-Naxon, Michael
1989 "Hallucinogens, Shamanism, and the Cultural Process" *Anthropos* 84: 219–224.
1993 *The Nature of Shamanism: Substance and Function of a Religious Metaphor.* Albany: State University of New York Press.
1996 "Psychoactivity and Shamanic States of Consciousness" *Jahrbuch für Ethnomedizin und Bewußtseinsforschung* 4 (1995): 35–43, Berlin: VWB.

Rivier, Laurent & Jan-Erik Lindgren
1972 " 'Ayahuasca,' the South American Hallucinogenic Drink: An Ethnobotanical and Chemical Investigation" *Economic Botany* 26: 101–129.

Römpp, Hermann
1950 *Chemische Zaubertränke* (5th edition). Stuttgart: Kosmos-Franckh'sche.

Rosenbohm, Alexandra
1991 *Halluzinogene Drogen im Schamanismus.* Berlin: Reimer.

Roth, Lutz, Max Daunderer, & Kurt Kormann
1994 *Giftpflanzen-Pflanzengifte* (4. edition). Munich: Landsberg.

Rouhier, Alexandre
1927 *Le plante qui fait les yeux émerveillés-le Peyotl.* Paris: Gaston Doin.
1996 *Die Hellsehen hervorrufenden Pflanzen.* Berlin: VWB (Reprint from 1927).

Ruck, Carl A. P. et al.
1979 "Entheogens" *Journal of Psychedelic Drugs* 11(1–2): 145–146.

Rudgley, Richard
1994 *Essential Substances: A Cultural History of Intoxicants in Society.* Foreword by William Emboden. New York, Tokyo, London: Kodansha International.
1995 "The Archaic Use of Hallucinogens in Europe: An Archaeology of Altered States" *Addiction* 90: 163–164.

Safford, William E.
1916 "Identity of Cohoba, the Narcotic Snuff of Ancient Haiti" *Journal of the Washington Academy of Sciences* 6: 547–562.
1917 "Narcotic Plants and Stimulants of the Ancient Americans" *Annual Report of the Smithsonian Institution for 1916:* 387–424.
1921 "Syncopsis of the Genus *Datura*" *Journal of the Washington Academy of Sciences* 11(8): 173–189.
1922 "Daturas of the Old World and New" *Annual Report of the Smithsonian Institution for 1920:* 537–567.

Salzman, Emanuel, Jason Salzman, Joanne Salzman, & Gary Lincoff
1996 "In Search of *Mukhomor,* the Mushroom of Immortality" *Shaman's Drum* 41: 36–47.

Samorini, Giorgio
1995 *Gli allucinogeni nel mito: Racconti sull'origine delle piante psicoattive.* Turin: Nautilus.

Schaefer, Stacy & Peter T. Furst (ed.)
1996 *People of the Peyote: Huichol Indian History, Religion, & Survival.* Albuquerque: University of New Mexico Press.

Schenk, Gustav
1948 *Schatten der Nacht.* Hanover: Sponholtz.
1954 *Das Buch der Gifte.* Berlin: Safari.

Schleiffer, Hedwig (ed.)
1973 *Narcotic Plants of the New World Indians: An Anthology of Texts from the 16th Century to Date.* New York: Hafner Press (Macmillan).
1979 *Narcotic Plants of the Old World: An Anthology of Texts from Ancient Times to the Present.* Monticello, NY: Lubrecht & Cramer.

Scholz, Dieter & Dagmar Eigner
1983 "Zur Kenntnis der natürlichen Halluzinogene" *Pharmazie in unserer Zeit* 12(3): 74–79.

Schuldes, Bert Marco
1995 *Psychoaktive Pflanzen.* 2. verbesserte und ergänzte Auflage. Löhrbach: MedienXperimente & Solothurn: Nachtschatten Verlag.

Schultes, Richard E.
1941 *A Contribution to Our Knowledge of Rivea corymbosa: The Narcotic Ololiuqui of the Aztecs.* Cambridge, MA: Botanical Museum of Harvard University.
1954 "A New Narcotic Snuff from the Northwest Amazon" *Botanical Museum Leaflets* 16(9): 241–260.
1963 "Hallucinogenic Plants of the New World" *The Harvard Review* 1(4): 18–32.
1965 "Ein halbes Jahrhundert Ethnobotanik amerikanischer Halluzinogene" *Planta Medica* 13: 125–157.
1966 "The Search for New Natural Hallucinogens" *Lloydia* 29(4): 293–308.
1967 "The Botanical Origins of South American Snuffs" in Daniel H. Efron (ed.), *Ethnopharmacological Search for Psychoactive Drugs,* S. 291–306, Washington, DC: U.S. Government Printing Office.
1969 "Hallucinogens of Plant Origin" *Science* 163: 245–254.
1970 "The Botanical and Chemical Distribution of Hallucinogens" *Annual Review of Plant Physiology* 21: 571–594.
1970 "The Plant Kingdom and Hallucinogens" *Bulletin on Narcotics* 22(1): 25–51.
1972 "The Utilization of Hallucinogens in Primitive Societies-Use, Misuse or Abuse?" in: W. Keup (ed.), *Drug Abuse: Current Concepts and Research,* S. 17–26, Springfield, IL: Charles C. Thomas.
1976 *Hallucinogenic Plants.* Racine, WI: Western.
1977 "Mexico and Colombia: Two Major Centres of Aboriginal Use of Hallucinogens" *Journal of Psychedelic Drugs* 9(2): 173–176.
1979 "Hallucinogenic Plants: Their Earliest Botanical Descriptions" *Journal of Psychedelic Drugs* 11(1–2): 13–24.
1984 "Fifteen Years of Study of Psychoactive Snuffs of South America: 1967–1982, a Review" *Journal of Ethnopharmacology* 11(1): 17–32.
1988 *Where the Gods Reign: Plants and Peoples of the Colombian Amazon.* Oracle, AZ: Synergetic Press.
1995 "Antiquity of the Use of New World Hallucinogens" *Integration* 5: 9–18.

Schultes, Richard E. & Norman R. Farnsworth
1982 "Ethnomedical, Botanical and Phytochemical Aspects of Natural Hallucinogens" *Botanical Museum Leaflets* 28(2): 123–214.

Schultes, Richard E. & Albert Hofmann
1980 *The Botany and Chemistry of Hallucinogens*. Springfield, IL: Charles C. Thomas.

Schultes, Richard Evans & Bo Holmstedt
1968 "De Plantis Toxicariis e Mundo Novo Tropicale Commentationes II: The Vegetable Ingredients of the Myristicaceous Snuffs of the Northwest Amazon" *Rhodora* 70: 113–160.

Schultes, Richard Evans & Robert F. Raffauf
1990 *The Healing Forest: Medicinal and Toxic Plants of the Northwest Amazonia*. Portland, OR: Dioscorides Press.
1992 *Vine of the Soul: Medicine Men, Their Plants and Rituals in the Colombian Amazonia*. Oracle, AZ: Synergetic Press.

Schultes, Richard E. & Siri von Reis (Ed.)
1995 *Ethnobotany: Evolution of a Discipline*. Portland, OR: Dioscorides Press.

Schurz, Josef
1969 *Vom Bilsenkraut zum LSD*. Stuttgart: Kosmos.

Schwamm, Brigitte
1988 *Atropa belladonna: Eine antike Heilpflanze im modernen Arzneischatz*. Stuttgart: Deutscher Apotheker Verlag.

Sharon, Douglas
1978 *Wizard of the Four Winds: A Shaman's Story*. New York: The Free Press.

Shawcross, W. E.
1983 "Recreational Use of Ergoline Alkaloids from *Argyreia nervosa*" *Journal of Psychoactive Drugs* 15(4): 251–259.

Shellard, E. J.
1974 "The Alkaloids of *Mitragyna* with Special Reference to Those of *M. speciosa*, Korth." *Bulletin of Narcotics* 26: 41–54.

Sherratt, Andrew
1991 "Sacred and Profane Substances: The Ritual Use of Narcotics in Later Neolithic Europe" in: Paul Garwood et al. (ed.), *Sacred and Profane*, 50–64, Oxford University Committee for Archaeology, Monograph No. 32.

Shulgin, Alexander T.
1992 *Controlled Substances: Chemical & Legal Guide to Federal Drug Laws* (second edition). Berkeley: Ronin.

Shulgin, Alexander T. & Claudio Naranjo
1967 "The Chemistry and Psychopharmacology of Nutmeg and of Several Related Phenylisopropylamines" in: D. Efron (ed.), *Ethnopharmacologic Search for Psychoactive Drugs*, S. 202–214, Washington, DC: U.S. Dept. of Health, Education, and Welfare.

Shulgin, Alexander & Ann Shulgin
1991 *PIHKAL: A Chemical Love Story*. Berkeley: Transform Press.
1997 *TIHKAL*. Berkeley: Transform Press.

Siebert, Daniel J.
1994 "*Salvia divinorum* and Salvinorin A: New Pharmacologic Findings". *Journal of Ethnopharmacology* 43: 53–56.

Siegel, Ronald K.
1992 *Fire in the Brain: Clinical Tales of Hallucination*. New York: Dutton.

Siegel, Ronald K. & Louise J. West (ed.)
1975 *Hallucinations*. New York etc.: John Wiley & Co.

Silva, M. & P. Mancinell.
1959 "Chemical Study of *Cestrum parqui*" *Boletin de la Sociedad Chilena de Química* 9: 49–50.

Slotkin, J. S.
1956 *The Peyote Religion: A Study in Indian-White Relations*. Glencoe, IL: The Free Press.

Spitta, Heinrich
1892 *Die Schlaf- und Traumzustände der menschlichen Seele mit besonderer Berücksichtigung ihres Verhältnisses zu den psychischen Alienationen*. Zweite stark vermehrte Auflage. Freiburg i. B.: J. C. B. Mohr (first edition 1877).

Spruce, Richard
1970 *Notes of a Botanist on the Amazon & Andes*. New foreword by R. E. Schultes. New York: Johnson Reprint Corporation (reprint from 1908).

Stafford, Peter
1992 *Psychedelics Encyclopedia* (3. revised edition). Berkeley: Ronin.

Stamets, Paul
1978 *Psilocybe Mushrooms & Their Allies*. Seattle: Homestead.
1996 *Psilocybin Mushrooms of the World*. Berkeley: Ten Speed Press.

Storl, Wolf-Dieter
1988 *Feuer und Asche-Dunkel und Licht: Shiva-Urbild des Menschen*. Freiburg i. B.: Bauer.
1993 *Von Heilkräutern und Pflanzengottheiten*. Braunschweig: Aurum.
1997 *Pflanzendevas-Die Göttin und ihre Pflanzenengel*. Aarau: AT Verlag.

Suwanlert, S.
1975 "A Study of Kratom Eaters in Thailand" *Bulletin of Narcotics* 27: 21–27.

Taylor, Norman
1966 *Narcotics: Nature's Dangerous Gifts*. New York: Laurel Edition. Originally published as *Flight from Reality*. New York: Duell, Sloan and Pearce, 1949.

Torres, Constantino Manuel
1987 *The Iconography of South American Snuff Trays and Related Paraphernalia*. Göteborg: Etnologiska Studier 37.

Torres, Constantino Manuel, David B. Repke, Kelvin Chan, Dennis McKenna, Agustín Llagostera, & Richard Evans Schultes
1991 "Snuff Powders from Pre-Hispanic San Pedro de Atacama: Chemical and Contextual Analysis" *Current Anthropology* 32(5): 640–649.

Turner, D. M.
1996 *Salvinorin: The Psychedelic Essence of Salvia divinorum*. San Francisco: Panther Press. *Der psychodelische Reiseführer*. Solothurn: Nachtschatten Verlag.

Uscátegui M., Nestor
1959 "The Present Distribution of Narcotics and Stimulants Amongst the Indian Tribes of Colombia" *Botanical Museum Leaflets* 18(6): 273–304.

Valdes, Leander J., III.
1994 "*Salvia divinorum* and the Unique Diterpene Hallucinogen, Salvinorin (Divinorin) A" *Journal of Psychoactive Drugs* 26(3): 277–283.

Valdes, Leander J., José L. Diaz, & Ara G. Paul
1983 "Ethnopharmacology of ska María Pastora (*Salvia divinorum* Epling and Játiva-M.)" *Journal of Ethnopharmacology* 7: 287–312.

Van Beek, T. A. et al.
1984 "*Tabernaemontana* (Apocynaceae): A Review of Its Taxonomy, Phytochemistry, Ethnobotany and Pharmacology" *Journal of Ethnopharmacology* 10: 1–156.

Villavicencio, M.
1858 *Geografía de la república del Ecuador*. New York: R. Craigshead.

Völger, Gisela (ed.)
1981 *Rausch und Realität* (2 volumes). Cologne: Rautenstrauch-Joest Museum.

Von Reis Altschul, Siri
1972 *The Genus* Anadenanthera *in Amerindian Cultures*. Cambridge: Botanical Museum, Harvard University.

Vries, Herman de
1989 *Natural Relations*. Nürnberg: Verlag für moderne Kunst.

Wagner, Hildebert
1970 *Rauschgift-Drogen* (second edition). Berlin etc.: Springer.

Wassel, G. M., S. M. El-Difrawy, & A. A. Saeed
1985 "Alkaloids from the Rhizomes of *Phragmites australis* CAV." *Scientia Pharmaceutica* 53: 169–170.

Wassén, S. Henry & Bo Holmstedt
1963 "The Use of Paricá: An Ethnological and Pharmacological Review" *Ethnos* 28(1): 5–45.

Wasson, R. Gordon
1957 "Seeking the Magic Mushroom" *Life* (13 May 1957) 42(19): 100ff.
1958 "The Divine Mushroom: Primitive Religion and Hallucinatory Agents" *Proc. Am. Phil. Soc.* 102: 221–223.
1961 "The Hallucinogenic Fungi of Mexico: An Inquiry into the Origins of the Religious Idea Among Primitive Peoples" *Botanical Museum Leaflets, Harvard University* 19(7): 137–162. [reprinted 1965]
1962 "A New Mexican Psychotropic Drug from the Mint Family" *Botanical Museum Leaflets* 20(3): 77–84.
1963 "The Hallucinogenic Mushrooms of Mexico and Psilocybin: A Bibliography" *Botanical Museum Leaflets, Harvard University* 20(2a): 25–73c. [second printing, with corrections and addenda]
1968 *Soma-Divine Mushroom of Immortality*. New York: Harcourt Brace Jovanovich.
1971 "Ololiuqui and the Other Hallucinogens of Mexico" in: *Homenaje a Roberto J. Weitlaner*, 329–348, Mexico: UNAM.
1973 "The Role of 'Flowers' in Nahuatl Culture: A Suggested Interpretation" *Botanical Museum Leaflets* 23(8): 305–324.
1973 "Mushrooms in Japanese Culture" *The Transactions of the Asiatic Society of Japan* (Third Series) 11: 5–25.
1980 *The Wondrous Mushroom: Mycolatry in Mesoamerica*. New York: McGraw-Hill.
1986 "Persephone's Quest" in: R. G. Wasson et al., *Persephone's Quest: Entheogens and the Origins of Religion*, S. 17–81, New Haven and London: Yale University Press.

Wasson, R. Gordon, George and Florence Cowan, & Willard Rhodes
1974 *María Sabina and Her Mazatec Mushroom Velada*. New York and London: Harcourt Brace Jovanovich.

Wasson, R. Gordon, Albert Hofmann, & Carl A. P. Ruck
1978 *The Road to Eleusis: Unveiling the Secret of the Mysteries*. New York: Harcourt Brace Jovanovich.

Wasson, R. Gordon & Valentina P. Wasson
1957 *Mushrooms, Russia, and History*. New York: Pantheon Books.

Watson, Pamela
1983 *This Precious Foliage: A Study of the Aboriginal Psychoactive Drug Pituri*. Sydney: University of Sydney Press (*Oceania Monograph*, 26).

Watson, P. L., O. Luanratana, & W. J. Griffin
1983 "The Ethnopharmacology of Pituri" *Journal of Ethnopharmacology* 8(3): 303–311.

Weil, Andrew
1980 *The Marriage of the Sun and Moon: A Quest for Unity in Consciousness*. Boston: Houghton-Mifflin.
1998 *Natural Mind: An Investigation of Drugs & Higher Consciousness*. Revised edition. Boston: Houghton-Mifflin.

Weil, Andrew & Winifred Rosen
1983 *Chocolate to Morphen: Understanding Mind-Active Drugs*. Boston: Houghton-Mifflin.

Wilbert, Johannes
1987 *Tobacco and Shamanism in South America*. New Haven and London: Yale University Press.

Winkelman, Michael & Walter Andritzky (ed.)
1996 *Sakrale Heilpflanzen, Bewußtsein und Heilung: Transkulturelle und Interdisziplinäre Perspektiven/Jahrbuch für Transkulturelle Medizin und Psychotherapie* 6 (1995), Berlin: VWB.

Zimmer, Heinrich
1984 *Indische Mythen und Symbole*. Cologne: Diederichs.